高速铁路牵引供电技术丛书
高等职业教育校企合作系列教材

高速铁路供电规程与规则

主编 张大庆 杨 伟

西南交通大学出版社
·成 都·

图书在版编目（CIP）数据

高速铁路供电规程与规则 / 张大庆，杨伟主编. —成都：西南交通大学出版社，2019.11
（高速铁路牵引供电技术丛书）
高等职业教育校企合作系列教材
ISBN 978-7-5643-7224-8

Ⅰ.①高… Ⅱ.①张…②杨… Ⅲ.①高速铁路－供电系统－安全规程－高等职业教育－教材 Ⅳ.①U238-65

中国版本图书馆 CIP 数据核字（2019）第 250636 号

高速铁路牵引供电技术丛书
高等职业教育校企合作系列教材
Gaosu Tielu Gongdian Guicheng yu Guize

高速铁路供电规程与规则

主编	张大庆　杨　伟
责任编辑	梁志敏
封面设计	原谋书装
出版发行	西南交通大学出版社 （四川省成都市金牛区二环路北一段 111 号 西南交通大学创新大厦 21 楼）
邮政编码	610031
发行部电话	028-87600564　028-87600533
网址	http://www.xnjdcbs.com
印刷	四川森林印务有限责任公司
成品尺寸	185 mm×260 mm
印张	17
字数	420 千
版次	2019 年 11 月第 1 版
印次	2019 年 11 月第 1 次
定价	48.00 元
书号	ISBN 978-7-5643-7224-8

课件咨询电话：028-81435775
图书如有印装质量问题　本社负责退换
版权所有　盗版必究　举报电话：028-87600562

丛书编委会

总 主 编： 雷靠民　滕　勇

编委会成员：（按姓氏笔画为序）

　　　　　　　　王向利　王志英　石惠文　朱　申

　　　　　　　　刘明晓　许红健　李明军　李佳琦

　　　　　　　　李　栋　杨　伟　肖　炜　张大庆

　　　　　　　　陈国强　尚　晶　徐　新　韩晓峰

总 序

近年来，高速铁路在我国取得了快速的发展。我国高速铁路的发展，特别是我国仅用几年的时间就超过了发达国家几十年高速铁路里程的总和，这进一步证明了我国高速铁路综合技术自身的优越性。在牵引供电系统方面，我国经过多年运营，已经形成自己的标准技术体系，部分领域处于领先地位，但随着高速电气化铁路供电管理标准的提高，对供电设备的安全性、可靠性也提出了更高的要求。如何确保高速度、大规模、大功率、高密度的牵引供电系统高效、安全、可靠运行，是我国高速铁路快速发展迫切需要解决的问题。随着高速铁路的发展应用，我国在高速铁路供变电技术、弓网关系、综合自动化、供电安全检测监测等关键技术方面已经取得了突出的成果。

高速铁路供电系统作为高速铁路的重要组成部分，其运用、检测、维修和管理技术，是集当今世界先进的计算机网络技术、电力工业技术、新型材料技术、机械工程技术、变电技术等现代科学技术为一体的系统工程。

高速铁路牵引负荷的特殊性和牵引网络的复杂性，给牵引供电系统的服役安全和可靠性带来了新的问题。梳理我国高速铁路的牵引供电基础理论和关键技术，从牵引供电系统的供变电技术、保护监控技术、接触网、供电检测监测等方面，按照学习知识的认知规律，结合现场实践，联合西安铁路局集团有限公司供电部的专业技术人员编写了本套丛书。

本套丛书由雷靠民、滕勇担任总编，由西安铁路职业技术学院的教师和中国铁路西安局集团有限公司的现场技术人员编写。本套丛书包括《高速铁路牵引供电接口管理》《高速铁路接触网检测技术》《高速铁路牵引变电所》《高速铁路牵引变电所综合自动化系统》《高速铁路接触网》《高速铁路供电规程与规则》六本书。

前　言

本书是根据铁路高等职业教育铁道供电技术专业教学计划"高铁供电规程与规则"课程大纲编写的。

对于高等职业院校的"牵引供电规程与规则"课程，传统的教材只讲述普速铁路的接触网、牵引变电所的安全规程和运行检修规程、铁路牵引供电调度规则、牵引供电事故管理规则和接触网事故抢修规则，本书在此基础上增加及重点介绍了高速铁路电力管理规程、铁路电力安全工作规程补充规定、高速作业车管理规则、高速变电所管理规则、电气化铁路接触网器材管理办法、高铁接触网运行维护管理规程、高铁接触网监测与检测等内容。

本课程是铁道供电技术专业的专业核心课程，学生通过学习本课程，可以熟悉高速铁路现场的工作制度，确保岗位工作的安全性，同时具备现场安全生产和运行检修的基本素质及电气化区段人身、设备安全的防范意识。

本书由西安铁路职业技术学院张大庆和中国铁路西安局集团有限公司供电处杨伟主编。其中第一章、第三章、第五章由杨伟编写，第二章、第四章、第六章由张大庆编写。

本书在编写过程中，中国铁路西安局集团有限公司供电处、中国铁路广州局集团有限公司供电处的同志给予了大力支持和帮助，提供了大量的教材和手册等资料，编者在此表示衷心的感谢！

因水平有限，书中难免有不妥和疏漏之处，恳请广大读者指正。

编　者
2019 年 5 月

目 录

第一章 高速铁路综合供电规章 ... 1
第一节 铁路技术管理规程（供电及电力部分）... 1
第二节 铁路交通事故调查处理规则 ... 4
第三节 事故管理条例及事故处理规定 ... 20
第四节 电气化铁路有关人员电气安全规定 ... 25
第五节 电气化铁路接触网器材管理办法 ... 30
思考及复习题 ... 37

第二章 高速铁路接触网管理规则 ... 38
第一节 高速铁路接触网安全工作规则 ... 38
第二节 高速铁路接触网运行维修规则 ... 56
第三节 高速铁路接触网精测精修实施办法 ... 102
第四节 高速铁路接触网故障抢修规则 ... 105
思考及复习题 ... 114

第三章 高速铁路接触网作业车管理规则 ... 115
第一节 接触网作业车管理规则 ... 115
思考及复习题 ... 126

第四章 高速铁路变电所管理规则 ... 127
第一节 高速铁路牵引变电所安全工作规则 ... 127
第二节 高速铁路牵引变电所运行检修规则 ... 150
第三节 高速铁路供电调度规则 ... 215
思考及复习题 ... 229

第五章 高速铁路电力管理规则 ... 230
第一节 高速铁路电力管理规则 ... 230
第二节 铁路电力安全工作规程补充规定 ... 243
思考及复习题 ... 249

第六章　高速铁路供电安全检测监测系统（6C 系统）维修管理暂行办法 ············ 250
　　第一节　总则与综合管理 ·· 250
　　第二节　维修管理 ·· 253
　　第三节　评定管理 ·· 259
　　思考及复习题 ·· 260

参考文献 ·· 261

第一章　高速铁路综合供电规章

第一节　铁路技术管理规程（供电及电力部分）

2014年7月，中国铁路总公司发布并实施了《铁路技术管理规程》文件，以确保国家铁路安全正点、方便快捷、高速高效。本节内容选自《铁路技术管理规程》（高速铁路部分）相关部分，铁路供电相关工作人员应认真学习并严格遵守和执行这些规定，保证安全生产。

一、总　则

铁路是国民经济大动脉、国家重要基础设施和大众化交通工具，是综合交通运输体系骨干、重要的民生工程和资源节约型、环境友好型运输方式，在我国经济社会发展中的地位至关重要。

铁路运输具有高度集中的特点，各工作环节须紧密联系、协同配合。为加强中国铁路总公司（简称铁路总公司）铁路技术管理，确保国家铁路安全正点、方便快捷、高速高效，根据有关法律、法规、规章和技术标准等制定本规程。本规程适用于国家铁路。

本规程包括高速铁路和普速铁路两部分，本部分为高速铁路部分，适用于200 km/h及以上的铁路和200 km/h以下仅运行动车组列车的铁路。200 km/h客货共线铁路有关货运技术设备的要求参照本规程普速铁路部分执行。

本规程是国家铁路技术管理的基本规章，各部门、各单位制定的技术管理文件等都必须符合本规程的规定。在铁路总公司明令修改以前，任何部门、任何单位、任何人员都不得违反本规程的规定。

国家铁路工作人员必须严格遵守和执行本规程的规定，在自己的职责范围内，以对国家和人民负责的态度，保证安全生产。各单位对遵守本规程成绩突出者，应予表扬或按有关规定给予奖励；对违反者，应视其违反程度和造成事故的性质、情节及后果，给予教育、处分。

二、牵引供电

1. 为保持牵引供电设备良好的技术状态，保证牵引供电系统安全运行，应设供电段等供电维修机构。

供电维修机构管辖范围应根据线路及供电设备条件确定。

牵引供电设备包括变电设备（变电所、开闭所、分区所、自耦变压器所）、接触网和远动系统。

2. 牵引供电设备应保证不间断行车的可靠供电。牵引供电能力应与线路的运输能力相适应，满足规定的列车质量、列车密度和运行速度的要求。接触网标称电压值为 25 kV，最高工作电压为 27.5 kV，短时（5 min）最高工作电压为 29 kV，最低工作电压为 20 kV。

牵引变电所须具备双电源、双回路受电。牵引变压器采用固定备用方式并具备自动投切功能。当一个牵引变电所停电时，相邻的牵引变电所能越区供电。运行期间平均功率因数不低于 0.9。

3. 供电调度（简称电调）系统应具备对牵引供电、电力设备状况进行远程实时监控的条件，并纳入调度系统集中统一管理。

4. 接触网的分段、分相设置应考虑检修停电方便和缩小故障停电范围，并充分考虑电力牵引的列车、动车组正常运行和调车作业的需要。分相的位置应避免设在进出站和变坡点区段。双线电气化区段应具备反方向行车条件。

负荷开关和电动隔离开关应纳入远动控制。

枢纽及较大车站应设开闭所。

接触网不得引接非牵引负荷。

5. 牵引供电设备检修、试验和抢修应配备牵引供电安全检测监测系统，变电检测、试验设备，接触网检修、检测设备，接触网抢修车列，绝缘子冲洗设备等设备、设施。

6. 接触网一般采用链型悬挂方式，其最小张力见表 1-1。接触线一般采用铜合金材质。

表 1-1 接触网最小张力

列车运行速度（v）/（km/h）	综合张力/kN	接触线张力/kN
$160 < v \leq 200$	30	15
$200 < v \leq 300$	40～45	25
$300 < v \leq 350$	48～55	28.5

7. 接触线距钢轨顶面的高度不超过 6 500 mm；接触线悬挂点高度不宜小于 5 300 mm，接触线最低点高度不小于 5 150 mm，站场和区间接触网的高度应一致。

在电气化铁路竣工时，由施工单位在接触网支柱内缘或隧道边墙标出线路的轨面标准线，开通前供电、工务单位要共同复查确认，有砟轨道每年复测一次，复测结果与原轨面标准线误差不得大于 ±30 mm。特殊情况需调整轨面标准线时，由供电、工务部门共同确认，并经铁路局批准。

8. 接触网带电部分至固定接地物的距离不小于 300 mm；至机车车辆或装载货物的距离不小于 350 mm。跨越电气化铁路的各种建（构）筑物与带电部分最小距离不小于 500 mm。当海拔超过 1 000 m 时，上述数值应按规定相应增加。大风、严寒地区应预留风力、覆冰对绝缘距离影响的安全余量。

在接触网支柱及距接触网带电部分 5 000 mm 范围内的金属结构物须接地。天桥及跨线桥跨越接触网的地方，应按规定设置安全栅网。

有大型养路机械作业的路基地段，接触网支柱内侧距线路中心距离不小于 3 100 mm。

9. 架空电线路跨越接触网时，应符合表 1-2 和表 1-3 的规定。

表 1-2 跨越接触网的架空电线路与接触网的垂直距离

跨越接触网的电力线路电压等级/kV	电力线至接触网的垂直距离/mm
35 以上至 110	≥3 000
220	≥4 000
330	≥5 000
500	≥6 000

表 1-3 跨越接触网的超高压架空电线路距轨面最小垂直距离

跨越接触网的电力线路电压等级/kV	距轨面最小垂直距离/mm
750	21 500
1 000	27 000（单回）
	25 000（双回）
直流±800	21 500

35 kV 及以下的电线路（包括通信线路、广播电视线路等）不得跨越接触网，应由地下穿过铁路。

接触网支柱不应附挂通信、有线电视等非供电线路设施，特殊情况需附挂时，应经铁路总公司批准。

10. 为保证人身安全，除专业人员执行有关规定外，其他人员（包括所携带的物件）与牵引供电设备带电部分的距离不得小于 2 000 mm。

在设有接触网的线路上，严禁攀登车顶及在车辆装载的货物之上作业；如确需作业时，须在指定的线路上，将接触网停电接地并采取安全防护措施后，方准进行。

双线电气化铁路实行 V 形天窗作业时，为确保人身安全，应在设备、机具、照明、作业组织等方面采取相应措施。

11. 牵引、电力变配电所控制室应采取防雷措施，设置机房专用空调。控制、保护及通信设备应装有防止强电及雷电危害的浪涌保护器等保安设备，电子设备应符合电磁兼容有关规定。

三、电　力

1. 电力设备包括变电所、配电所、10 kV 电力电缆贯通线路（250 km/h 及以上）、自闭贯通电线路（250 km/h 以下）、箱式变电站等。

电力设备应具备：贯通线路由两端变、配电所供电的互供条件，变、配电所跨所供电的条件，远程监控条件，电气试验设备，快速抢修能力。

电力变、配电所的控制保护测量设备，应纳入远动系统调度管理；箱式变电站应设置远动终端，纳入远动系统。

2. 铁路供电设备应满足下列要求：

（1）一级负荷应有两个独立电源，保证不间断供电；二级负荷应有可靠的专用电源。

（2）受电电压根据用电容量、可靠性和输电距离，可采用 110 kV、35（63）kV、10 kV 或 380 V/220 V。

（3）用户受电端供电电压允许偏差：

① 35 kV 及以上高压供电线路，电压正负偏差的绝对值之和不超过额定值的 10%；

② 10 kV 及以下三相供电线路，为额定值的 ±7%；

③ 220 V 单相供电线路，为额定值的 -10% ~ +7%。

在电力系统非正常情况下，用户受电端的电压值允许偏差为额定值的 ±10%。

3. 电力线路的电杆内缘至线路中心的水平距离不小于杆高加 3 100 mm。

第二节　铁路交通事故调查处理规则[①]

一、总　则

1. 为及时准确调查处理铁路交通事故，严肃追究事故责任，防止和减少铁路交通事故的发生，根据国务院《铁路交通事故应急救援和调查处理条例》（以下简称《条例》），制定本规则。

2. 铁路机车车辆在运行过程中发生冲突、脱轨、火灾、爆炸等影响铁路正常行车的事故，包括影响铁路正常行车的相关作业过程中发生的事故；或者铁路机车车辆在运行过程中与行人、机动车、非机动车、牲畜及其他障碍物相撞的事故，均为铁路交通事故（以下简称事故）。

3. 国家铁路、合资铁路、地方铁路以及专用铁路、铁路专用线等发生事故的调查处理，适用本规则。

4. 铁道部、铁路安全监督管理办公室（以下简称安全监管办）要加强铁路运输安全监督管理，建立健全铁路交通事故调查处理工作制度，发生事故后应当按照法定的权限和程序，及时组织、参与事故的调查处理。

铁道部、安全监管办的安全监察部门负责铁路交通事故调查处理的日常工作。

铁道部、安全监管办派驻各地的安全监察机构依据本规则的规定，分别承担铁道部、安全监管办指定的事故调查处理工作。

5. 铁路运输企业及其他相关单位、个人应及时报告事故情况，如实提供相关证据，积极配合事故调查工作。

6. 事故调查处理应坚持以事实为依据，以法律、法规、规章为准绳，认真调查分析，查明原因，认定损失，定性定责，追究责任，总结教训，提出整改措施。

[①] 该文件为铁道部于 2007 年 8 月颁布。2013 年，根据《国务院关于提请审议国务院机构改革和职能转变方案》的议案，组建国家铁路局和中国铁路总公司（2019 年 6 月改制成立中国国家铁路集团有限公司），不再保留铁道部。本节保留了原规则中"铁道部"的提法。

二、事故等级

1. 依据《条例》规定，事故分为特别重大事故、重大事故、较大事故和一般事故四个等级。
2. 有下列情形之一的，为特别重大事故：
（1）造成 30 人以上死亡。
（2）造成 100 人以上重伤（包括急性工业中毒，下同）。
（3）造成 1 亿元以上直接经济损失。
（4）繁忙干线客运列车脱轨 18 辆以上并中断铁路行车 48 h 以上。
（5）繁忙干线货运列车脱轨 60 辆以上并中断铁路行车 48 h 以上。
3. 有下列情形之一的，为重大事故：
（1）造成 10 人以上 30 人以下死亡。
（2）造成 50 人以上 100 人以下重伤。
（3）造成 5 000 万元以上 1 亿元以下直接经济损失。
（4）客运列车脱轨 18 辆以上。
（5）货运列车脱轨 60 辆以上。
（6）客运列车脱轨 2 辆以上 18 辆以下，并中断繁忙干线铁路行车 24 h 以上或者中断其他线路铁路行车 48 h 以上。
（7）货运列车脱轨 6 辆以上 60 辆以下，并中断繁忙干线铁路行车 24 h 以上或者中断其他线路铁路行车 48 h 以上。
4. 有下列情形之一的，为较大事故：
（1）造成 3 人以上 10 人以下死亡。
（2）造成 10 人以上 50 人以下重伤。
（3）造成 1 000 万元以上 5 000 万元以下直接经济损失。
（4）客运列车脱轨 2 辆以上 18 辆以下。
（5）货运列车脱轨 6 辆以上 60 辆以下。
（6）中断繁忙干线铁路行车 6 h 以上。
（7）中断其他线路铁路行车 10 h 以上。
5. 一般事故分为：一般 A 类事故、一般 B 类事故、一般 C 类事故、一般 D 类事故。
6. 有下列情形之一，未构成较大以上事故的，为一般 A 类事故：
A1：造成 2 人死亡。
A2：造成 5 人以上 10 人以下重伤。
A3：造成 500 万元以上 1 000 万元以下直接经济损失。
A4：列车及调车作业中发生冲突、脱轨、火灾、爆炸、相撞，造成下列后果之一的：
A4.1：繁忙干线双线之一线或单线行车中断 3 h 以上 6 h 以下，双线行车中断 2 h 以上 6 h 以下。
A4.2：其他线路单线或双线之一线行车中断 6 h 以上 10 h 以下，双线行车中断 3 h 以上 10 h 以下。
A4.3：客运列车耽误本列 4 h 以上。

A4.4：客运列车脱轨 1 辆。

A4.5：客运列车中途摘车 2 辆以上。

A4.6：客车报废 1 辆或大破 2 辆以上。

A4.7：机车大破 1 台以上。

A4.8：动车组中破 1 辆以上。

A4.9：货运列车脱轨 4 辆以上 6 辆以下。

7. 有下列情形之一，未构成一般 A 类以上事故的，为一般 B 类事故：

B1：造成 1 人死亡。

B2：造成 5 人以下重伤。

B3：造成 100 万元以上 500 万元以下直接经济损失。

B4：列车及调车作业中发生冲突、脱轨、火灾、爆炸、相撞，造成下列后果之一的：

B4.1：繁忙干线行车中断 1 h 以上。

B4.2：其他线路行车中断 2 h 以上。

B4.3：客运列车耽误本列 1 h 以上。

B4.4：客运列车中途摘车 1 辆。

B4.5：客车大破 1 辆。

B4.6：机车中破 1 台。

B4.7：货运列车脱轨 2 辆以上 4 辆以下。

8. 有下列情形之一，未构成一般 B 类以上事故的，为一般 C 类事故：

C1：列车冲突。

C2：货运列车脱轨。

C3：列车火灾。

C4：列车爆炸。

C5：列车相撞。

C6：向占用区间发出列车。

C7：向占用线接入列车。

C8：未准备好进路接、发列车。

C9：未办或错办闭塞发出列车。

C10：列车冒进信号或越过警冲标。

C11：机车车辆溜入区间或站内。

C12：列车中机车车辆断轴，车轮崩裂，制动梁、下拉杆、交叉杆等部件脱落。

C13：列车运行中碰撞轻型车辆、小车、施工机械、机具、防护栅栏等设备设施或路料、坍体、落石。

C14：接触网接触线断线、倒杆或塌网。

C15：关闭折角塞门发出列车或运行中关闭折角塞门。

C16：列车运行中刮坏行车设备设施。

C17：列车运行中设备设施、装载货物（包括行包、邮件）、装载加固材料（或装置）超限（含按超限货物办理超过电报批准尺寸的）或坠落。

C18：装载超限货物的车辆按装载普通货物的车辆编入列车。

C19：电力机车、动车组带电进入停电区。

C20：错误向停电区段的接触网供电。

C21：电化区段攀爬车顶耽误列车。

C22：客运列车分离。

C23：发生冲突、脱轨的机车车辆未按规定检查鉴定编入列车。

C24：无调度命令施工，超范围施工，超范围维修作业。

C25：漏发、错发、漏传、错传调度命令导致列车超速运行。

9. 有下列情形之一，未构成一般 C 类以上事故的，为一般 D 类事故：

D1：调车冲突。

D2：调车脱轨。

D3：挤道岔。

D4：调车相撞。

D5：错办或未及时办理信号致使列车停车。

D6：错办行车凭证发车或耽误列车。

D7：调车作业碰轧脱轨器、防护信号，或未撤防护信号动车。

D8：货运列车分离。

D9：施工、检修、清扫设备耽误列车。

D10：作业人员违反劳动纪律、作业纪律耽误列车。

D11：滥用紧急制动阀耽误列车。

D12：擅自发车、开车、停车、错办通过或在区间乘降所错误通过。

D13：列车拉铁鞋开车。

D14：漏发、错发、漏传、错传调度命令耽误列车。

D15：错误操纵、使用行车设备耽误列车。

D16：使用轻型车辆、小车及施工机械耽误列车。

D17：应安装列尾装置而未安装发出列车。

D18：行包、邮件装卸作业耽误列车。

D19：电力机车、动车组错误进入无接触网线路。

D20：列车上工作人员往外抛掷物体造成人员伤害或设备损坏。

D21：行车设备故障耽误本列客运列车 1 h 以上，或耽误本列货运列车 2 h 以上；固定设备故障延时影响正常行车 2 h 以上（仅指正线）。

10. 铁道部可对影响行车安全的其他情形，列入一般事故。

11. 因事故死亡、重伤人数 7 日内发生变化，导致事故等级变化的，相应改变事故等级。

三、事故报告

1. 事故发生后，事故现场的铁路运输企业工作人员或者其他人员应当立即向邻近铁路车站、列车调度员、公安机关或者相关单位负责人报告。有关单位和人员接到报告后，应立即将事故情况向企业负责人和事故发生地安全监管办安全监察值班人员报告，安全监管办安全监察值班人员按规定向安全监管办负责人报告。

2. 铁路运输企业列车调度员要认真填写《铁路交通事故概况表》（安监报 1），分别向事故发生地安全监管办安全监察值班人员、铁道部列车调度员报告。

事故发生地安全监管办安全监察值班人员接到"安监报 1"或现场事故报告后，要立即填写《铁路交通事故基本情况表》（安监报 3），并向铁道部安全监察司值班人员报告。报告后要进一步了解事故情况，及时补报"安监报 3"。

3. 涉及其他安全监管办辖区的事故，发生地安全监管办安全监察值班人员应及时将"安监报 3"传送至相关安全监管办的安全监察部门。

4. 铁道部列车调度员接到事故报告后，应及时收取或填写"安监报 1"，并立即向值班处长和安全监察司值班人员报告；值班处长、安全监察司值班人员按规定分别向本部门负责人、铁道部办公厅部长办公室报告，由部门负责人向部领导报告。事故涉及其他部门时，由办公厅部长办公室通知相关部门负责人。

5. 发生特别重大事故、重大事故，由铁道部办公厅负责向国务院办公厅报告，并通报国家安全生产监督管理总局等有关部门。

发生特别重大事故、重大事故、较大事故或者有人员伤亡的一般事故，安全监管办应向事故发生地县级以上地方人民政府及其安全生产监督管理部门通报。

6. 事故报告的主要内容：

（1）事故发生的时间、地点、区间（线名、千米、米）、线路条件、事故相关单位和人员。

（2）发生事故的列车种类、车次、机车型号、部位、牵引辆数、吨数、计长及运行速度。

（3）旅客人数，伤亡人数、性别、年龄以及救助情况，是否涉及境外人员伤亡。

（4）货物品名、装载情况，易燃、易爆等危险货物情况。

（5）机车车辆脱轨辆数、线路设备损坏程度等情况。

（6）对铁路行车的影响情况。

（7）事故原因的初步判断，事故发生后采取的措施及事故控制情况。

（8）应当立即报告的其他情况。

7. 事故报告后，人员伤亡、脱轨辆数、设备损坏等情况发生变化时，应及时补报。

8. 事故现场通话按"117"立接制应急通话级别办理。

9. 铁道部、安全监管办、铁路运输企业应向社会公布事故报告值班电话，受理事故报告和举报。

四、事故调查

1. 特别重大事故按《条例》规定由国务院或国务院授权的部门组织事故调查组进行调查。

2. 重大事故由铁道部组织事故调查组进行调查。调查组组长由铁道部负责人或指定人员担任，安全监察司、运输局、公安局等部门和铁道部派出机构、相关安全监管办等部门（单位）派员参加。

3. 较大事故和一般事故由事故发生地安全监管办组织事故调查组进行调查。调查组组长由安全监管办负责人或指定人员担任，安全监管办安全监察部门、有关业务处室、公安机关等部门派员参加。

铁道部认为必要时，可以参与或直接组织对较大事故和一般事故进行调查。

4. 根据事故的具体情况，事故调查组还可由工会、监察机关有关人员以及有关地方人民政府、公安机关、安全生产监督管理部门等单位派人组成，并应当邀请人民检察院派人参加。事故调查组认为必要时，可以聘请有关专家参与事故调查。

5. 发生一般 B 类以上、重大以下事故（不含相撞的事故），涉及其他安全监管办辖区时，事故发生地安全监管办应当在事故发生后 12 h 内发出电报通知相关安全监管办。相关安全监管办接到电报后，应当立即派员参加事故调查组。

6. 自事故发生之日起 7 日内，因事故伤亡人数变化导致事故等级发生变化，依照《条例》规定由上级机关调查的，原事故调查组应当及时报告上级机关。

7. 事故调查组履行下列职责：

（1）查明事故发生的经过、原因、人员伤亡情况及直接经济损失。

（2）认定事故的性质和事故责任。

（3）提出对事故责任者的处理建议。

（4）总结事故教训，提出防范和整改措施建议。

（5）提交事故调查报告。

8. 事故调查组在事故发生后应当及时通知相关单位和人员；一般 B 类以上、重大以下的事故（不含相撞的事故）发生后，应当在 12 h 内通知相关单位，接受调查。

9. 事故调查组到达现场前，组织事故调查组的机关可指定临时调查组组长，组成临时调查组，勘查现场，掌握人员伤亡、机车车辆脱轨、设备损坏等情况，保存痕迹和物证，查找事故线索及原因，做好调查记录，及时向事故调查组报告。

10. 事故调查组到达后，发生事故的有关单位必须主动汇报事故现场真实情况，并为事故调查提供便利条件。事故发生单位的负责人和有关人员在事故调查期间应当随时接受事故调查组的询问，如实提供有关资料和物证。

事故调查组有权向有关单位和个人了解与事故有关的情况，并要求其提供相关文件、资料，有关单位和个人不得拒绝。

11. 事故调查组根据需要，可组建若干专业小组，进行调查取证。

（1）搜集事故现场物证、痕迹，测量并按专业绘制事故现场示意图，标注现场设备、设施、遗留物的名称、尺寸、位置、特征等。

需要搬动伤亡者、移动现场物体的，应做出标记，妥善保存现场的重要痕迹、物证；暂时无法移动的，应予守护，并设明显标志。

（2）询问事故当事人及相关人员，收取口述、笔述、笔录、证照、档案，并复制、拍照。不能书写书面材料的，由事故调查组指定人员代笔记录并经本人签认。无见证人或者当事人、相关人员拒绝签字的，应当记录在案。

（3）对事故现场全貌、方位、有关建筑物、相关设备设施、配件、机动车、遗留物、致害物、痕迹、尸体、伤害部位等进行拍照、摄像。及时转储、收存安全监控、监测、录音、录像等设备的记录。

（4）收取伤亡人员伤害程度诊断报告、病理分析、病程救治记录、死亡证明、既往病历和健康档案资料等。

（5）对有涂改、灭失可能或以后难以取得的相关证据进行登记封存。

（6）查阅有关规章制度、技术文件、操作规程、调度命令、作业记录、台账、会议记录、安全教育培训记录、上岗证书、资质证书、承（发）包合同、营业执照、安全技术交底资料等，必要时将原件或复印件附在调查记录内。

（7）对有关设备、设施、配件、机动车、器具、起因物、致害物、痕迹、现场遗留物等进行技术分析、检测和试验，组织笔迹鉴定，必要时组织法医进行尸表检验或尸体解剖，并写出专题报告。

（8）脱轨事故发生后，在全面调查的基础上，必要时应对事故地点前后一定长度范围内的线路设备进行检查测量，并调阅近期内该段线路质量检测情况；对事故地点后方（列车运行相反方向）一定长度的线路范围内，有无机车车辆配件脱落、刮碰行车设备的痕迹等进行检查，对脱轨列车中有关的机车车辆进行检查测量，并调阅脱轨机车车辆近期内运行情况监测记录。

12. 事故调查中需要对相关的铁路设备、设施进行技术鉴定或者对财产损失状况以及中断铁路行车造成的直接经济损失进行评估的，事故调查组应当委托具有国家规定资质的机构进行技术鉴定或者评估。技术鉴定或者评估所需时间不计入事故调查期限。

13. 各专业小组应按调查组组长的要求，及时提交专业小组调查报告。调查组组长应组织审议专业小组调查报告，并研究形成《铁路交通事故调查报告》，由调查组所有成员签认。调查组成员意见不一致时，应在事故报告中分别进行表述，报组织调查的机关审议、裁定。

14. 事故调查中发现涉嫌犯罪的，事故调查组应当及时将有关证据、材料移交司法机关。

15. 《铁路交通事故调查报告》应包括下列内容：

（1）事故概况。

（2）事故造成的人员伤亡和直接经济损失。

（3）事故发生的原因和事故性质。

（4）事故责任的认定以及对事故责任者的处理建议。

（5）事故防范和整改措施建议。

（6）与事故有关的证明材料。

16. 事故调查组应在下列期限内向组织事故调查组的机关提交《铁路交通事故调查报告》：

（1）特别重大事故的调查期限为 60 日。

（2）重大事故的调查期限为 30 日。

（3）较大事故的调查期限为 20 日。

（4）一般事故的调查期限为 10 日。

事故调查期限自事故发生之日起计算。

17. 事故调查组形成《铁路交通事故调查报告》，报组织事故调查的机关同意后，事故调查组的工作即告结束。铁道部、安全监管办的安全监察部门应在事故调查组工作结束后 15 日之内，根据事故报告，制作事故认定书，送达相关单位。

一般 B 类以上、重大以下事故（相撞事故为较大事故）的档案材料应报铁道部备案（3 份）。

18. 铁道部发现安全监管办对事故认定不准确时，应予以纠正。必要时，可另行组织调查。

19. 事故调查组成员在事故调查工作中应诚信公正、恪尽职守，遵守事故调查组的纪律，保守事故调查的秘密。未经事故调查组组长允许，调查组成员不得擅自发布有关事故的调查信息。

20. 调查事故应配备必要的调查设备和装备，保证调查工作顺利进行。调查设备和装备包括通信设备、摄影摄像设备、录音设备、绘图制图设备、便携计算机，以及其他必要的装备。

21.《铁路交通事故认定书》是事故赔偿、事故处理以及事故责任追究的依据。

《铁路交通事故认定书》应按照铁道部规定的统一格式制作，内容包括：

（1）事故发生的原因和事故性质。

（2）事故造成的人员伤亡和直接经济损失。

（3）事故责任的认定。

（4）对有关责任单位及人员的处理决定或建议。

22. 事故责任单位接到事故认定书后，于7日内填写《铁路交通事故处理报告表》（安监报2），按规定上报《铁路交通事故认定书》制作机关，并存档。

23. 事故责任单位接到《铁路交通事故认定书》后，如有异议，应在7日内向签发《铁路交通事故认定书》的机关提出重新认定的申请。

五、事故责任判定和损失认定

（一）事故责任判定

1. 事故责任分为全部责任、主要责任、重要责任、次要责任和同等责任。

2. 铁路运输企业或相关单位发布的文电，违反法律法规、铁道部规章或铁路相关技术标准和作业标准等，直接导致事故发生的，定发文电单位责任。

3. 因设备管理不善造成的事故，定设备管理单位责任。

4. 因产品质量不良造成事故，定产品供应商或制造、检修单位责任；应采用经行政许可或强制认证的产品而采用其他产品的，追究采用单位责任；采购不合格或不达标产品的，追究采购单位责任。

5. 自然灾害原因导致的事故，因防范措施不到位，定责任事故。确属不可抗力原因导致的事故，定非责任事故。

6. 营业线施工中发生责任事故，属工程建设、设计、监理、施工等原因造成的，定上述相关单位责任；同时追究设备管理单位责任。

已经竣工验收的设备，因质量问题发生责任事故，确属工程建设、设计、施工、监理等单位责任的，定上述相关单位责任；属设备管理不善的，定设备管理单位责任。

7. 涉嫌人为破坏造成的事故，在公安机关确认前，定发生单位责任事故；经公安机关确认属人为破坏原因造成的，定发生单位非责任事故。

8. 机车车辆断轴造成事故，由于探测、监测工作人员违章违纪或设备不良、管理不善等原因造成漏报、误报或预报后未及时拦停列车的，定相关单位责任。由于货物超载、偏载造成车辆断轴事故的，定装车站或作业站责任。

9. 因列车折角塞门关闭造成事故，无法判明责任的定发生地铁路运输企业责任事故。

10. 错误办理行车凭证发车或耽误列车事故的责任划分：司机起动列车，定车务、机务单位责任；司机发现未动车，定车务单位责任；通过列车司机未及时发现，定车务、机务单位责任；司机发现及时停车，定车务单位责任。

11. 应停车的客运列车错办通过，定车站责任；在区间乘降所错误通过，定机务单位责任。

12. 因断钩导致列车分离事故，断口为新痕时定机务单位责任（司机未违反操作规程的除外），断口旧痕时定机车车辆配属或定检单位责任；机车车辆车钩出现超标的砂眼、夹渣或气孔等铸造缺陷定制造单位责任。

未断钩造成的列车分离事故根据具体情况进行分析定责。

13. 因货物装载加固不良造成事故，定货物承运单位责任；属托运人自装货物的，定托运人责任，货物承运单位监督检查失职的，追究货物承运单位同等责任。因调车作业超速连挂和"禁溜车"溜放等造成货物装载加固状态破坏而引发的事故，定违章作业站责任；因押运人员在运输途中随意搬动货物和降低货物装载加固质量而引发的事故，定押运人员所在单位责任，货物承运单位管理失职的，追究同等责任；货检人员未认真履行职责的，追究货检人员所在单位同等责任。

14. 自轮运转设备编入列车因质量不良发生事故时，定设备配属单位责任；过轨检查失职的，定检查单位责任；违规挂运的，定编入或同意放行的单位责任。

15. 因临时租（借）用其他单位的设备设施、人员，发生事故的，定使用单位责任。

产权单位委托其他单位维修设备设施，因维修质量不良造成事故，定维修单位责任；产权单位管理不善的，追究其同等责任。

16. 凡经铁道部批准或铁路运输企业批准并报铁道部核备后的技术革新项目、科研项目在运营线上试验时，在限定的试验期限内确因试验项目本身原因发生事故的，不定责任事故；但由于违反操作规程以及其他人为因素造成的事故，定责任事故。

17. 事故发生后，因发生单位未如实提供情况，导致不能查明事故原因和判定责任的，定发生单位责任。

18. 事故涉及两个以上单位管理的相关设备，设备质量均未超过临修或技术限度时，按事故因果关系进行推断，确定责任单位。

19. 事故调查组未及时通知有关单位接受事故调查，不得定有关单位责任。有关单位接到通知后，应派员而未派员接受事故调查的，事故调查组可以直接定责。

20. 铁路作业人员在从事与行车相关的作业过程中，不论作业人员是否在其本职岗位，由于违反操作规程、作业纪律，或铁路运输生产设备设施、劳动条件、作业环境不良，或安全管理不善等造成伤亡的，定责任事故。具体情形按以下规定办理。

（1）乘务人员及其他作业人员在企业内候班室、外地公寓、客车宿营车等处候班、间休期间，因违章违纪、设备设施不良等造成伤亡的，定有关单位责任。

（2）作业人员在疏导道口、引导或帮助旅客上下车、维持站车秩序过程中被列车撞轧而伤亡的，定作业人员所在单位责任。

（3）事故发生过程中，作业人员在避险或进行事故抢险时因违章作业再次发生伤亡，应按同一件事故定责；事故过程已终止，在事故救援、抢修、复旧及处理中又发生事故导致伤亡，按另一件事故定责。

（4）铁路运输企业所属临管铁路发生的责任伤亡事故，定该企业责任事故。

（5）作业人员在工作或间歇时间擅自动用铁路运输设备设施、工具等导致伤亡的，定该作业人员所在单位责任事故，同时追究设备设施配属（或管理）单位的责任。

（6）作业人员因患有职业禁忌症而导致行为失控，造成伤亡的，定该作业人员所在单位责任。

（7）两个及以上铁路运输企业在交叉作业中发生伤亡，定主要责任单位事故；若各方责任均等，定伤亡人员所在单位责任，同时追究其他相关单位责任。若各方责任均等且均有人员伤亡，分别定责任事故。

21. 作业人员发生伤亡，经二级以上医院、急救中心诊断或经法医检验、解剖，证明系因脑出血、心肌梗死、猝死等突发性疾病所致，并按事故处理权限得到事故调查组确认的，不定责任事故。医院等级不够的，须经法医进行尸表检验或尸体解剖鉴定。法医尸检或解剖鉴定报告结论不确定的，定责任事故。

22. 作业人员伤亡事故原因不清，或公安机关已立案但尚无明确结论的，定责任事故。暂时不能确定事故性质、责任的，按待定办理。若跨年度仍不能确定或处理时间超过法定期限的，定伤亡人员所在单位责任。在年度统计截止前，该事故已查清并做出与原处理决定相反结论的，可向原处理部门申请更正。

23. 铁路机车车辆与行人、机动车、非机动车、牲畜及其他障碍物相撞造成事故，按以下规定判定责任。

（1）事故当事人违章通过平交道口或者人行过道，或者在铁路线路上行走、坐卧造成人身伤亡，定事故当事人责任。

（2）事故当事人逃逸或者有证据证明当事人故意破坏、伪造现场、毁坏证据，定事故当事人责任。

（3）事故当事人违反国家法律法规，有明显过失的，按过错的严重程度，分别承担责任。

24. 铁道部、安全监管办有关部门及其人员未能依法履行职责，发生下列情形之一的，应当追究其行政责任。涉嫌犯罪的，移送司法机关处理。

（1）违反国家颁布的技术标准或铁道部颁布的规章、技术管理规程和作业标准，擅自颁布部门技术标准，导致事故发生的，追究相关部门及其人员的责任。

（2）在实施行政许可、强制认证、技术审查或鉴定，以及产品设备验收等监督管理职责的过程中，违反法定权限、法定程序和有关规定，或对相关产品设备等监督检查不力，造成不合格、不达标产品设备等投入运用，导致事故发生的，追究相关部门及其人员的责任。

（二）事故损失认定

1. 事故相关单位要如实统计、申报事故直接经济损失，制作明细表，经事故调查组确认后，在事故认定书中认定。

2. 下列费用列入事故直接经济损失：

（1）铁路机车车辆、线路、桥隧、通信、信号、供电、信息、安全、给水等设备设施的损失费用。报废设备按报废设备账面净值计算，或按照市场重置价计算；破损设备设施按修复费用计算。

（2）铁路运输企业承运的行包、货物的损失费用。
（3）事故中死亡和受伤人员的处理、处置、医治等费用（不含人身保险赔偿费用）。
（4）被撞机动车、非机动车、牲畜等财产物资，造成的报废或修复费用。
（5）行车中断的损失费用。
（6）事故应急处置和救援费用。
（7）其他与事故直接有关的费用。

3. 有作业人员伤亡的，直接经济损失统计范围、计算方法等按《企业职工伤亡事故经济损失统计标准》（GB 6721—86）执行。

4. 负有事故全部责任的，承担事故直接经济损失费用的 100%；负有主要责任的，承担损失费用的 50%以上；负有重要责任的，承担损失费用的 30%以上、50%以下；负有次要责任的，承担损失费用的 30%以下。

有同等责任、涉及多家责任单位承担损失费用时，由事故调查组根据责任程度依次确定损失承担比例。

负同等责任的单位，承担相同比例的损失费用。

六、事故统计、分析

1. 铁道部、安全监管办、铁路运输企业及基层单位应按照本规则规定，建立事故统计分析制度，健全统计分析资料，并按规定及时报送。

各级安全监察部门负责事故统计分析报告的日常工作，并负责监督指导有关部门（单位）做好事故统计分析报告工作。

2. 事故的统计报告应当坚持及时、准确、真实、完整的原则。
3. 事故的统计应按照事故类别、等级、性质、原因、部门、责任等项目分别进行统计。
4. 每日事故的统计时间，由上一日18时至当日18时止。但填报事故发生时间时，应以实际时间为准，即以零点改变日期。
5. 责任事故件数统计在负全部责任、主要责任的单位，非责任事故和待定责事故件数统计在发生单位，相撞事故统计在发生单位。

负同等责任或追究同等责任的，在总数中不重复统计件数。

6. 一起事故同时符合两个以上事故等级的，以最高事故等级进行统计。
7. 发生人员伤亡的事故应按以下规定统计：
（1）人员在事故中失踪，至事故结案时仍未找到的，按死亡统计。
（2）事故受伤人员因正常手术治疗而加重伤害程度的，按手术后的伤害程度统计。
（3）事故受伤人员经救治无效，在7日内死亡的，按死亡统计；经医疗事故鉴定委员会确认为医疗事故的，或7日后死亡的，按原伤害程度统计。
（4）事故受伤人员在7日内由轻伤发展成重伤的，按重伤统计。
（5）未经医疗事故鉴定委员会确认为医疗事故的伤亡，按责任事故统计。
（6）相撞事故发生后，经调查确认为自杀、他杀的，不在伤亡人数中统计。

8. 铁路各级安全监察部门应建立《铁路交通事故登记簿》《铁路交通事故统计簿》《铁路

运输企业安全天数登记簿》《铁路作业人员伤亡登记簿》和《铁路交通事故分析会记录簿》。

铁路运输企业专业部门、各基层站段应分别填记《铁路交通事故登记簿》，并建立《铁路交通事故分析会记录簿》。

以上台账长期保存。

9. 有关部门、单位应按规定填写、传送、管理各种事故表报。

10. 铁道部所属铁路运输企业每月 27 日前将本月安全分析总结上报铁道部安全监察司。企业内部各业务部门须按月、半年、年度，对本系统事故进行分析总结，向上级主管部门报告，并抄送安全监管办安全监察部门。

合资铁路、地方铁路、专用铁路须按月、半年、年度，对本单位事故进行分析，并报安全监管办。

七、罚　则

1. 铁路运输企业及其职工违反法律、行政法规的规定，造成事故的，由铁道部或者安全监管办依法追究行政责任。构成犯罪的，依法追究刑事责任。

2. 铁路运输企业及其职工迟报、漏报、瞒报、谎报事故的，对单位，由铁道部或安全监管办处 10 万元以上 50 万元以下的罚款；对个人，由铁道部或安全监管办处 4 000 元以上 2 万元以下的罚款；属于国家工作人员的，依法给予处分；构成犯罪的，依法追究刑事责任。

3. 安全监管办迟报、漏报、瞒报、谎报事故的，由铁道部对直接负责的主管人员和其他直接责任人员依法给予处分；构成犯罪的，依法追究刑事责任。

4. 干扰、阻碍事故调查处理的，对单位，由铁道部或安全监管办处 4 万元以上 20 万元以下的罚款；对个人，由铁道部或安全监管办处 2 000 元以上 1 万元以下的罚款；情节严重的，对单位，由铁道部或安全监管办处 20 万元以上 100 万元以下的罚款；对个人，由铁道部或安全监管办处 1 万元以上 5 万元以下的罚款；属于国家工作人员的，依法给予处分；构成违反治安管理行为的，由公安机关依法给予治安管理处罚；构成犯罪的，依法追究刑事责任。

5. 在事故调查中，调查人员索贿受贿、借机打击报复或不负责任，致使调查工作有重大疏漏的，由组成事故调查组的机关给予处分，构成犯罪的，依法追究刑事责任。

八、《铁路交通事故调查处理规则》内容解释

1. "机车车辆"包括铁路机车、客车、货车、动车、动车组及各类自轮运转特种设备等。"自轮运转特种设备"系指在铁路营业线上运行的轨道车及铁路施工、维修专用车辆（包括轨道起重机、架桥机、铺轨机、接触网架线车、放线车、检修车、大型养路机械等）。

2. "列车"系指编成的车列并挂有机车及规定的列车标志。单机、自轮运转特种设备，虽未完全具备列车条件，亦应按列车办理。

"客运列车"系指旅客列车（含动车组）、按客车办理的回送空客车车底及其他列车。

"货运列车"系指客运列车以外的其他列车。

军用列车除有特殊通知外，均视为货运列车。

列车与其他调车作业的机车车辆等互相冲撞而发生的事故，定列车事故。列车在站内以调车方式进行摘挂或转线而发生事故，定调车事故。

客运列车或客运列车摘下本务机车后的车列，被货运列车、机车车辆冲撞造成的事故，以及客运列车在中途站进行摘挂（包括摘挂本务机车）或转线作业发生的事故，均定客运列车事故。

区间调车作业、机车车辆溜入区间，发生冲突、脱轨事故时，定列车事故。在封锁区间内调车作业发生事故，定调车事故。

3."运行过程中"系指铁路机车车辆运行的全过程，也包括在其运行中的停车状态。

4."行人"系指在铁路线路上行走、停留的自然人（包括有关铁路作业人员）。

5."其他障碍物"系指侵入铁路限界及线路，并影响铁路行车的动态及静态物体。

6."相撞"系指铁路机车车辆在运行过程中与行人、机动车、非机动车、牲畜及其他障碍物相互碰、撞、轧，造成人员伤亡、设备设施损坏。

7."冲突"系指列车、机车车辆互相间或与轻型车辆、设备设施（如车库、站台、车挡等）发生冲撞，致使机车车辆、轻型车辆、设备设施等破损。

在列车运行中由于人为失职或设备不良等原因，将车辆挤坏或拉坏构成中破及其以上程度，或在调车作业中由于人为失职或设备不良等原因，将车辆挤坏或拉坏构成大破以上程度时，亦按冲突论。

由于机车车辆冲撞造成货物窜动将车辆撞坏、挤坏时，定冲突事故，并根据所造成的后果，确定事故等级。

8."脱轨"系指机车车辆的车轮落下轨面（包括脱轨后又自行复轨），或车轮轮缘顶部高于轨面（因作业需要的除外）。

每辆（台）只要脱轨1轮，即按1辆（台）计算。

9."列车发生火灾"系指列车起火造成机车车辆破损影响行车设备设施正常使用，或发生人员伤亡、货物、行包烧毁等。

10."列车发生爆炸"系指机车车辆在运行过程中发生爆炸，造成其设备损坏，墙板、车体变形或出现孔洞，影响正常行车。

11."正线"是指连接车站并贯穿或直股伸入车站的线路。

12."繁忙干线"系指京哈（不含沈山线）、京沪、京广、京九（含广州至深圳段）、陇海、沪昆（不含株洲至昆明段）线及客运专线，以及连接繁忙干线的联络线。

13."其他线路"系指繁忙干线以外的线路。

新交付使用的线路等级分类在交付时公布。

在连接不同等级线路的车站发生事故时，按繁忙干线算。

14."中断铁路行车"系指不论事故发生在区间或站内，造成铁路单线、双线区间或双线区间之一线不能行车。中断行车的时间，由事故发生时间起（列车火灾或爆炸由停车时间算起）至恢复客货列车原牵引方式连续通行时止。

如列车能在站内其他线通行，又回到原正线上进入区间的，不按中断行车算。

施工封锁区间发生冲突或脱轨的行车中断时间，从事故发生前原计划开通的时间起计算。

15."耽误列车"系指列车在区间内停车；通过列车在站内停车；列车在始发站或停车站

晚开、在运行过程中超过图定的时间（局管内）或调度员指定的时间；列车停运、合并、保留。

16."客运列车中途摘车"系指编挂在客运列车中的车辆发生冲突、脱轨、火灾、爆炸、相撞未达到中破及以上程度，不能运行，必须在途中摘下（不包括始发站和终到站）。

17."占用区间"系指

（1）区间内已进入列车。

（2）区间已被列车取得占用的许可（包括准许时间内未收回的出站、跟踪调车凭证）。

（3）封锁的区间（属于《技规》265、302、310条的情况下除外）。

（4）区间内有停留或溜入的机车车辆、施工作业车辆。列车发出后溜入的亦算。

（5）发出进入正线的列车而区间内道岔向岔线开通。

（6）邻线已进入禁止在区间交会的列车。

列车前端越过出站信号机或警冲标即算。

办理越出站界调车后，没有取消手续，也没有办理列车闭塞手续，就用该调车手续将列车开出，亦按本项论。

18."占用线"系指车站内已办理进路的线路或停有机车车辆的线路或已封锁的线路。

列车前端越过进站（进路）信号机或站界标即构成"向占用线接入列车"。按《技规》283条规定办理的列车除外。

19."未准备好进路"：

"进路"系指

（1）接入停车列车时，由进站信号机起至接车线末端计算该线有效长度的警冲标或出站信号机止的一段线路。

（2）发出列车时，由列车前端起至相对进站信号机或站界标为止的一段线路。

（3）通过列车时，为该列车通过线两端进站信号机或站界标间的一段线路。

"未准备好进路"系指

（1）进路上的道岔未扳、错扳、临时扳动或错误转动。

（2）进路上有轻型车辆（包括拖车）、小车及其他能造成脱轨的障碍物（不包括其他交通车辆）。

（3）邻线的机车车辆越过警冲标。

（4）违反《技规》279条禁止办理相对方向同时接车和同方向同时发接列车的规定而办理同时接车或发接列车。

（5）超限列车（包括挂有超限货物车辆的列车）、客运列车由于错误办理造成进入非固定股道。

接入停车或通过的列车，列车前端进入进站（进路）信号机或站界标以及发出的列车起动均算。

设有进路信号机的车站，分段接发列车时，按分段算。如果每段都发生，每段各定一件事故；如果一次准备的全通路，为一个进路，定一件事故。

凡由于信号联锁条件错误或有关人员违章作业，致使信号错误升级显示进行信号或强行开放进行信号，造成耽误列车或列车已按错误显示的进行信号运行，虽未造成后果，均定事故。

20."未办或错办闭塞发出列车"系指未和邻站、线路所、车场办理闭塞手续，或办理闭塞的区间与列车运行的区间不一致而发出的列车。列车前端越过出站信号机（包括线路所通过信号机）或警冲标即构成。客运列车，错办闭塞的区间虽与列车的运行区间一致，亦按本项论。

没有调度命令，擅自改变或错办列车运行径路，亦按本项论。

未按规定办理手续而越出站界调车时，亦按本项论。

21．"列车冒进信号或越过警冲标"系指列车前端任何一部分越过地面固定信号显示的停车信号；停车列车越过到达线末端计算该线有效长度的警冲标或轧上线路脱轨器（系指用于接发列车起隔开作用的脱轨器）时亦算。双线区间反方向运行，列车冒进站界标，亦按本项论。

在制动距离内，由于误碰、错办或维修设备，致使临时变更信号显示、信号关闭或临时灭灯，造成列车冒进信号时，不论联锁条件是否解锁，亦按本项论。

在制动距离内信号自动关闭或临时灭灯，在进路联锁条件不解锁的情况下，列车冒进信号时，不按本项论。

22．"机车车辆溜入区间或站内"系指以进站信号机或站界标为界，机车车辆由站内溜入区间或由区间、专用线溜入站内，在区间岔线内停留的机车车辆溜往正线越过警冲标，亦按本项论。

23．"断轴"：机车车辆出段、出厂或由固定停放地点开出后，发生即算。列车中的车辆在运行、停留或始发、到达检查时发现即算。

24．"关闭折角塞门发出列车或运行中关闭折角塞门"：列车前端越过出站信号机或警冲标即算。

采用双管供风的列车因错接风管发出列车，按本项论。

25．"电力机车、动车组带电进入停电区"系指电力机车、动车组未降弓断电进入已经停电的接触网区。

26．"发生冲突、脱轨的机车车辆，未经检查鉴定编入列车运行"：未按规定通知检查或未按规定检查，擅自编入列车，按本项论。

27．"自轮运转设备"：无须铁路货车装运，能依靠自有轮对在铁路上运行，但须按货物向铁路办理托运手续的机械和设备。包括编入列车的自轮运转特种设备、无火回送机车等。

28．"无调度命令施工，超范围施工，超范围维修作业"：包括未按规定在车站登记要点进行施工、维修作业的，施工点前超范围准备的，未按规定施工维修作业内容进行作业的，均按本项论。

29．"漏发、错发、漏传、错传调度命令导致列车超速运行"：列车运行监控装置未输或错输限速指令、机车出库后司机未接到线路限速命令，致使列车超过规定限速运行，按本项论。

30．"挤道岔"：系指车轮挤过或挤坏道岔。

31．"错办或未及时办理信号导致列车停车"系指

（1）因办理不及时或忘办、错办信号使列车在站外或站内停车。

（2）禁止同时接车的车站或不准同时接入站内的列车，误使两列车均在站外停车。

（3）接发列车人员未及时或错误显示手信号，使列车停车。

32．"错误办理行车凭证发车或耽误列车"系指与邻站已办妥闭塞手续，但由于未交、错交、未拿、错拿、漏填、错填行车凭证；自动闭塞、自动站间闭塞、半自动闭塞区间未开放出站（进路）信号机发车或耽误列车。

行车凭证交与司机或运转车长显示发车手信号后（车站直接发车时为发车人员显示手信号后），发现行车凭证错误，亦为错误办理行车凭证发车。

填写的行车凭证有错填、漏填电话记录号码、车次、区间、地点时，按本项论。

自动闭塞、自动站间闭塞、半自动闭塞区间未开放出站（进路）信号机，列车起动停车未越过信号机或警冲标时，视同一般 D 类事故情形。越过关闭的停车信号或警冲标时，视同一般 C 类事故情形。

33."调车作业碰轧脱轨器、防护信号或未撤防护信号动车"：

"脱轨器"系指固定脱轨器及移动脱轨器。

"防护信号"系指防护施工、装卸及机车车辆检修整备作业的固定信号或移动信号。

机车车辆碰上、轧上脱轨器或防护信号即算。对插有停车信号的车辆，碰上车钩及未撤防护信号动车，按本项论。

34."施工、检修、清扫设备耽误列车"：如因特殊情况需要延长施工时间时，须提前通知车站值班员、列车调度员，经列车调度员承认后（发布调度命令）耽误列车时，不定事故。

施工、检修、清扫设备人员躲避不及时，造成列车停车，按本项论。

35."滥用紧急制动阀耽误列车"系指违反《技规》271 条第 4 款的规定使用紧急制动阀。

36."擅自发车、开车、停车、错办通过或在区间乘降所错误通过"：

"擅自发车"系指车站发车人员未确认出站信号，运转车长未得到发车人员的发车指示信号，车站发车人员未确认运转车长发车手信号直接发车。

"擅自开车"系指司机未得到车站发车人员或运转车长的发车信号而开车。

"擅自停车"系指在正常情况下，不应停车而停车。

"错办通过"系指应停车的客运列车而错办通过（不包括列车调度员按照列车运行情况临时调整变更通过的列车）。

37."错误操纵、使用行车设备耽误列车"系指作业人员违反操作规程耽误列车或使用方法不当造成机车车辆等行车设备损坏耽误列车。

38."列车运行中碰撞轻型车辆、小车、施工机械、机具、防护栅栏等设备设施或路料、坍体、落石"：刮上、碰上或轧上即算。

"小车"系指人工推行的作业车、检测车、梯车等。

"路料"系指钢轨、道砟、轨枕、道口铺面板等。

"施工机械"系指起道机、捣固机、螺栓紧固机、弯轨器、撞轨器、切轨机、轨缝调整器、拨道器等。

"机具"系指施工、维修作业中使用的动力扳手、撬杠等。

列车运行中碰撞道砟未造成机车车辆损坏或人员伤亡，不按本项论。

39."应安装列尾装置而未安装发出列车"：有规定或调度命令的不按本项论。

40."行包、邮件装卸作业耽误列车"系指行包、邮件超载偏载、侵限或机动车（包括平板车）侵限、掉进股道、抢越平过道耽误列车。

41."作业人员伤亡"系指在铁路行车相关作业过程中发生的，与企业管理、工作环境、劳动条件、生产设备等有关的，违反劳动者意愿的人身伤害，含急性工业中毒导致的伤害。

42."作业过程"系指作业人员在本职工作岗位上或领导临时指派的工作岗位上，在工作时间内，从事铁路企业生产经营活动的全过程。作业人员请假离开、返回工作岗位、下班离岗、退勤退乘等，尚未离开其作业场所的，均视为作业过程。

"工作时间"原则上以现行各种班制、乘务交路规定的工作时间和铁路综合计算工时工作制为依据。若不在规定的工作时间内,但属于因生产经营、工作需要而临时占用的时间,也视为工作时间。

43. "事故伤害损失工作日"系指作业人员在事故中导致伤残、死亡,造成劳动能力损失的程度,以工作日为度量单位。"事故伤害损失工作日"与实际歇工天数不同。确定某种伤害的事故伤害损失工作日数的具体数值,应以《事故伤害损失工作日标准》GB/T 15499—1995)为依据查定。

44. "作业人员重伤"指造成作业人员肢体残缺或某些器官受到严重损伤,致使人体长期存在功能障碍或劳动能力有重大损失的伤害。按照《事故伤害损失工作日标准》(GB/T 15499—1995)查定,其伤害部位及受伤害程度对应的事故伤害损失工作日或多处负伤其损失工作日合并计算等于或超过 300 个工作日的,属于重伤。该标准未做规定的,按实际歇工天数确定,实际歇工天数超过 299 天的,按 299 天统计;各伤害部位计算数值超过 6 000 天的,按 6 000 天统计。作业人员死亡,其事故伤害损失工作日按 6 000 个工作日统计。

45. "急性工业中毒事故"系指生产性毒物一次或短期内,通过人的呼吸道、消化道或皮肤大量进入体内,使人体在短时间内发生病变,导致中断工作,须进行急救处理,甚至死亡的事故。中毒程度通常分为轻度、中度和重度中毒。按照有关规定,凡是住院治疗的急性工业中毒,均按重伤报告、统计和处理。

46. "伤亡人数发生变化"系指轻伤发展成重伤,重伤发展成死亡,以及伤亡人数发生变化等情况。

47. "作业人员"系指参加铁路行车相关作业的所有从业人员,含已参加铁路企业生产经营活动,与铁路用人单位形成事实劳动关系的人员。

48. "职业禁忌症"系指某个工作岗位因其特殊性而对从业人员患有的可能造成事故的疾病做出限制的范围。如视力减退对于机车乘务员;恐高症、高血压对于电力工、架子工;高血压、心脏病对于巡道工、调车人员等均属职业禁忌症。

49. "事故责任待定"系指事故原因、责任尚未查清,需待认定的情况。事故件数暂时统计在发生月,若最后认定为非责任事故,则予以变更。

50. "人员失踪"系指发生事故后找不到尸体,如在河流湖泊中沉溺、泥石流中掩埋等,与出走不归等情况不同,无需经法院认定。

51. "交叉作业"系指分别属于两个或两个以上企业的作业区域相互重叠,从业人员在同一作业场所各自作业,包括铁路作业人员在专用线内取送车等作业。

52. "因正常手术治疗而加重伤害程度"系指从业人员在事故中受伤后,为避免伤势恶化而必须实施截肢、器官摘除等手术措施,致使伤害程度加重的情况。

第三节 事故管理条例及事故处理规定

《铁路交通事故应急救援和调查处理条例》于 2007 年 6 月 27 日国务院第 182 次常务会议通过,2007 年 7 月 11 日公布,自 2007 年 9 月 1 日起施行。

一、总　则

1. 为了加强铁路交通事故的应急救援工作，规范铁路交通事故调查处理，减少人员伤亡和财产损失，保障铁路运输安全和畅通，根据《中华人民共和国铁路法》和其他有关法律的规定，制定本条例。

2. 铁路机车车辆在运行过程中与行人、机动车、非机动车、牲畜及其他障碍物相撞，或者铁路机车车辆发生冲突、脱轨、火灾、爆炸等影响铁路正常行车的铁路交通事故（以下简称事故）的应急救援和调查处理，适用本条例。

3. 国务院铁路主管部门应当加强铁路运输安全监督管理，建立健全事故应急救援和调查处理的各项制度，按照国家规定的权限和程序，负责组织、指挥、协调事故的应急救援和调查处理工作。

4. 铁路管理机构应当加强日常的铁路运输安全监督检查，指导、督促铁路运输企业落实事故应急救援的各项规定，按照规定的权限和程序，组织、参与、协调本辖区内事故的应急救援和调查处理工作。

5. 国务院其他有关部门和有关地方人民政府应当按照各自的职责和分工，组织、参与事故的应急救援和调查处理工作。

6. 铁路运输企业和其他有关单位、个人应当遵守铁路运输安全管理的各项规定，防止和避免事故的发生。事故发生后，铁路运输企业和其他有关单位应当及时、准确地报告事故情况，积极开展应急救援工作，减少人员伤亡和财产损失，尽快恢复铁路正常行车。

7. 任何单位和个人不得干扰、阻碍事故应急救援、铁路线路开通、列车运行和事故调查处理。

二、事故等级

根据事故造成的人员伤亡、直接经济损失、列车脱轨辆数、中断铁路行车时间等情形，事故等级分为特别重大事故、重大事故、较大事故和一般事故。

1. 有下列情形之一的，为特别重大事故：
（1）造成30人以上死亡，或者100人以上重伤（包括急性工业中毒，下同），或者1亿元以上直接经济损失的。
（2）繁忙干线客运列车脱轨18辆以上并中断铁路行车48 h以上的。
（3）繁忙干线货运列车脱轨60辆以上并中断铁路行车48 h以上的。

2. 有下列情形之一的，为重大事故：
（1）造成10人以上30人以下死亡，或者50人以上100人以下重伤，或者5 000万元以上1亿元以下直接经济损失的。
（2）客运列车脱轨18辆以上的。
（3）货运列车脱轨60辆以上的。
（4）客运列车脱轨2辆以上18辆以下，并中断繁忙干线铁路行车24 h以上或者中断其他线路铁路行车48 h以上的。

（5）货运列车脱轨 6 辆以上 60 辆以下，并中断繁忙干线铁路行车 24 h 以上或者中断其他线路铁路行车 48 h 以上的。

3. 有下列情形之一的，为较大事故：

（1）造成 3 人以上 10 人以下死亡，或者 10 人以上 50 人以下重伤，或者 1 000 万元以上 5 000 万元以下直接经济损失的。

（2）客运列车脱轨 2 辆以上 18 辆以下的。

（3）货运列车脱轨 6 辆以上 60 辆以下的。

（4）中断繁忙干线铁路行车 6 h 以上的。

（5）中断其他线路铁路行车 10 h 以上的。

4. 造成 3 人以下死亡，或者 10 人以下重伤，或者 1 000 万元以下直接经济损失的，为一般事故。

除前款规定外，国务院铁路主管部门可以对一般事故的其他情形做出补充规定。

本部分所称的"以上"包括本数，所称的"以下"不包括本数。

三、事故报告

1. 事故发生后，事故现场的铁路运输企业工作人员或者其他人员应当立即报告邻近铁路车站、列车调度员或者公安机关。有关单位和人员接到报告后，应当立即将事故情况报告事故发生地铁路管理机构。

2. 铁路管理机构接到事故报告，应当尽快核实有关情况，并立即报告国务院铁路主管部门；对特别重大事故、重大事故，国务院铁路主管部门应当立即报告国务院并通报国家安全生产监督管理等有关部门。

发生特别重大事故、重大事故、较大事故或者有人员伤亡的一般事故，铁路管理机构还应当通报事故发生地县级以上地方人民政府及其安全生产监督管理部门。

3. 事故报告应当包括下列内容：

（1）事故发生的时间、地点、区间（线名、公里、米）、事故相关单位和人员。

（2）发生事故的列车种类、车次、部位、计长、机车型号、牵引辆数、吨数。

（3）承运旅客人数或者货物品名、装载情况。

（4）人员伤亡情况，机车车辆、线路设施、道路车辆的损坏情况，对铁路行车的影响情况。

（5）事故原因的初步判断。

（6）事故发生后采取的措施及事故控制情况。

（7）具体救援请求。

事故报告后出现新情况的，应当及时补报。

4. 国务院铁路主管部门、铁路管理机构和铁路运输企业应当向社会公布事故报告值班电话，受理事故报告和举报。

四、事故应急救援

1. 事故发生后，列车司机或者运转车长应当立即停车，采取紧急处置措施；对无法处置的，应当立即报告邻近铁路车站、列车调度员进行处置。

为保障铁路旅客安全或者因特殊运输需要不宜停车的，可以不停车；但是，列车司机或者运转车长应当立即将事故情况报告邻近铁路车站、列车调度员，接到报告的邻近铁路车站、列车调度员应当立即进行处置。

2. 事故造成中断铁路行车的，铁路运输企业应当立即组织抢修，尽快恢复铁路正常行车；必要时，铁路运输调度指挥部门应当调整运输径路，减少事故影响。

3. 事故发生后，国务院铁路主管部门、铁路管理机构、事故发生地县级以上地方人民政府或者铁路运输企业应当根据事故等级启动相应的应急预案；必要时，成立现场应急救援机构。

4. 现场应急救援机构根据事故应急救援工作的实际需要，可以借用有关单位和个人的设施、设备和其他物资。借用单位使用完毕应当及时归还，并支付适当费用；造成损失的，应当赔偿。

有关单位和个人应当积极支持、配合救援工作。

5. 事故造成重大人员伤亡或者需要紧急转移、安置铁路旅客和沿线居民的，事故发生地县级以上地方人民政府应当及时组织开展救治和转移、安置工作。

6. 国务院铁路主管部门、铁路管理机构或者事故发生地县级以上地方人民政府根据事故救援的实际需要，可以请求当地驻军、武装警察部队参与事故救援。

7. 有关单位和个人应当妥善保护事故现场以及相关证据，并在事故调查组成立后将相关证据移交事故调查组。因事故救援、尽快恢复铁路正常行车需要改变事故现场的，应当做出标记、绘制现场示意图、制作现场视听资料，并做出书面记录。

任何单位和个人不得破坏事故现场，不得伪造、隐匿或者毁灭相关证据。

8. 事故中死亡人员的尸体经法定机构鉴定后，应当及时通知死者家属认领；无法查找死者家属的，按照国家有关规定处理。

五、事故调查处理

1. 特别重大事故由国务院或者国务院授权的部门组织事故调查组进行调查。

重大事故由国务院铁路主管部门组织事故调查组进行调查。

较大事故和一般事故由事故发生地铁路管理机构组织事故调查组进行调查；国务院铁路主管部门认为必要时，可以组织事故调查组对较大事故和一般事故进行调查。

根据事故的具体情况，事故调查组由有关人民政府、公安机关、安全生产监督管理部门、监察机关等单位派人组成，并应当邀请人民检察院派人参加。事故调查组认为必要时，可以聘请有关专家参与事故调查。

2. 事故调查组应当按照国家有关规定开展事故调查，并在下列调查期限内向组织事故调查组的机关或者铁路管理机构提交事故调查报告：

（1）特别重大事故的调查期限为60日。

（2）重大事故的调查期限为30日。
（3）较大事故的调查期限为20日。
（4）一般事故的调查期限为10日。
事故调查期限自事故发生之日起计算。

3. 事故调查处理，需要委托有关机构进行技术鉴定或者对铁路设备、设施和其他财产损失状况，以及中断铁路行车造成的直接经济损失进行评估的，事故调查组应当委托具有国家规定资质的机构进行技术鉴定或者评估。技术鉴定或者评估所需时间不计入事故调查期限。

4. 事故调查报告形成后，报经组织事故调查组的机关或者铁路管理机构同意，事故调查组工作即告结束。组织事故调查组的机关或者铁路管理机构应当自事故调查组工作结束之日起15日内，根据事故调查报告，制作事故认定书。

事故认定书是事故赔偿、事故处理及事故责任追究的依据。

5. 事故责任单位和有关人员应当认真吸取事故教训，落实防范和整改措施，防止事故再次发生。

国务院铁路主管部门、铁路管理机构及其他有关行政机关应当对事故责任单位和有关人员落实防范和整改措施的情况进行监督检查。

6. 事故的处理情况，除依法应当保密的外，应当由组织事故调查组的机关或者铁路管理机构向社会公布。

六、事故赔偿

1. 事故造成人身伤亡的，铁路运输企业应当承担赔偿责任；但是人身伤亡是不可抗力或者受害人自身原因造成的，铁路运输企业不承担赔偿责任。

违章通过平交道口或者人行过道，或者在铁路线路上行走、坐卧造成的人身伤亡，属于受害人自身的原因造成的人身伤亡。

2. 事故造成铁路旅客人身伤亡和自带行李损失的，铁路运输企业对每名铁路旅客人身伤亡的赔偿责任限额为人民币15万元，对每名铁路旅客自带行李损失的赔偿责任限额为人民币2 000元。

铁路运输企业与铁路旅客可以书面约定高于前款规定的赔偿责任限额。

3. 事故造成铁路运输企业承运的货物、包裹、行李损失的，铁路运输企业应当依照《中华人民共和国铁路法》的规定承担赔偿责任。

4. 除上两条的规定外，事故造成其他人身伤亡或者财产损失的，依照国家有关法律、行政法规的规定赔偿。

5. 事故当事人对事故损害赔偿有争议的，可以通过协商解决，或者请求组织事故调查组的机关或者铁路管理机构组织调解，也可以直接向人民法院提起民事诉讼。

七、法律责任

1. 铁路运输企业及其职工违反法律、行政法规的规定，造成事故的，由国务院铁路主管

2. 违反本条例的规定,铁路运输企业及其职工不立即组织救援,或者迟报、漏报、瞒报、谎报事故的,对单位,由国务院铁路主管部门或者铁路管理机构处 10 万元以上 50 万元以下的罚款;对个人,由国务院铁路主管部门或者铁路管理机构处 4 000 元以上 2 万元以下的罚款;属于国家工作人员的,依法给予处分;构成犯罪的,依法追究刑事责任。

3. 违反本条例的规定,国务院铁路主管部门、铁路管理机构以及其他行政机关未立即启动应急预案,或者迟报、漏报、瞒报、谎报事故的,对直接负责的主管人员和其他直接责任人员依法给予处分;构成犯罪的,依法追究刑事责任。

4. 违反本条例的规定,干扰、阻碍事故救援、铁路线路开通、列车运行和事故调查处理的,对单位,由国务院铁路主管部门或者铁路管理机构处 4 万元以上 20 万元以下的罚款;对个人,由国务院铁路主管部门或者铁路管理机构处 2 000 元以上 1 万元以下的罚款;情节严重的,对单位,由国务院铁路主管部门或者铁路管理机构处 20 万元以上 100 万元以下的罚款;对个人,由国务院铁路主管部门或者铁路管理机构处 1 万元以上 5 万元以下的罚款;属于国家工作人员的,依法给予处分;构成违反治安管理行为的,由公安机关依法给予治安管理处罚;构成犯罪的,依法追究刑事责任。

八、附 则

本条例于 2007 年 9 月 1 日起施行。1979 年 7 月 16 日国务院批准发布的《火车与其他车辆碰撞和铁路路外人员伤亡事故处理暂行规定》和 1994 年 8 月 13 日国务院批准发布的《铁路旅客运输损害赔偿规定》同时废止。

第四节 电气化铁路有关人员电气安全规定

一、总 则

1. 为保证电气化铁路沿线有关人员人身安全,防止触电伤亡事故,特制定本规则。
2. 新建电气化铁路在牵引供电设备送电前 15 天,建设单位应将送电日期通告铁路沿线路内外各有关单位。自通告之日起,视为牵引供电设备带电,有关人员均须遵守本规则相关规定。
3. 电气化铁路沿线路内外各单位需组织学习本规则的相关内容。电气化铁路相关作业人员每年至少进行一次安全考试,考试合格后,方准参加作业。
4. 牵引供电专业人员遵守本规则和牵引供电的专业规定。
5. 对于违反本规则的单位和人员,按有关规定追究其责任。

二、一般安全规定

1. 为保证人身安全，除牵引供电专业人员按规定作业外，任何人员及所携带的物件、作业工器具等须与牵引供电设备高压带电部分保持 2 m 以上的距离，与回流线、架空地线、保护线保持 1 m 以上距离，距离不足时，牵引供电设备须停电。

2. 电气化铁路区段，具有升降、伸缩、移动平台等功能的机械设备进行施工、装卸等作业时，作业范围与牵引供电设备高压带电部分须保持 2 m 以上的距离，与回流线、架空地线、保护线保持 1 m 以上距离，距离不足时，牵引供电设备须停电。

3. 在距牵引供电设备高压带电部分 2 m 以外，与回流线、架空地线、保护线 1 m 以外，临近铁路营业线作业时，牵引供电设备可不停电，但须按照铁路营业线施工安全管理有关规定执行。

4. 机车、动车及各种车辆上方的接触网设备未停电并办理安全防护措施前，禁止任何人员攀登到车顶或车辆装载的货物上。

5. 电气化区段上水、保洁、施工等作业，不得将水管向供电线路方向喷射，站车保洁不得采用向车体上部喷水方式洗刷车体。

6. 牵引供电设备故障时，与牵引供电设备相连接的支柱、接地引下线、综合接地线等可能出现高电压，未采取安全措施前，禁止与其接触，并保持安全距离。

7. 发现牵引供电设备断线及其部件损坏，或发现牵引供电设备上挂有线头、绳索、塑料布或脱落搭接等异物，均不得与之接触，应立即通知附近车站，在牵引供电设备检修人员到达未采取措施以前，任何人员均应距已断线索或异物处所 10 m 以外。

8. 牵引供电设备支柱及各部接地线损坏，回流吸上线与钢轨或扼流变连接脱落时，禁止非专业人员与之接触。

9. 距牵引供电设备支柱及牵引供电设备带电部分 5 m 范围以内，具备接入综合接地条件的金属结构应纳入综合接地系统；不能接入综合接地系统的金属结构须装设接地装置，接地电阻一般不大于 10 Ω。

10. 站内和行人较多的地段，牵引供电设备支柱在距轨面 2.5 m 高处均要设白底黑字"高压危险"并有红色闪电符号的警示标志。禁止借助接触网支柱搭脚手架，必须借助接触网支柱登高时，必须有供电专业人员现场监护。

11. 天桥、跨线桥靠近或跨越牵引供电设备的地方，须设置防护栅网，栅网由所附属结构的产权或工程建设单位负责安设。防护栅网安设"高压危险"标志，警示标志由供电设备管理单位制作安装。

12. 电气化铁路区段车站风雨棚、跨线桥、隧道等构建物应安装牢固，状态良好，不得脱落。距牵引供电设备 2 m 范围内不得出现漏水、悬挂冰凌等现象。附挂在跨线桥、渠上的管路，以及通信、照明等线缆，须设专门固定设施，且安装可靠，不得脱落。

13. 电力线路、光电缆、管路等跨越电气化铁路施工时，须在接触网停电并做好安全防护措施后进行。

三、接发列车及调车作业安全规定

电气化铁路接触网停电检修时,禁止向停电区放行电力机车及动车组。司机发现不符合此项规定时,应立即降下受电弓并停车。

四、货运、装卸作业安全规定

1. 装卸货物线的接触网隔离开关平时要处于合闸状态,雨、雪、雾、霾等恶劣天气下,严禁处于分闸状态。
2. 接触网隔离开关操作规定:
(1)隔离开关操作人员须经过培训并取得由供电设备管理单位颁发的安全操作证后,才能担任工作。
(2)隔离开关开闭作业时,必须执行一人操作一人监护制度。
(3)隔离开关操作前,操作人必须按规定穿戴好绝缘靴和绝缘手套,确认开关及其操作机构正常,接地线良好,方准按程序操作。
(4)遇雷雨天气时,禁止操作隔离开关。严禁带负荷操作隔离开关。
(5)绝缘靴、绝缘手套等安全用品应半年进行一次绝缘耐压试验,并存放在阴凉干燥、防尘处所,使用前用干布擦拭,并进行外观检查,发现有漏气、裂损等现象禁止使用。
3. 货物装载高度须满足《铁路技术管理规程》及《铁路超限超重货物运输规则》规定的电气化区段安全距离。
4. 需停电装卸作业时,必须先断开隔离开关停电后,在指定的货物线安全区域标志内进行装卸作业。装卸作业结束,确认所有人员已至安全地带后,方能合上隔离开关。

在装卸线的分段绝缘器内侧 2 m 处设安全区域标志(见图 1-1)。

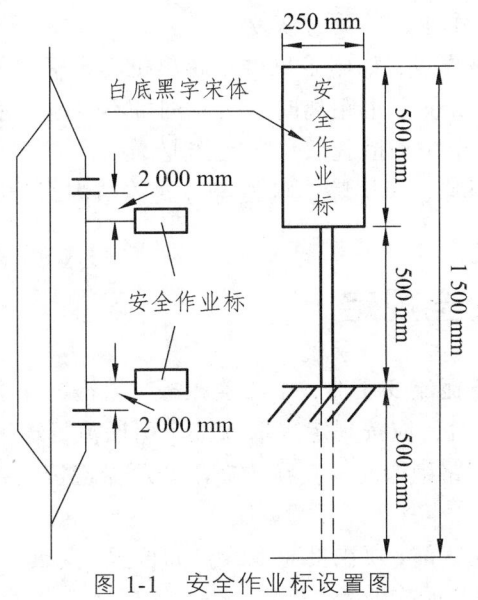

图 1-1　安全作业标设置图

五、机车、动车、车辆作业安全规定

1. 电气化铁路区段各车站给水线、电力机车整备线和动车组整备线,在分段绝缘器内侧 2 m 处应设安全区域标志(见图 1-1)。

2. 接触网隔离开关操作规定同货运、装卸作业安全规定。

3. 电气化铁路区段,当列车、动车组在运行途中发生故障,机车司机、动车组司机、动车组机械师等需上车顶作业时,严格按照相关规定办理停电手续并做好安全防护措施后,方能作业。

4. 在电气化区段运行的机车、动车、车辆及自轮运转设备可以攀登到车顶或作业平台的梯子、天窗等处所,均应有"电气化区段严禁攀登"的警告标志。

六、工务作业安全规定

1. 断开、更换钢轨、拆换接头夹板或调整轨缝前应在钢轨两端轨节间纵向位置,安设一条截面面积不少于 70 mm² 的铜连接线,连接可靠方可开始作业(见图 1-2)。

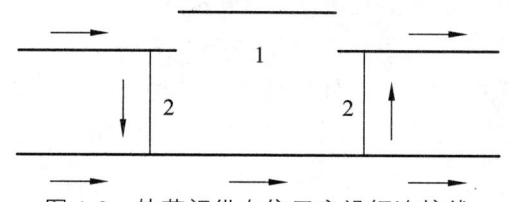

图 1-2 轨节间纵向位置安设铜连接线

1—被更换的钢轨;2—横向连接线。

2. 工务作业需拆开接触网接地线、吸上线,电务扼流变钢轨引线等设备时,应由专业设备管理单位按设备分界进行作业,并及时恢复。

3. 大型养路及施工机械作业,如施工机械不超出机车车辆上部限界,且作业人员及所持机具与接触网带电部分保持 2 m 以上距离时,接触网可不停电。不符合上述条件时,应按照规定办理停电手续并做好安全防护措施后,方能作业。

4. 电气化铁路区段声屏障、风屏障、栅栏等金属体结构部分应可靠接地。

七、电务作业安全规定

1. 维修或更换信号设备扼流变压器,中心连接板,轨道电路送、受电的扼流变压器引接线,站内横向连接线等器件时,应按规定采取保证牵引回流畅通措施后,方可开始作业。

2. 信号设备更换轨道电路绝缘时,应确认扼流变压器连接线各部连接良好后,方可开始作业。

3. 断开综合接地贯通地线前,须在贯通地线纵向位置,安设一条截面面积不少于 70 mm² 的铜连接线,连接可靠方可开始作业。

4. 通信电缆（含光电综合缆）引入室内，应做绝缘接头，将外护套（或屏蔽层）和金属加强件可靠断开，室外电缆（含光电综合缆）的金属护套及金属加强件应可靠接地。

5. 光缆引入室（箱）内，应换接室内光缆，并做绝缘接头，室内外金属护套及金属加强件应断开彼此绝缘。室内光电缆引入柜（架）、分线盒等应可靠接地。

八、牵引供电、电力作业安全规定

1. 从事牵引供电工作的有关人员，实行安全等级管理制度。
2. 牵引供电停电作业时，专业作业人员（包括所持的机具、材料、零部件等）与周围带电设备的距离不得小于下列规定：330 kV 为 5 000 mm；110 kV 为 1 500 mm；25 kV 和 35 kV 为 1 000 mm；10 kV 及以下为 700 mm。
3. 接触网的检修作业分为停电作业、间接带电作业、远离作业。
4. 各种受力和绝缘工具应有合格证并定期进行试验。
5. 利用作业车进行作业时，工作平台严禁向未封锁、有电的线路侧旋转。
6. 遇有雨、雪、雾恶劣天气时，一般不进行接触网 V 形天窗作业。若必须利用 V 形天窗进行检修和事故抢修时，应增设接地线。
7. 接触网 V 形天窗停电作业时：
（1）撤除相邻线供电（馈线）臂的重合闸。
（2）在牵引供电回路开口作业时，应事先采取旁路、等电位措施。
（3）吸上线与钢轨及扼流变中性点连接处一般不进行拆卸作业，确需拆卸处理时，必须采取旁路措施，按分界由专业设备管理部门配合。
8. 电气化铁路区段整修电缆时，电缆铠装及电缆芯两端须装设临时接地线，作业地点铺设干燥绝缘垫或作业人员穿高压绝缘靴进行。
9. 需攀登牵引供电设备支柱的电力检修，由牵引供电设备专业人员现场监控进行。
10. 电气化铁路区段进行架空电力线路维修、施工作业时，在与铁路长距离平行作业区段内，至少每隔 1 km 加装 1 组接地线。

九、电气化铁路附近消防安全规定

电气化铁路附近发生火灾时，须遵守下列规定：
（1）距牵引供电设备带电部分不足 4 m 的燃着物体，使用水或灭火器灭火时，牵引供电设备必须停电。
（2）距牵引供电设备带电部分超过 2 m 的燃着物体，使用沙土灭火时，牵引供电设备可不停电，但须保持灭火机具及沙土等与带电部分的距离在 2 m 以上。

十、车辆行人通过道口安全规定

各种车辆和行人通过电气化铁路平交道口必须遵守下列规定：

（1）通过道口车辆限界及货物装载高度（从地面算起）不得超过 4.5 m，超过时，应绕行立交道口或进行货物倒装。

（2）通过道口车辆上部或其货物装载高度（从地面算起）超过 2 m 通过平交道口时，车辆上部及装载货物上严禁坐人。

（3）行人持有长大、飘动等物件通过道口时，不得高举挥动，应与牵引供电设备带电部分保持 2 m 以上的距离。

本条规定内容应制成揭示牌，固定在道口两面限界门右侧门框上，由供电设备管理单位负责安装及维护（见图 1-3）。

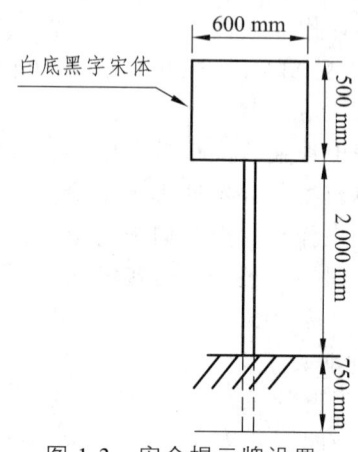

图 1-3 安全揭示牌设置

备注：1. 安全揭示牌设于限界门汽车前进方向右侧的立柱上（距路面高 2.5 m）；
2. 限界门安全揭示牌的尺寸为：厚度为 1.0～2.0 mm 钢板制成，规格 500 mm×600 mm。

十一、其他安全规定

1. 电气化铁路区段房建、通信、信号、电力、给水信息、照明、广播、防灾、视频、红外、安全监控等各种室外设金属箱体、外壳等均应安装牢固，除专业特殊规定外应可靠接地。

2. 电气化铁路区段电缆在切割电缆外皮或打开电缆套管之前，要将电缆（不含全塑电缆）外皮两端连通并临时接地，在作业地点铺设干燥的橡皮绝缘垫或作业人员穿高压绝缘靴进行。

第五节 电气化铁路接触网器材管理办法[①]

为规范电气化铁路接触网器材（以下简称接触网器材）的设计、制造、采购、验收和使用管理，提高接触网器材的产品质量，保证电气化铁路接触网系统的工作性能和行车安全，特制定本办法。

---

① 该文件为铁道部于 2010 年 1 月发布。2013 年，根据《国务院关于提请审议国务院机构改革和职能转变方案》的议案，组建国家铁路局和中国铁路总公司（2019 年 6 月改制成立中国国家铁路集团有限公司），不再保留铁道部。本节保留了原规则中"铁道部"的提法。

1. 电气化铁路设计、建设、施工、运营及接触网器材设计、制造单位在从事接触网器材研究设计、技术审查、生产制造、工程采购和安装使用时,必须遵守本办法。

2. 接触网器材必须满足电气化铁路运输需要,具有较高的可靠性、安全性、耐久性,应不断提高少维护、免维修的程度,接触网器材应具备通用互换性。

3. 接触网器材按其重要程度分为两大类,即重要器材和一般器材。

重要器材包括:

(1) 接触线及承力索。

(2) 接触网关键零部件(见表1-4)。

(3) 绝缘子(包括棒式及悬式绝缘子)。

(4) 分相、分段绝缘器。

(5) 接触网负荷开关、隔离开关。

(6) 支柱及硬横梁。

表1-4 接触网关键受力零件一览表

产品分类	产品名称
悬吊	钩头鞍子、杵座鞍子、承力索支撑线夹(承力索座)、接触线吊弦线夹、承力索吊弦线夹、悬吊滑轮、横承力索线夹、双横承力索线夹、定位环线夹、整体吊弦(含载流与非载流、可调与不可调)、隧道用刚性悬挂及附件
定位	定位装置、支持器、长支持器、定位线夹、定位器、软定位器、特型定位器、压管、定位管、线岔、定位环、长定位环、定位管卡子、锚支定位卡子
连接	D型连接器、双耳连接器、套管铰环、套管双耳、腕臂支撑线夹、承力索接头线夹、接触线接头线夹
锚固	杵座楔形线夹、双耳楔形线夹、承力索终端锚固线夹、接触线终端锚固线夹、接触线中心锚结线夹、承力索中心锚结线夹
补偿	补偿滑轮装置、补偿棘轮、弹簧补偿器、气液补偿器
支撑	旋转腕臂底座、特型旋转腕臂底座、腕臂(含绝缘腕臂、隧道用弓形腕臂及底座)、腕臂支撑、上腕臂底座、下腕臂底座、隧道及站场硬横梁用吊柱
电连接	接触线电连接线夹、承力索电连接线夹、铜铝过渡电连接线夹

除上述6种之外的接触网器材为一般器材。主要包括:

(1) 电力金具。

(2) 关键零部件之外的其他零件及接触网零件用螺栓。

(3) 铝绞线、铝包钢芯铝绞线。

4. 接触网器材改变设计、工艺和材质以及新产品的研制开发,应按照技术设计审查、型式试验、运行考核、产品鉴定的程序进行。其中重要接触网器材由铁道部运输局组织技术评审,一般器材由铁道部运输局(装备部)委托相关单位组织技术评审,评审结果报铁道部核备。

5. 接触网器材中实行生产企业认定管理的产品,生产企业必须取得铁道部颁发的认定资格证书。各单位不得采购和使用未获得认定资格或铁道部公布的监督抽查不合格的接触网器材。

6. 新建、改造、大修工程用接触网器材,上网安装前必须经过检验验收,合格后方可上网使用,对未经检验验收或经检验验收不合格的器材禁止上网使用(具体要求见本节后附件一)。

7. 建设工程中重要接触网器材上网前必须依据相关标准、技术条件及合同规定进行验收，需进行检验试验的，其检验试验应由铁道部授权、并取得国家"计量认证"及"实验室认可"资质、具备检验项目所需的检验设备及能力的第三方实验室承担，承担检验试验的实验室应与生产及使用企业无任何利益关系。

8. 建设单位在编制接触网器材招标技术规格书时，应将接触网器材检验验收的要求写入相关条款中。

9. 接触网器材生产和供应单位，应对其制造的接触网器材在使用寿命期内的产品质量负全部责任。

10. 接触网器材的验收单位对其验收结果负责，检验单位对其检验结论负责。

11. 本办法适用于国铁所有研究设计、技术审查、制造、工程采购和使用接触网器材的单位。

12. 本办法由铁道部运输局负责解释。

13. 本办法自 2010 年 1 月 20 日起施行。

附件一 电气化铁道接触网器材检验细则

一、适用范围

适用于电气化铁道新建、改造以及大修工程用接触网器材检验，不适用于对产品的监督检查。

二、检验依据

TB/T 2073—2003《电气化铁道接触网零部件技术条件》
TB/T 2074—2003《电气化铁道接触网零部件试验方法》
TB/T 2075—2002《电气化铁道接触网零部件》
TB/T 2809—2005《电气化铁道用铜及铜合金接触线》
TB/T 3111—2005《电气化铁道用铜及铜合金绞线》
TB/T 3036—2002《25 kV 电气化铁道接触网分段绝缘器》
TB/T 3037—2002《25 kV 电气化铁道接触网分相绝缘器》
TB/T 2076—1998《电气化铁道接触网用棒形瓷绝缘子》
GB 11030—2000《交流牵引线路用棒形瓷绝缘子》
GB/T 1001.1—2003《标称电压高于 1 000 V 的架空线路绝缘子第 1 部分：交流系统用瓷或玻璃绝缘子元件——定义、试验方法和判定准则》
GB/T 19519—2004《标称电压高于 1 000 V 的交流架空线路用复合绝缘子——定义、试验方法及验收准则》

TB/T 3068—2002《电气化铁道接触网用棒形悬式复合绝缘子》
参照 GB/T 13264—1991《不合格品率的小批计数抽样检查程序及抽样表》
备注：以上检验依据如有新标准发布，则按新标准要求执行。

三、抽样办法

1. 试样从经生产厂家出厂检验合格后准备发往施工现场的产品中抽取。半成品或未组装好的产品不得参加抽样。

2. 抽样地点为生产企业成品库。由于工期原因已发往施工现场的产品，抽样地点为施工现场临时料库。抽样人员由检验单位、工程所在铁路局以及施工单位的相关人员组成，抽样人员应持有效证件。抽样时工厂应派员参加。

3. 对半成品供货的零件（比如需要现场压接的接触线电连接线夹、整体吊弦），抽样地点为施工现场，施工人员按照工厂提供的压接工艺进行压接合格后，由抽样人员进行抽样，抽样时生产厂家须派员参加，并签字确认。

4. 抽样时，按照设计好的编号规则对产品逐批编号（接触线与承力索逐盘编号），再按照协商好的供货批（供货批与抽样批相同）进行随机抽样，抽样后对试样装箱打包，并当场对试样及抽检产品进行铅封。填写抽样登记表，记录铅封号及产品编号等信息，双方确认无误后签字和/或盖章。抽样登记表一式六份，一份交工厂保存，一份由检验单位保存，其余四份交检验委托单位相关部门。

四、检验项目及抽样数量

1. 检验项目按现有铁标规定进行，铁路标准与招标技术规格书不一致时，可适当考虑招标技术规格书规定。

2. 除本款1所要求的检验项目外，还需要进行的检验项目如表1-5所示。

表 1-5　特殊检验项目及数量

序号	产品分类及检验项目		检验次数及数量（每1000条公里中每个供货厂家的产品）
1	接触网零部件	残余应力	仅限铜合金零件，每种零件每2000件做1次，每次2件（不足2000件时按2000件计算）
2		无损探伤	详见本条款第3条
3		短路热循环	仅限接续类零件，只做一次，每种2件
4	接触线承力索	氧、银、镁、锡含量	接触线仅限高温软化不合格时；承力索仅限单丝力学性能不合格时
5		横向晶粒尺寸	仅限接触线
备注：不足1000条公里时按1000条公里计。			

3. 接触网零部件中铸件（无论国产还是进口）应进行无损探伤，具体要求如下：

（1）生产厂按照 TB/T 2073—2003 要求对铸造件逐件进行无损探伤。

（2）工程无损探伤验收检验是在工厂探伤合格的基础上随机抽检，抽检比例为 1%（每 500 件抽检 5 件）。

（3）铸钢件关键受力部位铸造缺陷一级为合格级，非关键受力部位二级为合格级，铸造缺陷按 GB 5677—85《铸钢件射线及底片等级分类方法》分级评定。

（4）铸造铝合金件关键受力部位二级为合格级，非关键受力部位三级为合格级。铸造缺陷按 HB 5480—90《高强度铝合金优质铸件》分级评定。

（5）抽检零件探伤全部通过时，该批通过。若发现有一件及以上不合格时，加倍抽样。加倍抽样合格后该批通过。若仍有一件及以上不合格时，该批不通过，须逐件进行探伤。

4. 抽样数量：

（1）产品按国产器材与进口器材分类，抽样数量详见表 1-6 及表 1-7。

表 1-6 国产器材（含合资企业在国内生产的器材）

序号	产品分类		抽样比例	抽检批量及样本数量	
				批量	样本
1	接触网零部件	铸钢件	1%	500 件	5 件
2		锻钢件	0.5%	1 000 件	5 件
3		铜合金件	1%	500 件	5 件
4		铝合金件	1%	500 件	5 件
5		不锈钢件	1%	500 件	5 件
6		限位定位装置	1%	500 件	5 件
7		整体吊弦	0.2%	2 500 件	5 件
8		补偿装置	0.2%	1 000 件	2 件
9	接触线承力索	接触线	10%	10 盘	1 盘（4.5 m）
10		承力索	10%	10 盘	1 盘（4.5 m）
11	绝缘器材	悬式绝缘子	0.16%	5 000 片	8 片
12		棒式绝缘子	0.5%	1 200 根	6 根
13		分段绝缘器	0.5%	500 台	2 台
14		分相绝缘器	0.5%	500 台	2 台
备注：抽样时应考虑疲劳与振动所需试样。					

表1-7 进口器材（含国外独资企业在国内生产的器材）

序号	产品分类		抽样比例	抽检批量及样本数量	
				批量	样本
1	接触网零部件	铸钢件	0.5%	1 000件	5件
2		锻钢件	0.5%	1 000件	5件
3		铜合金件	1%	500件	5件
4		铝合金件	1%	500件	5件
5		不锈钢件	0.5%	1 000件	5件
6		限位定位装置	0.5%	1 000件	5件
7		整体吊弦	0.1%	5 000件	5件
8		补偿装置	0.1%	2 000件	2件
9	接触线承力索	接触线	5%	20盘	1盘（4.5 m）
10		承力索	5%	20盘	1盘（4.5 m）

备注：抽样时应考虑疲劳与振动所需试样。

五、判断依据

1. 根据接触网新建、改造以及大修工程招标技术规格书确定。招标技术规格书规定不详时，按现有铁标规定。

2. 产品质量判断。

（1）根据检验结果先进行单件判定，判断条件为：

A类项点：[n_A；0，1]

其中，n_A 为A类项点个数。

B类项点：[n_B；A_{cb}，R_{cb}]

其中，n_B 为B类项点个数，A_{cb} 为合格判定数，R_{cb} 为不合格判定数。

n_B	A_{cb}	R_{cb}
5	1	2
6	2	3
8	3	4

（2）单件产品判断合格后，再对同类所有产品进行判断，判断条件为：

[n；0，1]

其中，n为同类所有零件数。

（3）只有同类产品全部满足以上判断条件后，该类产品才能判为合格，否则为不合格。

（4）半成品供货的零件判为不合格时，由生产厂家负责。

3．不合格品处置。

（1）接触网零部件。

生产厂家对经检验不合格的产品，对照不合格的项目，按如下原则处理：

① 破坏强度不合格或振动、疲劳中出现断裂时，该批零件不合格。

② 滑动荷重不合格时，由厂家对该批零件全部做滑动试验，剔除未满足标书要求零件后组成新的批进行复检。

③ 材质不符合要求时，该批零件不合格。

④ 螺栓性能不符合要求时，由厂家更换全部螺栓，组成新的批后进行复检。

⑤ 探伤不符合要求时，剔除未满足标书要求零件后组成新的批进行复检。

⑥ 铜合金零件残余应力不符合要求时，该批零件不合格。

⑦ 复检零件再次出现不合格时，该批零件全部不合格。

同种零件连续两批出现破坏强度、振动及疲劳断裂、材质、探伤、铜合金零件残余应力不符合要求时，应加严检查，加严检查抽样数量如表1-8所示。

表1-8 同种零件加严检查数量表

正常检查时样本大小	2	4	6	8	10
加严检查时样本大小	3	6	10	13	16

加严检验开始后，如果连续五批经检验均合格，从下一批开始转入正常检查。如果连续五批经检验均不合格，暂停验收。

（2）接触线与承力索。

检验不合格时所代表的批均视为不合格，为减小损失需对该批盘检验，对发现的不合格盘应予以报废，严禁出厂使用。

接触线高温软化后拉断力不合格时，应补做银含量。当银含量符合要求时，该盘线视为合格；当银含量不符合要求时，该盘线视为不合格，应予以报废，严禁出厂使用。

（3）绝缘器材。

生产厂家对经检验不合格的产品，对照不合格的项目，按如下原则处理：

① 分段、分相绝缘器电气性能、破坏强度不合格或振动、疲劳中出现断裂时该台不合格。应加严检查，加严时抽检数量加倍，抽检次数加倍，合格后该批分段、分相绝缘器通过。加严检查仍有不合格时应逐台检验。

② 棒式绝缘子及分段、分相绝缘器滑动荷重不合格时，由厂家对该批全部做滑动试验，剔除未满足标书要求的棒式绝缘子及分段、分相绝缘器后组成新的批进行复检。

③ 复检再次出现不合格时，该批全部不合格。

绝缘子连续两批出现同一项目不合格时，应加严检查，加严检查抽样数量如表1-9所示。

表 1-9 绝缘子加严检查数量表

正常检查时样本大小	6（8）
加严检查时样本大小	12（16）

注：括弧内为悬式绝缘子抽检数量。

加严检验开始后，如果连续五批经检验均合格，则从下一批开始转入正常检查。如果连续五批经检验均不合格，则暂停验收，交由建设方处理。

【思考及复习题】

1. 事故报告应当包括哪些内容？
2. 符合何种情况之一者列为重大事故？
3. 制定电气化铁路有关人员电气安全规定的目的是什么？
4. 什么是作业人员？
5. 电力设备维修必须遵守哪些规定？
6. 什么是中断铁路行车？
7. 什么是接触网中断供电？
8. 生产厂家对经检验不合格的产品，对照不合格的项目，应如何处理？

第二章 高速铁路接触网管理规则

第一节 高速铁路接触网安全工作规则

任务一 总则、一般规定

一、总 则

1. 在高速铁路接触网运行和检修工作中,为确保人身、行车和设备安全,特制定本规则。

2. 从事高速铁路接触网工作各单位(包括高速铁路接触网设备管理、维修和从事高速铁路接触网施工的单位,下同)应经常进行安全技术教育,组织有关人员认真培训和学习本规则,切实贯彻执行本规则的各项规定。

3. 各级管理部门应建立健全各岗位责任制,抓好各管理岗位、作业岗位基础工作,依靠科技进步,积极采用新技术、新工艺、新材料,不断提高和改善高速铁路接触网的安全工作和装备水平,确保人身和设备安全。

4. 本规则适用于 200 km/h 及以上铁路和 200 km/h 以下仅运行动车组列车(含相关联络线和动车走行线)铁路接触网的安全运行和检修工作。各铁路局(公司)可根据本规则规定的内容,结合具体情况制定细则,并报铁路总公司核备。

二、一般规定

1. 高速铁路(含 200 km/h 及以上铁路、200 km/h 以下仅运行动车组列车铁路,及相关联络线和动车走行线。下同)所有的接触网设备,自第一次受电开始即认定为带电设备。之后,接触网上的一切作业,必须按本规则的规定严格执行。

铁路防护栅栏内进行的接触网作业,必须在上下行线路同时封锁,或本线封锁、邻线限速 160 km/h 及以下条件下进行。

2. 从事高速铁路接触网运行和检修工作的人员,实行安全等级制度,经过考试评定安全等级,取得《高速铁路供电安全合格证》之后(安全等级的规定见表 2-1),方准参加与所取得的安全等级相适应的工作。每年定期按表 2-2 的要求进行一次安全考试并签发《高速铁路供电安全合格证》。

3. 各单位除按表 2-2 的规定组织从事高速铁路接触网运行和检修工作的有关现职人员每年进行一次安全等级考试外,对属于下列情形的人员,还应在上岗前进行安全等级考试:

(1)开始参加高速铁路接触网工作的人员。
(2)安全等级变更,仍从事高速铁路接触网运行和检修工作的人员。
(3)接触网供电方式改变时的检修工作人员。
(4)接触网停电检修方式改变时的检修工作人员。
(5)中断工作连续6个月以上仍继续担任高速铁路接触网运行和检修工作的人员。
4. 参加高速铁路接触网作业人员应符合下列条件:
(1)作业人员符合岗位标准要求,1~2年进行一次身体检查,符合作业所要求的身体条件,并取得《高速铁路岗位培训合格证书(CRH)》。
(2)经过高速铁路接触网作业安全培训,考试合格并取得相应的安全等级。熟悉触电急救方法。

表2-1 高速铁路接触网工作人员安全等级

等级	允许担当的工作	必须具备的条件
一级	地面简单的作业(如推扶车梯、拉绳、整修基础帽等)	1. 新入职人员经过教育和学习,初步了解高速铁路安全作业的基础知识; 2. 了解接触网地面作业的规定和要求
二级	1. 各种地面上的作业; 2. 不拆卸零件的高空作业(如清扫绝缘子、支柱涂漆、验电、装设接地线、作业车巡检等)	1. 参加接触网运行和检修工作3个月以上; 2. 掌握接触网高空作业一般安全知识和技能; 3. 掌握接触网停电作业接地线的规定和要求,熟悉作业区防护信号的显示方法
三级	1. 各种高空和停电作业; 2. 间接带电作业; 3. 隔离(负荷)开关倒闸作业; 4. 防护(联络员、现场防护员)工作; 5. 进行巡视工作; 6. 要令人,以及倒闸作业、停电作业、验电接地监护人	1. 参加接触网运行和检修工作1年以上;具有技工学校或相当于技工学校及以上学历(供电专业)的人员可以适当缩短; 2. 熟悉接触网停电和间接带电作业的有关规定; 3. 具有接触网高空作业的技能,能正确使用检修接触网的工具、材料和零部件; 4. 具有列车运行的基本知识,熟悉作业区防护的规定及信、联、闭(信号、联锁、闭塞)知识; 5. 能进行触电急救
四级	1. 各种高空、停电和间接带电作业的工作票签发人、工作领导人及监护人; 2. 工长	1. 担当三级工作1年以上; 2. 熟悉掌握本规则内容; 3. 能领导作业组进行停电和间接带电作业
五级	1. 供电车间主任、副主任; 2. 技术科长(主任)、副科长(副主任),接触网技术人员; 3. 安全科长(主任)、副科长(副主任),接触网安全管理人员; 4. 职教科长、副科长、主管接触网教育人员; 5. 段长、副段长、总工程师、副总工程师; 6. 供电调度员、生产调度员	1. 担当四级工作1年以上。对安全技术管理人员具有中等专业学校(或相当于中等专业学校)及以上的学历(供电专业)可不受此限; 2. 熟悉并掌握本规则、接触网运行检修规则,以及接触网主要的检修工艺; 3. 能领导作业组进行停电和间接带电作业

表2-2 安全考试相关要求

应试人员	主持考试单位和签发安全合格证部门	安全合格证签发人
单位的主管负责人和专业负责人	各单位上级业务主管部门	上级主管负责人
其他从事接触网工作人员	各单位	单位的主管负责人

5. 进入铁路防护栅栏内进行的接触网停电作业，一般应在上、下行线路同时停电及封锁的垂直天窗内进行。

高速铁路接触网一般不进行 V 形天窗作业。故障处理、事故抢修等特殊情况下必须在邻线行车的情况下作业时，必须在办理本线封锁、邻线列车限速 160 km/h 及以下申请，在得到列车调度员（车站值班员）签认后，方可上道作业。

遇有雷电时（在作业地点可见闪电或可闻雷声）禁止在接触网上作业。

6. 应急处置需进入铁路防护栅栏内进行设备巡视、检查、测量或处理接触网设备异物时，可不申请停电，但须在办理本线封锁和邻线列车限速 160 km/h 及以下手续后进行。

7. 在高速铁路接触网上进行作业时，除按规定开具工作票外，还必须有列车调度员准许停电的调度命令和供电调度员批准的作业命令。

除遇有危及人身或设备安全的紧急情况，供电调度员发布的倒闸命令可以没有命令编号和批准时间外，接触网所有的作业命令均必须有命令编号和批准时间。

8. 在进行接触网作业时，作业组全体成员须穿戴有反光标识的防护服、安全帽。作业组有关人员应携带通信工具并确保联系畅通。在夜间、隧道内或光线不足处所进行接触网作业时必须有足够照明灯具。工区配置照明用具应满足夜间 200 m 范围内照明充足、4 h 内连续使用的条件，接触网作业车作业平台照度值应不小于 40 lx。

9. 利用接触网作业车或专用车辆进行接触网巡视或检测时，应申请行车计划或安排在施工维修天窗时间内进行，同时执行以下规定：

（1）邻线未封锁时，应在办理邻线列车限速 160 km/h 及以下手续后进行。

（2）需要升起作业平台或人员登上平台时，须在接触网停电、巡视或检测范围内按停电作业要求设置接地线、作业车运行速度不大于 10 km/h、作业平台设置旋转闭锁的条件下进行。

10. 新研制及经过重大改进的作业工具应由铁路局及以上单位鉴定通过，批准后方准使用。

11. 需进入铁路防护栅栏内进行接触网作业的人员，必须在得到驻调度所（驻站）人员同意后方准进入。进、出铁路防护栅栏时，必须清点人员，并及时锁闭防护网门，防止人员遗漏及闲杂人员进入。

作业组所有的工具物品和安全用具均须粘贴反光标识，在使用前均须进行状态、数量检查，符合要求方准使用。进、出铁路防护栅栏时对所携带和消耗后的机具、材料数量认真清点核对，不得遗漏在线路或铁路防护栅栏内。核对检查确认方式由各铁路局自定。

任务二　作业制度

一、作业分类

高速铁路接触网的检修作业分为三种：
（1）停电作业——在接触网停电设备上进行的作业。
（2）间接带电作业——借助绝缘工具间接在接触网带电设备上进行的作业。
（3）远离作业——在距接触网带电部分 1 m 及以外的处所进行的作业。

二、工作票

1. 工作票是进行接触网作业的书面依据，填写时要字迹清楚、正确，需填写的内容不得涂改和用铅笔书写。

工作票填写一式两份，一份由发票人保管，一份交给工作领导人。

事故抢修和遇有危及人身或设备安全的紧急情况，作业时可以不签发工作票，但必须有供电调度批准的作业命令，并由抢修负责人布置安全、防护措施。

2. 根据作业性质的不同，工作票分为三种：

（1）接触网第一种工作票（格式见表2-3），用于停电作业。

表2-3 接触网第一种工作票

接触网第一种工作票

_____区第_____号

封锁范围		发票人	
作业范围			
作业内容		发票时间	
工作票有效期	自 年 月 日 时 分至 年 月 日 时 分止			
工作领导人	姓名：		安全等级：	
作业组成员姓名及安全等级（安全等级写在括号内）	（　）	（　）	（　）	（　）	（　）
	（　）	（　）	（　）	（　）	（　）
	（　）	（　）	（　）	（　）	（　）
	（　）	（　）	（　）	（　）	（　）
	（　）	（　）	（　）	（　）	（　）
	（　）	（　）	（　）	（　）	共计：人
需停电的设备					
装设接地线的位置					
作业范围防护措施					
其他安全措施					
变更作业组成员记录					
工作票结束时间	年 月 日 时 分				
工作领导人（签字）			发票人（签字）		

说明：本票用白色纸印绿色格和字。规格：A4。

（2）接触网第二种工作票（格式见表2-4），用于间接带电作业。

表 2-4　接触网第二种工作票

接触网第二种工作票

_____工区第　　号

作业地点				发票人	
作业内容				发票时间	
工作票有效期	自　年　月　日　时　分至　年　月　日　时　分止				
工作领导人	姓名：		安全等级：		
作业组成员姓名及安全等级（安全等级填在括号内）	（　）	（　）	（　）	（　）	（　）
	（　）	（　）	（　）	（　）	（　）
	（　）	（　）	（　）	（　）	（　）
	（　）	（　）	（　）	（　）	（　）
	（　）	（　）	（　）	（　）	（　）
	（　）	（　）	（　）	（　）	共计：　人
绝缘工具状态					
安全距离					
作业区防护措施					
其他安全措施					
变更作业组成员记录					
工作票结束时间			年　月　日　时　分		
工作领导人（签字）			发票人（签字）		

(3)接触网第三种工作票(格式见表2-5),用于远离作业即距带电部分1 m及以外的高空作业、较复杂的地面作业、未接触带电设备的测量及铁路防护栅栏内步行巡视等。

表2-5 接触网第三种工作票

接触网第三种工作票

_____工区第　　号

作业地点				发票人	
作业内容				发票时间	
工作票有效期	自　　年　　月　　日　　时　　分至　　年　　月　　日　　时　　分止				
工作领导人	姓名：			安全等级：	
作业组成员姓名及安全等级（安全等级填在括号内）	（　）	（　）	（　）	（　）	（　）
	（　）	（　）	（　）	（　）	（　）
	（　）	（　）	（　）	（　）	（　）
	（　）	（　）	（　）	（　）	（　）
	（　）	（　）	（　）	（　）	共计：　　人
安全措施					
变更作业组成员记录					
工作票结束时间	年　　月　　日　　时　　分				
工作领导人（签字）			发票人（签字）		

3. 工作票有效期不得超过3个工作日。

作业结束后,工作领导人要将工作票和相应命令票(格式见表2-6、2-7)交工区统一保管。在工作票有效期内没有执行的工作票,须在右上角盖"作废"印记交回工区保管。所有工作票保存时间不少于12个月。

表 2-6 接触网停电作业命令票

接触网停电作业命令票

_____工区第　　号

命令编号：	
批准时间：　　年　　月　　日　　时　　分	
命令内容：	
要求完成时间：　　年　　月　　日　　时　　分	
发令人：	受令人：
销令时间：　　年　　月　　日　　时　　分	
销令人：	供电调度员：

说明：本票用白色纸印绿色格和字。规格：半幅 A4。

表 2-7 接触网间接带电作业命令票

接触网间接带电作业命令票

_____工区第　　号

命令编号：	
批准时间：　　年　　月　　日　　时　　分	
命令内容：	
发令人：	受令人：
销令时间：　　年　　月　　日　　时　　分	
销令人：	供电调度员：

说明：本票用白色纸印绿色格和字。规格：半幅 A4。

4. 工作票签发人和工作领导人安全等级不低于四级。同一张工作票的签发人和工作领导人必须由两人分别担当。

5. 发票人一般应在作业 6 h 之前将工作票交给工作领导人，使之有足够的时间熟悉工作票中的内容并做好准备工作。工作领导人对工作票内容有不同意见时，应向发票人提出，经认真分析，确认无误后，签字确认。

每次作业，一名工作领导人同时只能接受一张工作票。一张工作票只能发给一名工作领导人。

6. 工作票中规定的作业组成员一般不应更换，若必须更换时，应由发票人签认，若发票人不在可由工作领导人签认。工作领导人更换时，必须由发票人签认。

当需变更作业种类、作业地点、作业内容、需停电的设备、封锁或限行条件等要素之一时，必须废除原工作票，签发新的工作票。

7. 工作领导人应提前组织作业组成员（含作业车司机）召开工前预备会，宣讲工作票并进行作业分工、安全预想，将本次作业任务和安全措施逐项分解落实到人，并进行针对性安全提示。作业组成员有疑问时应及时提出，工作领导人组织答疑并确认无误。

作业前，工作领导人应组织作业组成员列队点名，并确认作业安全用具准备充分、作业组人员身体及精神状态良好后，方准作业。

8. V形接触网检修作业使用的工作票右上角应加盖"上行"或"下行"印记。工作票中要有针对V形接触网检修作业的特殊性提出的安全措施。主要是：

（1）写明上行（下行）封锁及停电，下行（上行）未封锁及有电，人员机具和作业车平台旋转不得侵入下行（上行）限界的范围。

（2）防止误触有电设备的安全措施。

（3）防止感应电伤害的安全措施。

（4）防止穿越电流伤害的安全措施。

（5）防止电力机车将电带入作业区段的安全措施。

在设备较复杂的区段作业时，应附页画出作业区段简图，标明停电作业范围、接地线位置，并用红色标记带电设备。

三、作业人员的职责

1. 工作票签发人在安排工作时，要做好下列事项：
（1）所安排的作业项目是必要和可能的。
（2）所采取的安全措施是正确和完备的。
（3）所配备的工作领导人和作业组成员的人数和条件符合规定。

2. 工作领导人在安排工作时，要做好下列事项：
（1）确认作业内容、地点、时间、作业组成员等均符合工作票提出的要求。
（2）确认作业采取的安全措施正确而完备。
（3）检查落实工具、材料准备，与安全员（安全监护人）共同检查作业组成员着装、工具、劳保用品齐全合格。
（4）监督作业组成员的作业安全。
（5）检查确认接触网设备送电及线路开通条件。

3. 作业组成员要服从工作领导人的指挥、调动，遵章守纪。对不安全和有疑问的命令，要及时果断地提出，坚持安全作业。

任务三 受力工具和绝缘工具

1. 各种受力工具和绝缘工具应有合格证并定期进行试验，做好记录，禁止使用试验不合格或超过试验周期的工具。
2. 各单位应制定受力工具和绝缘工具管理办法，由专人负责编号、登记、整理，并监督使用者按规定试验和正确使用。绝缘工具的反光标识应粘贴在明显且不影响绝缘性能的部位。

与试验记录对应的受力工具和绝缘用具上应有统一制定的编号标记（试验标准见表 2-8、2-9）。

表 2-8 常用工具机械试验标准

序号	名称	试验周期/月	额定负荷/N	试验负荷/N	试验时间/min	合格标准
1	车梯： 1. 工作台 2. 工作台栏杆 3. 每一级梯蹬	12	2 000 1 000 1 000	3 000 2 000 2 000	5 5 5	无裂损和永久变形
2	梯子：每一级梯蹬	12	1 000	2 000	5	无裂损和永久变形
3	绳子（尼龙、棕、麻绳）钢丝绳	12	P_H	$2P_H$	10	无破损和断股
4	安全带	12	1 000	2 250	5	无破损
5	金属工具	12	P_H	$2.5P_H$	10	无破损和永久变形
6	非金属工具	12	P_H	$2P_H$	10	
7	起重工具	12	P_H	$1.2P_H$	10	
8	脚扣	12	1 000	1 200	5	无破损和永久变形

表 2-9 常用绝缘工具电气试验标准

序号	名称	试验周期/月	使用电压/kV	试验电压/kV	试验时间/min	合格标准
1	绝缘车梯	6	25	120	5	无发热、击穿和变形
2	绝缘硬挂梯	6	25	120	5	
3	绝缘棒、杆	6	25	120	5	
4	绝缘挡板	6	25	80	5	
5	绝缘绳、线	6	25	105/0.5 m	5	
6	验电器	6	25	105	5	
7	绝缘手套	6	（辅助）	8	1	
8	绝缘靴	6	（辅助）	15	1	
9	接地用的绝缘杆	6	25	90	5	
10	专用除冰杆	12（入冬前）	25	120	5	

3. 绝缘工具应具有良好的绝缘性、绝缘稳定性和足够的机械强度,轻便灵活,便于搬运。

4. 绝缘工具应按下列要求进行试验:

(1) 新购、制作(或大修)后,在第一次投入使用前进行机械和电气强度试验。绝缘工具的电气强度试验一般在机械强度试验合格后进行。机械强度试验应在组装状态下进行。

(2) 使用中的绝缘工具要定期进行试验。

(3) 绝缘工具的机、电性能发生损伤或对其怀疑时,应中断使用并及时进行相应的试验。

5. 绝缘工具材质的电气强度不得小于 3 kV/cm,间接带电作业的绝缘杆等其有效长度大于 1 000 mm。

6. 绝缘工具每次使用前,须认真检查有无损坏,并用清洁干燥的抹布擦拭有效绝缘部分后,再用 2 500 V 兆欧表分段测量(电极宽 2 cm,极间距 2 cm)有效绝缘部分的绝缘电阻,测量值不得低于 100 MΩ,或测量整个有效绝缘部分的绝缘电阻,其值不低于 10 000 MΩ。

7. 绝缘工具应存放在室内,室内要保持清洁、干燥、通风良好,并采取防潮措施。

8. 绝缘工具在运输和使用中要保持清洁干燥,切勿损伤。使用管材制作的绝缘工具,其管口要密封。

任务四 高空作业

一、一般规定

1. 凡在距离地(桥)面 2 m 及以上的处所进行的作业均称为高空作业。

2. 高空作业必须设有专人监护,其监护要求如下:

(1) 间接带电作业时,每个作业地点均应设专人监护,其安全等级不低于四级。

(2) 停电作业时,每个监护人的监护范围不超过 2 个跨距,在同一组硬(软)横跨上作业时不超过 4 条股道,在相邻线路同时作业时,要分别派监护人各自监护;当停电成批清扫绝缘子时,可视具体情况设置监护人员。监护人员的安全等级不低于三级。

(3) 作业人员及所携带的物件、作业工器具等与接触网带电部分距离小于 3 m 的远离作业,每个作业地点均要设有专人监护,其安全等级不低于四级。

3. 高空作业使用的小型工具、材料应放置在工具材料袋(箱)内。作业中应使用专门的用具传递工具、零部件和材料,不得抛掷传递。

4. 高空作业人员作业时必须将安全带系在安全牢靠的地方。

5. 进行高空作业时,人员不宜位于线索受力方向的反侧,并采取防止线索滑脱的措施。在曲线区段调整接触网悬挂时,要有防止线索滑移的后备保护措施。

6. 冰、雪、霜、雨等天气条件下,接触网作业用的车梯、梯子、接触网作业车的爬梯和平台应有防滑措施。

二、攀杆作业

1. 攀登工具应在出库前确认状态良好,安全用具完好合格。攀登支柱前要检查支柱状态,观察支柱上有无其他设备,选好攀登方向和条件。

2. 攀登支柱时应手把牢靠,脚踏稳准,尽量避开设备并与带电设备保持规定的安全距离。用脚扣攀登时,要卡牢系紧,严防滑落。

三、登梯作业

1. 接触网作业用的车梯和梯子必须符合下列要求:
(1)结实、轻便、稳固。
(2)车梯的车轮采取可靠的绝缘措施。
按表 2-8 和表 2-9 的规定进行试验。

2. 使用车梯进行作业时,应指定车梯负责人,工作台上的人员不得超过两名。所有的零件、工具等均不得放置在工作台的台面上。

3. 作业中推动车梯应服从工作台上人员的指挥。当车梯工作台面上有人时,推动车梯的速度不得超过 5 km/h,并不得发生冲击和急剧起、停。工作台上人员和车梯负责人应呼唤应答,配合妥当。

4. 车梯负责人和推车梯人员应时刻注意和保持车梯的稳定状态。当车梯在曲线上或遇大风时,对车梯要采取防止倾倒的措施;当外轨超高≥125 mm 或风力 5 级以上时,未采取固定措施禁止登车梯作业。车梯在大坡道上时,应采取防止滑移的措施;当车梯放在道床、路肩上或作业人员的重心超出工作台范围作业时,作业人员应将安全带系在接触网上;车梯在地面上推动时,工作台上不得有人停留。

5. 当用梯子作业时,作业人员应先检查梯子是否牢靠;要有专人扶梯,梯子支挂点稳固,严防滑移;梯子上只准有 1 人作业。

四、接触网作业车作业

1. 接触网作业车出车前,司机应认真检查车辆和行车安全装备,确认防护备品齐全良好,并与作业人员检查通信工具,确保联络畅通。

2. 接触网作业车司机应执行作业前的待乘休息制度,充分休息,确保精神状态良好。作业前司机应掌握作业范围和内容并进行安全预想,作业和运行过程中应注意力集中。

3. 接触网作业车分解作业,须提前明确每台车的作业范围,以及作业完毕后停留车列和运行连挂车辆的位置,工作领导人和司机应熟悉和掌握以上内容。接触网作业车进入封锁区间前,司机应认真核对调度命令,确认信号,按规定联控。司机和工作领导人要根据调度命令及作业地点,拟定区间返回的时刻,并严格执行。

4. 使用接触网作业车作业时，应指定作业平台操作负责人，作业平台不得超载。工作领导人必须确认地线接好后，方可允许作业人员登上接触网作业车的作业平台。作业车平台应设置随车等位线，在完成作业平台和工作对象设备等位措施后，方可触及接触网设备和进行作业。

5. 人员上、下作业平台应征得作业平台操作负责人的同意。接触网作业车移动或作业平台升降、转向时，严禁人员上、下。

V形作业时，所有人员禁止从未封锁线路侧上、下作业车辆。作业平台应具有平台转向限位装置，作业前应将限位装置置于正确位置，作业平台严禁向未封锁的线路侧旋转。当邻线有列车通过时，应停止作业。

6. 接触网作业车作业平台防护门关闭时应有闭锁装置。作业中须锁闭好作业平台的防护门，作业完毕后及时放下防护栏杆。

7. 外轨超高≥125 mm 区段人员需在作业平台上作业时，作业平台应具有自动调平装置并开启调平功能。

8. 作业人员的重心超出作业平台防护栏范围作业时，须将安全带系在牢固可靠的部位。

9. 司机（或在平台上操纵车辆移动的人员）须精力集中，密切配合，在移动车辆前应注意作业车及作业平台周围的环境、设备、人员和机具等情况，与附近的设备保持规定的安全距离。

作业平台上的所有人员在车辆移动中应注意防止接触网设备碰剐伤人。

10. 作业平台上有人作业时，作业车移动的速度不得超过 10 km/h，且不得急剧起、停车。

11. 作业中作业车的移动应听从作业平台操作负责人的指挥。平台操作负责人与司机之间的信息传递应及时、准确、清楚，并呼唤应答。

12. 现场作业结束及作业车返回驻地后，司机应对车辆状态及随车备品进行检查，发现部件缺失等应及时查找，必要时对作业车运行的区段申请采取相应行车限制措施。

任务五　停电作业、间接带电作业和倒闸作业

一、停电作业

（一）一般规定

1. 双线电化区段，接触网停电作业按停电方式分为垂直作业和V形作业。

垂直作业——双线电化区段，上、下行接触网同时停电进行的接触网作业。

V形作业——双线电化区段，上、下行接触网一行停电进行的接触网作业。

2. 停电作业时，作业人员（包括所持的机具、材料、零部件等）与周围带电设备的距离不得小于下列规定：330 kV 为 5 000 mm；220 kV 为 3 000 mm；110 kV 为 1 500 mm；25 kV 和 35 kV 为 1 000 mm；10 kV 及以下为 700 mm。

3. 检修各种电缆及附件前应对电缆导体、铠装层及屏蔽层两端进行安全接地，并充分放电。当断开电缆导体、铠装层、屏蔽层以及检修上网隔离开关时，应采取防止感应电及穿越电流人身伤害措施。

4. 不能采用 V 形作业的停电检修作业，须采用垂直作业方式，其地点应在接触网平面图上用红线框出，并注明禁止 V 形作业字样。

（二）V 形天窗作业

1. 进行 V 形作业应具备的条件：

（1）一行接触网设备距离另一行接触网带电设备间的距离大于 2 m，困难时不小于 1.6 m。

（2）一行接触网设备距离另一行通过的电力机车（动车）受电弓瞬时距离大于 2 m，困难时不小于 1.6 m。

（3）上、下行或由不同馈线供电的设备间的分段绝缘器主绝缘爬电距离不小于 1.2 m。

（4）上、下行或由不同馈线供电的横向分段绝缘子串，爬电距离须保证在 1.2 m 及以上，污染严重的区段应达到 1.6 m。

（5）同一支柱（吊柱）上的设备由同一馈线供电。

2. 利用 V 形停电作业时，应遵守下列要求：

（1）接触网停电作业前，须撤除向相邻线供电的馈线开关保护重合闸，断开相应的可能向作业线路送电的所、亭开关。

（2）作业人员作业前，工作领导人（监护人员）应向作业人员指明停、带电设备的范围，加强监护，并提醒作业人员保持与带电部分的安全距离，确保人员、机具不侵入邻线限界。

（3）为防止动车组（电力机车）将电带入停电区段，列车调度员（车站值班员）应确认禁止动车组（电力机车）通过的限制要求。

（4）在断开导电线索前，应事先采取旁路措施。更换长度超过 5 m 的长大导体时，应先等电位后接触，拆除时应先脱离接触再撤除等电位。

（5）检修吸上线、PW 线、回流线（含架空地线与回流线并用区段）、避雷线等附加导线时不得开路，如必须进行断开回路的作业，则须在断开前使用截面面积不小于 25 mm² 的铜质短接线先行短接后，方可进行作业。

在变电所、分区所、AT 所处进行断开吸上线、电缆及其屏蔽层的检修时，应采用垂直作业。

吸上线与扼流变中性点连接点的检修，不得进行拆卸，防止造成回流回路开路。确需拆卸处理时，须采取旁路措施，必要时请电务部门配合。

（6）V 形作业检修支柱下部地线、避雷引下线等，可在不停电情况下进行，但须执行第三种工作票并做好行车防护，不得侵入限界；开路作业时应使用短接线先行短接后，方可进行作业。

遇有雨、雪、雾、风力在 5 级及以上的恶劣天气一般不进行 V 形作业。必须利用 V 形作业进行检修和故障处理或事故抢修时，应增设接地线，并在加强监护的情况下方准作业。

（7）检修隔离开关、电分段锚段关节、关节式分相和分段绝缘器等作业时，应用不小于 25 mm² 的等位线先连接等位后再进行作业。

3. V 形停电作业接地线设置还应执行以下要求：

（1）两接地线间距大于 1 000 m 时，需增设接地线。

（2）一般情况下，接触悬挂和附加导线及同杆架设的其他供电线路均需停电并接地。但若只在接触悬挂部分作业，不侵入附加导线及同杆架设的其他供电线路的安全距离时，附加悬挂及同杆架设的其他供电线路可不接地。

（3）在电分段、软横跨等处作业，中性区及一旦断开开关有可能成为中性区的停电设备上均应接地线，但当中性区长度小于 10 m 时，在与接地设备等电位后可不接地线。

（4）接地线应可靠安装，不得侵入邻线限界，并有防风摆措施。

（三）命令程序

1. 每个作业组停电作业前，由工作领导人指定一名安全等级不低于三级的作业组成员作为要令人员，向供电调度员申请停电命令，并说明停电作业的范围、内容、时间、安全和防护措施等。

几个作业组同时作业时，每一个作业组必须分别设置安全防护措施，分别向供电调度申请停电命令。

2. 供电调度员在发布停电作业命令前，要做好下列工作：

（1）将所有的停电作业申请进行综合安排，审查作业内容和安全防护措施，确定停电的区段。

（2）通过列车调度员办理停电作业的手续，对可能通过受电弓导通电流的部位采取行车封闭或限制措施，防止来电的可能。

（3）确认有关馈电线断路器、开关均已断开。

（4）进行接触网上网电缆、上网隔离开关停电作业时，确认上网电缆在变电所（亭）GIS 柜侧已接地。

3. 供电调度员发布停电作业命令时，受令人应认真复诵，经确认无误后，方可给命令编号和批准时间。在发、受停电命令时，发令人要将命令内容等进行记录，受令人要填写"接触网停电作业命令票"（格式见表 2-6）。

（四）验电接地

1. 作业组在接到停电作业命令后须先验电接地，然后方可进行作业。
2. 使用验电器验电的有关规定：

（1）必须使用同等电压等级的验电器验电，验电器的电压等级为 25 kV。

（2）验电器具有自检和抗干扰功能，自检时具有声、光等信号显示。

（3）验电前自检良好后，现场检查确认声、光信号显示正常（有条件的，还要先在同等电压等级有电设备检查其性能），然后再在停电设备上验电。

（4）在运输和使用过程中，应确保验电器状态良好。

3. 接地线应使用截面面积不小于 25 mm² 的裸铜绞线制成并有透明护套保护。接地线不得有断股、散股和接头。

4. 接地线应可靠接在钢轨上，且不应跨接在钢轨绝缘两侧、道岔尖轨处，必须跨接在钢轨绝缘两侧时，应封闭线路。地线穿越或跨越股道时，必须采取绝缘防护措施。

5. 当验明确已停电后,须立即在作业地点的两端和与作业地点相连、可能来电的停电设备上装设接地线。如作业区段附近有其他带电设备时,作业人员(包括所持的机具、材料、零部件等)与周围带电设备的距离不得小于规定值,并在需要停电的设备上也装设接地线。

在装设接地线时,先将接地线的一端接地;再将另一端与被停电的导体相连。拆除接地线时,其顺序相反。接地线要连接牢固,接触良好。

装设接地线时,人体不得触及接地线,接好的接地线不得侵入未封锁线路的限界。装设或拆除接地线时,操作人要借助于绝缘杆进行。绝缘杆要保持清洁、干燥。

当作业内容不涉及正馈线、回流线(保护线),以及其他停电线路和设备时,对这些不涉及的线路和设备可不装设接地线,但要按照有电对待,保持规定的安全距离。

停电天窗时间内,使用接触网作业车或专用车辆进行接触网巡视或检测作业,可不装设接地线。不装设接地线时,作业过程中禁止攀登平台、车顶和支柱。

6. 验电和装设、拆除接地线必须由两人进行,一人操作,一人监护。

7. 接地线位置应处在停电范围之内,作业地点范围之外。在停电作业的接触网附近有平行带电的高压电力线路或接触网时,为防止感应电压,除按规定装设接地线外,还应增设接地线。

8. 关节式分相检修时,除在作业区两端装设接地线外,还应在中性区上增设地线,并将断口进行可靠等位短接。

(五)作业结束

1. 工作票中规定的作业任务完成后,由工作领导人确认具备送电、行车条件,清点作业人员、机具、材料等,确认没有遗留后全部撤至安全地带,拆除接地线,通知要令人请求消除停电作业命令。

停电命令消除后,人员、机具必须与接触网设备保持规定的安全距离;作业车辆驶出封锁区间(站场)或人员及机具撤离至铁路防护栅栏以外后,方可消除行车封锁(邻线限速)命令。

几个作业组同时作业,当作业结束时,每个作业组须分别向供电调度申请消除停电作业命令。

2. 供电调度送电时按下列顺序进行:
(1)确认整个供电臂所有作业组均已消除停电作业命令。
(2)按照规定进行倒闸作业。
(3)通知列车调度员接触网已送电。

二、间接的带电作业

(一)一般规定

1. 遇有雨、雪、重雾、霾等恶劣天气、或空气相对湿度大于85%时,一般不进行间接带电作业。

2. 间接带电作业人员在接触工具的绝缘部分时应戴干净的手套，不得赤手接触或使用脏污手套。

3. 间接带电作业时，作业人员（包括其所携带的非绝缘工具、材料）与带电体之间须保持的最小距离不得小于 1 000 mm，当受限制时不得小于 600 mm。

（二）命令程序

1. 每次作业前，由工作领导人指定安全等级不低于三级的作业组成员作为要令人员向供电调度员申请作业命令。在申请作业命令时，要说明间接带电作业的范围、内容、时间和安全防护措施等。

几个作业组同时作业时，每一个作业组须分别设置安全防护措施，分别向供电调度申请作业命令。

2. 供电调度在发布间接带电作业命令前，要做好下列工作：

（1）将所有的间接带电作业申请进行综合安排，审查作业内容和安全防护措施，确定作业地点、范围和安全防护措施。

（2）撤除有关馈线断路器的重合闸。

（3）在发布间接带电作业命令时，经受令人认真复诵并确认无误后，方可发布命令编号和批准时间。每次进行间接带电作业时，发令人将命令内容填写在"作业命令记录"中，受令人要填写"接触网间接带电作业命令票"（格式见表2-7）。

3. 在作业过程中如果发现馈电线的断路器跳闸，供电调度员在未查清作业组情况前不得送电。作业组如果发现接触网无电时，要立即向供电调度报告。

（三）作业结束

1. 作业任务完成，清点全部作业人员、机具、材料并撤至安全地带后，由工作领导人宣布结束作业，通知要令人向供电调度员申请消除间接带电作业命令。

几个作业组同时作业时，要分别向供电调度申请消除间接带电作业命令。

2. 供电调度员确认作业组已经结束作业，不妨碍正常供电和行车后，给予消除作业命令时间，双方均记入记录中，整个间接带电作业方告结束。

供电调度员确认供电臂内所有的作业组均已消除间接带电作业命令，方能恢复有关馈线断路器的重合闸。

（四）安全技术措施

1. 间接带电作业工作领导人不得直接参加操作，必须在现场不间断地进行安全监护。

2. 工作领导人在作业前检查工具良好，确认联络员和行车防护人员已全部就位，通信联络工具状态良好，间接带电作业命令程序办理完毕，所采取的安全及防护措施全部落实后，方能向作业组下达作业开始的命令。

3. 间接带电作业的项目及具体要求由各铁路局制定。

三、倒闸作业

1. 接触网倒闸作业执行一人操作、一人监护制度。

2. 接触网隔离开关、负荷开关的倒闸作业，具备远动功能的由供电调度员远动操作。不具备远动功能或远动功能失效时，由供电调度员发布倒闸命令，作业人员当地操作。

3. 在高速铁路防护栅栏内进行当地倒闸作业时，必须在上、下行线路封锁或本线封锁、邻线列车限速 160 km/h 及以下进行。

4. 从事隔离开关、负荷开关现场倒闸作业人员应由安全等级不低于三级人员担任。

5. 接触网作业人员进行隔离开关、负荷开关倒闸时，必须有供电调度的命令；对动车所等单位有权操作的隔离开关，接触网作业人员倒闸作业之前，须告知该单位主管负责人，并共同确认做好相应措施。

6. 在申请倒闸命令时，先由安全等级不低于三级的要令人向供电调度提出申请，供电调度员审查无误后发布倒闸命令；要令人受令复诵，供电调度员确认无误后，方可给命令编号和批准时间；每次倒闸作业，发令人要将命令内容记录，受令人要填写"隔离开关倒闸命令票"（格式见表 2-10）。

表 2-10　隔离（负荷）开关倒闸命令票

隔离（负荷）开关倒闸命令票　　　　　　　　第　号
1. 把车站（区间）第　　号隔离（负荷）开关闭合（或断开）。
2. 再将车站（区间）第　　号隔离（负荷）开关闭合（或断开）。
发令人：　　　　　　　　　　　受令人：
批准时间：　　时　分　　　　　　　　　　　日期：　年　月　日

说明：本票用白色纸印黑色格和字。规格：半幅 A4。

7. 操作人员接到倒闸命令后，必须先确认开关位置和开合状态无误，再进行倒闸。倒闸时操作人必须戴好安全帽和绝缘手套，穿绝缘靴，操作准确迅速，一次开闭到位，中途不得停留和发生冲击。

8. 倒闸作业完成，确认开关开合状态无误后，向要令人报告倒闸结束，由要令人向供电调度员申请消除倒闸作业命令。供电调度员要及时发布完成时间和编号并进行记录，要令人填写"隔离开关倒闸完成报告单"（格式见表 2-11）。

表 2-11　隔离（负荷）开关倒闸完成报告单

```
                    隔离（负荷）开关倒闸完成报告单           第　　号

根据第号倒闸命令，已完成下列倒闸：
1. 车站（区间）第　　号隔离（负荷）开关已于　　时　　分闭合（或断开）。

2. 车站（区间）第　　号隔离（负荷）开关已于　　时　　分闭合（或断开）。

倒闸操作人：　　　　　受令人：　　　　　发令人：
完成时间：　　时　　分　　　　　　　　日期：　　年　　月　　日
```

说明：本票用白色纸印黑色格和字。规格：半幅 A4。

9. 遇有危及人身或设备安全的紧急情况，可以不经供电调度批准，先行断开断路器或有条件断开的负荷开关、隔离开关，并立即报告供电调度。但再闭合时必须有供电调度员的命令。

10. 严禁带负荷进行隔离开关的倒闸作业。严禁利用隔离开关或负荷开关对故障线路进行试送电。隔离开关可以开、合不超过 10 km（延长千米）线路的空载电流，超过时，应经过试验，并经铁路局批准。

11. 远动操作时，供电调度员应通过调度端显示的遥信信号对开关位置进行确认，现场有作业人员时，还应进行现场确认。

12. 远动系统异常时，禁止远动倒闸操作。遇开关位置信号异常时，应立即安排人员现场确认。

13. 隔离开关、负荷开关的机构箱或传动机构须加锁，钥匙应存放于固定地点并由专人保管。

任务六　作业区防护、附则

一、作业区防护

1. 进行接触网施工或维修作业时，应在列车调度台，或车站（动车所）行车室设联络员，施工及维修地点设现场防护人员。要求如下：

（1）联络员和现场防护人员应由指定的、安全等级不低于三级人员担任。

（2）在车站行车室设驻站联络员时，区间作业，驻站联络员设在该区间相邻车站的行车室；车站作业，驻站联络员设在本站行车室。

（3）作业区段按照规定距离设置现场防护人员，防护人员担当行车防护，同时可负责监护接触网停电接地封线状态。防护人员不得侵入机车车辆限界。

2. 接触网施工维修作业防护按照《铁路技术管理规程》相关规定执行。接触网维修作业，现场防护人员应站在维修地点附近且瞭望条件较好的地点进行防护，显示停车手信号。

3. 当设备发生故障，需在双线区间的一线上道检查、处理设备故障时，须进行防护，本线、邻线可不设置防护信号，司机应加强瞭望，具体防护办法由铁路局制定。

4. 作业过程中，联络员、现场防护人员与现场工作领导人之间必须保持通信畅通并定时联系，确认通信良好。一旦联控通信中断，工作领导人应立即命令所有作业人员下道，撤至安全地带。

不同作业组分别作业时，不准共用现场防护人员。在未设好防护前不得开始作业，在人员、机具未撤至安全地点前不准撤除防护。

5. 驻调度所（驻站）联络员、现场防护人员须做到：

（1）具备基本的行车知识，熟悉有关行车防护知识，驻调度所（驻站）联络员还应熟悉列车调度台及车站行车室有关设备显示。

（2）熟悉有关防护及通信工具的使用方法及各种防护信号的显示方法，每次出工前应检查通信工具是否良好，行车防护用品携带齐全、有效。

（3）作业期间坚守岗位，思想集中，及时、准确、清晰地传递行车信息和信号，作业未销记前，不得撤离工作岗位。

（4）不得影响其他线路上列车正常运行。

二、附　则

1. 本规则由总公司运输局负责解释。
2. 本规则自 2014 年 10 月 1 日起施行。

第二节　高速铁路接触网运行维修规则

任务一　总则、一般规定和运行管理

一、总　则

1. 接触网是电气化铁路重要的行车设备。为保证高速电气化铁路接触网运行安全可靠，特制定本规则。

2. 从事接触网运行维修的相关单位要建立健全各项规章制度，切实贯彻本规则的规定。本规则未做规定的，铁路局可根据需要自行规定，并报中国国家铁路集团有限公司备案。

3. 接触网运行维修应坚持"预防为主、重检慎修"的方针，按照"定期检测、状态维修、寿命管理"的原则，遵循专业化、机械化、集约化维修方式，依靠铁路供电安全检测监测系统（6C 系统）等手段，建立信息资源共享平台，实行"运行、检测、维修"分开和集中修组织模式，确保接触网运行品质和安全可靠性。

4. 本规则技术标准作为高速铁路接触网运行维修和质量验收依据。

5. 本规则适用于工频、单相、交流 25 kV，列车运行速度 200 km/h 及以上和 200 km/h 以下仅运行动车组的铁路接触网设备的运行维修。

二、一般规定

1. 接触网运行维修是通过对设备定期检测、分析诊断、质量评价和鉴定，并依据结果实施修理，恢复设备正常运行状态的循环管理过程。主要包括运行、检测、维修等管理工作。

2. 供电段应设置接触网运行、检测、维修管理机构，配齐相关机具和材料，建立健全技术资料，实行维修成本预算管理，制定设备抢修预案及相关管理制度，不断提高接触网运行管理水平。

3. 接触网设备应充分利用铁路供电安全检测监测系统（6C 系统）等手段，定期进行检测，开展即时、定期分析诊断，按照标准值、警示值、限界值界定设备状态，划分缺陷等级（两级缺陷）为设备维修提供依据。

铁路供电安全检测监测系统（6C 系统）包括：弓网综合检测装置（1C）、接触网安全巡检装置（2C）、车载接触网运行状态检测装置（3C）、接触网悬挂状态检测监测装置（4C）、受电弓滑板监测装置（5C）和接触网及供电设备地面监测装置（6C）等。

4. 维修是指在接触网系统实际运行状态出现不允许的偏差或发生故障时，对接触网系统进行必要修复，恢复正常功能，以及通过精确检测、调整修理，恢复设备标准状态的过程。接触网维修分为一级修（临时修）、二级修（综合修）、三级修（精测精修）三级修程。

5. 达到或超出限界值的一级缺陷纳入一级修（临时修），由运行工区及时组织修理；达到或超出警示值且在限界值以内的二级缺陷纳入二级修（综合修），由维修工按计划修理；达到一定条件的开展三级修（精测精修），恢复设备标准状态。

6. 铁路局、供电段应定期组织接触网动态运行质量评价和设备整体技术状态质量鉴定，不断提高接触网运行管理水平。

三、运行管理

（一）管理机构及职责

1. 接触网运行管理工作实行统一领导、分级管理的原则，充分发挥各级管理组织的作用。

中国国家铁路集团有限公司：贯彻执行国家有关法律、法规和行业标准；负责全路接触网运营管理工作，确定运行维修方针、原则；制定、批准有关标准、规范和规章；统一指导、规划接触网维修方式和手段；监督、检查铁路局和供电段接触网运行维修情况。

铁路局：贯彻执行上级有关规程、规范和标准；组织制定本局有关标准、制度和办法；制定供电段管理职责和范围；监督、检查、指导、协调全局接触网运营管理工作；审批局管新产品试运行和重要设备变更；定期开展设备运行质量评价，安排更新改造工程，增强供电能力，改善设备技术状态，适应运输发展需要。

供电段：贯彻执行上级有关规章、标准和制度；补充制定相关管理标准、工作标准；制定接触网作业指导书；制定生产计划并组织实施，定期检查、分析、鉴定设备运行状态，组织评比和考核；组织技术革新和职工培训，保证设备运行质量和安全可靠供电。

2. 供电段供电车间、检测车间和维修车间及工区设置原则。

供电车间管辖运营里程宜为 200 km 左右，枢纽地区宜单独设置，有砟线路区段可适当缩短。供电车间下设运行工区。

运行工区管辖运营里程宜为 60 km 左右，有砟线路区段、站间距较小的城际铁路、山区、高原和严寒地区可适当缩短；枢纽站、动车段（所）宜单独设置。

检测车间一般设置在供电段所在地。检测车间可按照 6C 系统的运用、维护和数据分析等职能设置检测工区。

维修车间承担的维修任务以 1 200～1 500 延展条千米为宜。接触网维修车间下设维修工区，一般设在维修车间所在地，根据管辖范围可在异地增设。

3. 供电车间、检测车间和维修车间主要职责。

供电车间：负责日常运行管理和应急处置，组织接触网一级修（临时修），跟踪验收维修质量。

检测车间：负责供电段 6C 系统综合数据处理中心工作，以及供电段 6C 系统检测装置的维护、运用、管理和检测数据分析。高速铁路供电安全检测监测装置配置标准见表 2-12。

表 2-12 高速铁路供电安全检测监测装置表

序号	名称	配置部门	单位	数量
1	接触网安全巡检装置（2C）	供电段	台	运营里程每 150 km 1 台
2	车载接触网运行状态检测装置（3C）	铁路局	台	按总公司有关规定配置，地面数据接收装置供电段 1 套
3	高铁接触网检测车（含 4C）	供电段	台	运管里程不足 400 km 1 台，400 km 以上 2 台
4	受电弓滑板监测装置（5C）	供电段	台	局界口、段界口、机务段（动车段）出入库线等
5	接触网及供电设备地面监测装置（6C）	供电段	台	根据需要配备
6	6C 综合数据处理系统	铁路局、供电段	套	各 1 套

注：本表供参考，铁路局可根据具体情况制定。

维修车间：负责接触网二级修（综合修）工作，采用集中修方式组织实施。

4. 接触网运行工区、检测工区、维修工区主要职责。

运行工区：负责接触网设备日常运行管理，主要是一级修（临时修）、巡视检查、单项检查、非常规检查、施工配合和应急处置等，对二级修（综合修）结果进行质量验收。

检测工区：负责 6C 装置的运用、维护，并对 6C 系统检测数据进行分析，为设备维修提供依据。

维修工区：按照月度维修计划，负责接触网设备全面检查、二级修（综合修）和专项整治。

（二）设备接管

1. 接触网设备开通运行前，应按规定进行检查验收，符合下列条件方可接管运行：

（1）接触网设备经过验收具备送电开通条件。

（2）危及供电安全的树木清理、35 kV 及以下跨越线迁改，以及侵限建筑物拆除均已完成，接触网设备已采取必要的防鸟措施。

（3）供电段、车间及工区（包括车站应急值守点）的房屋、水电、通信、道路和供暖等生产、生活设施已竣工，并交付使用。

（4）供电段、车间、工区开展检测、维修以及抢修工作所需的工机具、材料等配备齐全。车间、工区主要工机具配置标准如表 2-13 ~ 表 2-17 所示。

表 2-13 接触网供电车间主要工机具配置表

序号	名称	规格	单位	数量	备注
1	生产抢修指挥车	乘坐 5 人	辆	1	
2	电力工程车		辆	1	
3	汽车升降车		辆	1	
4	轨道平车		辆	1	
5	通信工具		台	8	
6	蓄电池恒流充放电机	接触网作业车专用	台	1	
7	超声波探伤仪	接触网作业车专用	台	1	
8	紫外成像仪		套	1	
9	强光巡检灯		个	每人 1	
10	数码照相机		个	1	
11	望远镜		个	1	
12	绝缘部件小型清洗设备		台	1	
13	牵引供电维护管理信息化系统（车间级）及检测数据存储、分析客户端		套	1	

注：本表供参考，铁路局可根据具体情况制定。

表 2-14 接触网检测车间主要工机具配置表

序号	名称	规格	单位	数量	备注
1	生产抢修指挥车	乘坐5人	辆	1	
2	通信工具		台	5	
3	强光巡检灯		个	每人1	
4	数码照相机		个	1	
5	望远镜		个	1	
6	牵引供电维护管理信息化系统（车间级）及检测数据存储、分析客户端		套	1	

注：本表供参考，铁路局可根据具体情况制定。

表 2-15 接触网维修车间主要工机具配置表

序号	名称	规格	单位	数量	备注
一、车辆及交通工具					
1	生产抢修指挥车	乘坐5人	辆	1	
2	电力工程车		辆	1	
3	大客车		辆	1	
4	接触网检修作业车列		组	1	
5	接触网检修作业车(多平台)		台	2	
6	接触网作业车	四轴	辆	1	
7	轨道平车		辆	1	
二、工机具					
1	牵引供电维护管理信息化系统（车间级）及检测数据存储、分析客户端		套	1	
2	接触线正弯器		个	3	
3	充电液压绞线切割工具		套	各2	
4	充电液压接触线切割工具		套	各2	
5	充电液压电缆切割工具		套	各2	
6	充电液压压接工具		套	各2	吊弦、斜拉线、附加导线等线索
7	电连接液压工具		套	各2	含压接、破除等功能
8	磁力钻		套	2	
9	紧线器		个	各8	各型号
10	手扳（链条）葫芦		个	各4	各型号
11	滑轮组		个	2	
12	弹性吊索安装工具		套	各2	根据需要配备
13	充电式螺帽粉碎器		套	2	

续表

序号	名称	规格	单位	数量	备注
		二、工机具			
14	数显力矩扳手	各规格套筒	套	10	
15	力矩扳手	各规格套筒	套	15	
16	游标卡尺		个	4	
17	水平尺		个	2	
18	接触线平顺度检测尺		个	5	
19	道尺		个	2	
20	定位器角度测量仪		个	5	
21	接触网几何参数测量仪		套	4	
22	接触网磨耗测量仪		套	3	
23	线索张力测试仪		套	2	
24	激光测距仪		套	2	
25	全站仪		套	1	
26	兆欧表	500 V、2 500 V	块	各1	
27	绝缘电阻测试仪		套	3	
28	轻型车梯		套	2	
29	挂梯		套	2	
30	小型绝缘部件冲洗设备		套	5	
31	蓄电池恒流充放电机	接触网作业车专用	台	1	
32	超声波探伤仪	接触网作业车专用	台	1	
33	轴温检测仪	接触网作业车专用	台	1	
34	接地线		套	8	接地杆等
35	等电位线		套	8	含等位线杆等
36	验电器		个	8	
37	绝缘手套、绝缘靴		双	各5	
38	安全带、安全帽		个	每人1	
39	微型防爆头灯		个	每人1	
40	强光巡检灯		个	每人1	
41	照明工具		套	各2	轻型升降泛光灯、防爆移动灯、轻便移动灯、轻便多功能强光灯含发电机
42	通信工具		台	20	
43	数码照相机		个	2	
44	望远镜		个	2	
45	绝缘工具干燥装置		套	1	

注：1. 本表包含维修工区主要工机具配置。
    2. 本表供参考，铁路局可根据具体情况制定。

表 2-16　接触网运行工区主要机具配置表

序号	名称	规格	单位	数量	备注
一、车辆及交通工具					
1	接触网作业车		辆	1	优先配置160 km/h多功能接触网作业车
2	电力工程车		辆	1	
二、工机具					
1	牵引供电维护管理信息化系统（工区级）及检测数据存储、分析客户端		套	1	
2	接触线正弯器		个	1	
3	充电液压绞线切割工具		套	各1	
4	充电液压接触线切割工具		套	各1	
5	充电液压电缆切割工具		套	各1	
6	充电液压压接工具		套	各1	吊弦、斜拉线、附加导线等线索
7	电连接液压工具		套	各1	含压接、破除功能
8	磁力钻		套	1	
9	紧线器		个	各8	各型号
10	手扳（链条）葫芦		个	各4	各型号
11	滑轮组		个	2	
12	弹性吊索安装工具		套	各1	根据需要配备
13	充电式螺帽粉碎器		套	1	
14	数显力矩扳手	各规格套筒	套	2	
15	力矩扳手	各规格套筒	套	4	
16	游标卡尺		个	2	
17	水平尺		个	2	
18	接触线平顺度检测尺		个	2	
19	道尺		个	2	
20	定位器角度测量仪		个	2	
21	接触网几何参数测量仪		套	2	
22	接触网磨耗测量仪		套	1	
23	线索张力测试仪		套	1	
24	附盐密度检测仪		台	1	
25	绝缘子在线检测仪		台	1	

续表

序号	名称	规格	单位	数量	备注
二、工机具					
26	避雷器在线检测仪		台	1	
27	绝缘电阻测试仪		套	1	
28	激光测距仪		套	1	
29	兆欧表	500 V、2 500 V	块	各2	
30	高斯计		台	2	有磁感应的工区配备
31	红外热像仪		套	1	
32	轻型车梯		套	2	
33	挂梯		套	1	
34	小型绝缘部件冲洗设备		套	1	
35	蓄电池恒流充放电机	接触网作业车专用	台	1	
36	超声波探伤仪	接触网作业车专用	台	1	
37	轴温检测仪	接触网作业车专用	台	1	
38	打杂杆	绝缘杆	把	2	含杆头
39	高枝油锯		台	2	
40	油锯		台	2	
41	接地线		套	8	接地杆等
42	等电位线		套	4	含等位线杆等
43	验电器		个	4	
44	绝缘手套、绝缘靴		双	各4	
45	安全带、安全帽		个	每人1	
46	微型防爆头灯		个	每人1	
47	强光巡检灯		个	每人1	
48	照明工具		套	各1	轻型升降泛光灯、防爆移动灯、轻便移动灯、轻便多功能强光灯含发电机
49	通信工具		台	8	
50	数码照相机		个	1	
51	望远镜		个	1	
52	绝缘工具干燥装置		套	1	

注：本表供参考，铁路局可根据具体情况制定。

表 2-17 接触网检测工区主要工机具配置表

序号	名称	规格	单位	数量	备注
1	工具车		辆	1	
2	通信工具		台	5	
3	微型防爆头灯		个	每人1	
4	强光巡检灯		个	每人1	
5	数码摄像机		个	1	
6	望远镜		个	1	
7	牵引供电维护管理信息化系统（工区级）及检测数据存储、分析客户端		套	1	

注：本表供参考，铁路局可根据具体情况制定。

（5）供电段应配备接触网抢修车列、绝缘子水冲洗车。运行和维修车间（或工区）应修建车辆停留线及配套车库。停留线具备车辆日常保养、维护、维修和随时出动抢修条件。

（6）铁路局、供电段收到开通所需的竣工文件和技术资料。

2. 接触网设备开通前，资产管理单位（或建设单位）应组织设计、施工、供应商等相关单位，向供电段提供下列书面和电子版技术资料：

（1）接触网竣工工程数量表。

（2）接触网竣工图纸。主要包括供电分段示意图，车站、区间接触网平面布置图，供电线路平面布置图，接触网装配图，设备零件图及安装曲线，接触线磨耗换算表等。

（3）工程施工记录。主要包括隐蔽工程记录，锚栓拉拔试验记录，轨面标准线记录（主要包括支柱侧面限界、外轨超高等），不同电压等级附加导线、引线、接触悬挂等线索交叉时的最小间距及对地距离等。

（4）每根支柱装配图表（主要包括定位、支持装置、相邻跨距吊弦等）。

（5）各种线索、零部件、设备安装档案（主要包括生产厂家、批次、安装地点和安装时间等）。

（6）设备、零部件、金具、器材的技术规格、合格证、出厂试验记录和试验报告、安装维护手册（使用说明书），承力索、接触线、绝缘部件及接触网零部件等抽样检验报告，电缆相关资料（主要包括电缆及附件合格证、出厂试验报告、现场试验报告、电缆清册、电缆路径图等）。

（7）项目可行性研究、初步设计及其批复文件、施工设计（含变更设计）、图纸及审核意见资料。

（8）设备招标技术规格书、采购的产品供应合同，以及施工单位工程质量保证合同。

（9）上跨接触网电线路（主要包括上跨电线路名称、位置、电压等级、上跨线高度、产权单位及联系方式等）、上跨接触网的构筑物（主要包括构筑物名称、位置、最近的构筑物墩距线路中心的距离，接触网带电部分距构筑物最小距离、产权单位及联系方式等）有关资料。

（10）开通前最后一次接触网几何参数静态测量数据、波形图，动态检测波形图及检测报告。

3. 接触网设备投入运行前，供电段要做好运行准备工作，配齐并培训运行维修人员，组织学习有关规章制度，熟悉即将接管的设备；配合有关部门共同做好电气化铁路安全知识的宣传教育工作。

4. 为保证接触网设备可靠供电，禁止从接触网上引接非牵引负荷。

5. 为保证接触网与线路的相对位置，应在接触网支柱的线路侧或站台侧墙、隧道一侧的边墙上标出轨面标准线。

在电气化铁路竣工时，由施工单位标出轨面标准线，开通前由供电、工务单位共同复查确认。有砟轨道每年复测一次，复测结果与原轨面标准线误差不得大于 ±30 mm。特殊情况需调整轨面标准线时，由供电、工务部门共同确认，并经铁路局批准。供电段负责轨面标准线日常管理，保持其清晰醒目。

6. 位于轨道侧的回流装置维修分工规定。

吸上线与扼流变压器连接时，连接钣（端子）由电务段负责，连接钣（端子）上的螺栓和吸上线由供电段负责。

7. 接触网远动隔离开关维修分工规定。

被控站的光纤配线盒（含）至通信机房的光缆及光纤配线盒由通信段负责。光纤配线盒至供电设备的跳纤、尾纤由供电段负责。

（三）技术管理

1. 在接触网投入运行时，供电段应建立正常生产秩序，制定并落实各项制度，备齐技术文件和资料，建立各项原始记录，按时填报台账报表。供电段技术主管部门应有下列技术文件和资料：

（1）国家铁路局、总公司、铁路局有关规章和制度。

（2）接触网设备有关标准（企标、铁标和国标）和作业指导书。

（3）接触网零部件技术条件、试验方法及图册。

（4）一杆一档管理台账和设备技术履历。

（5）与相关单位设备分界协议，管内车间、工区之间设备分界及各专业分工规定。

（6）供电 LKJ（列车运行监控装置）数据和设备建筑限界资料，自动过分相地面磁感应装置，电分相断电标、合电标的位置，关节式电分相无电区、中性段长度，电力机车、动车组禁停标位置资料。

（7）设备接管时，接触网开通前向供电段提供的各种技术资料。

（8）供电段有关制度、办法和措施。

2. 接触网车间、工区应分别备有表 2-18 所列技术资料。

表 2-18 接触网车间、工区应备技术资料

序号	技术资料名称	供电车间	运行工区	检测车间	检测工区	维修车间	维修工区
1	供电分段示意图	√	√	√	√	√	√
2	管辖范围内的接触网平面布置图、装配图、安装曲线	√	√	√	√	√	√
3	接触网"一杆一档"	√	√	√	√	√	√
4	作业指导书	√	√	√	√	√	√
5	电分段、电分相结构图	√	√	√	√	√	√
6	上跨接触网电线路、构筑物有关资料	√	√			√	√
7	隔离(负荷)开关、避雷装置、绝缘器等设备安装调试、使用说明等	√	√			√	√
8	设备和工具试验记录	√	√		√	√	√
9	有机绝缘部件寿命管理记录	√	√				
10	接触网外部环境有关资料(防洪重点处所、周边污染源、危树等)	√	√	√	√	√	√
11	接触线磨耗换算表	√	√	√	√	√	√
12	轨面标准线记录						
13	接触网隐蔽工程记录						
14	管内设备改造情况记录(包括时间、地点、改造内容、质量评定等)						
15	供电 LKJ 数据和设备建筑限界资料						
16	自动过分相地面磁感应器资料						
17	接触网几何参数静态测量数据、波形图						
18	接触网设备履历						
19	作业门、可调用视频资料的探头位置						

3. 接触网运行维护应根据环境、气候特点,针对风、洪(雨)、雷、冰、污(雾)闪、锈蚀、鸟害、异物、危树等影响供电安全的外部环境因素,建立有效机制,减少对接触网设备运行安全的影响。

4. 供电段技术主管部门、车间、工区相关人员应定期对技术资料进行检查,并不断修订完善,确保技术资料完整准确。

5. 接触网使用的工器具、仪器仪表,应由具有资质的机构按规定进行检定或校准。

6. 接触网设备统计项目包括运营里程、正线千米、接触网延展千米、接触网换算千米。
运营里程指线路起点至终点之间的距离,为起、终点千米标之差。单位:千米。
正线千米指正线线路的延展长度之和。单位:千米。
接触网延展千米指接触网接触导线长度之和。单位:条千米。
接触网换算千米指将接触网不同设备按照系数换算为线条千米的数量总和。单位:换算条千米。

换算公里数量 = Σ（设备数量 × 换算系数）。各设备及部件的换算系数见表 2-19。

表 2-19　接触网设备及部件的换算系数

序号	设备及部件名称	单位	换算系数
1	正、站线接触网延展千米	条千米	1.00
2	隧道内（含桥梁）悬挂延展千米	条千米	1.30
3	附加导线延展千米（供电线、回流线、架空地线、避雷线）	条千米	0.20
3	附加导线延展千米（正馈线、保护线）	条千米	0.40
3	附加导线延展千米（双正馈线、保护线）	条千米	0.60
4	高压电缆	千米	0.80
5	限界门	处	0.15
6	线岔（交叉）	组	0.12
6	线岔（无交叉）	组	0.25
7	隔离开关（手动）	台	0.12
7	隔离开关（电动）	台	0.20
7	隔离开关（负荷）	台	0.30
8	分段、分相绝缘器	台	0.12
9	避雷器	台	0.05
10	软（硬）横跨	组	0.13
11	中心锚结	组	0.10
12	锚段关节	组	0.25
13	补偿装置（含下锚拉线）	组	0.10
14	关节式分相	组	0.45
15	隔离开关远动控制系统	套	5.00

7. 运行接触网有变更者，应按以下规定逐级报批。
（1）属下列情况之一者，由铁路局报总公司审批：
① 由于接触网变化而降低带电或停电通过超限货物列车的高度和宽度。
② 变更接触网局界。
（2）属下列情况之一者，由供电段报铁路局审批：
① 变更悬挂类型。
② 变更接触线、承力索、附加导线材质和截面。
③ 拆除或长期停用接触网。
④ 变更绝缘水平。
⑤ 变更接触网分段（相）位置和开关操作方式。
⑥ 非铁路产权专用线架设接触网的供电和开通方案。
⑦ 改变供电方式或供电单元。

(四）计划与天窗

1. 接触网生产计划包括年度检测、维修计划和月度维修计划三部分。

年度检测和维修计划由供电段于前一年 11 月底以前分别下达到车间，同时报铁路局。月度维修计划由供电段编制后下达维修车间。

鉴于各地区设备性能及运行条件不尽相同，铁路局可调整检测的项目、周期和范围，并报总公司核备。

2. 为保证定期检查和及时处理设备缺陷，在列车运行图中须预留接触网维修"天窗"。

接触网三级修（精测精修）或改造时，天窗计划原则上应逐日连续安排。对较大车站（如枢纽、区段站等）和必须利用垂直"天窗"作业的区段，应根据设备状况定期安排"天窗"停电维修。

3. 列车调度员和供电调度员要密切配合，按"天窗"时间组织接触网停电维修。如因运输需要等原因必须取消"天窗"时，应按照有关规定执行。

遇有危及安全的故障或缺陷必须立即停电维修时，供电调度员应于停电前通知列车调度员，列车调度员根据供电调度员停电通知及时发布相关行车调度命令。

4. 供电段要做好检测、维修组织工作，实施周期不宜超过规定周期的 20%（按天计算）。

5. 供电段各工区、各工种（包括变电、电力等）在同一停电范围、同一封锁区段内作业，应尽量安排同时进行。

（五）质量管理

1. 为保证维修质量，接触网用料入库前，验收部门应对接触网重要零部件和线材进行检查，确认出厂合格证、检验报告与产品一致后实施验收，向供电段提供验收报告，否则不得上线使用。

2. 接触网运行、检测、维修工区应分别建立相关记录（见表 2-20），实现网络化管理和数据共享。

表 2-20　接触网运行维修记录

记录名称	主要内容	检测工区	运行工区	维修工区
接触网工区值班日志		√	√	√
接触网工前预备会及收工会记录		√	√	√
接触网检测监测记录	1. 监测图像视频	√		
	2. 动态参数（波形）	√		
接触网检查记录	1. 巡视检查		√	
	2. 全面检查			√
	3. 单项检查		√	
接触网分析诊断记录	1. 及时分析/定期分析	√	√	√
	2. 缺陷通知单、反馈单	√	√	√
接触网维修记录	1. 一级修（临时修）		√	
	2. 二级修（综合修）		√	√
	3. 绝缘部件清扫		√	√

注：本表记录名称及主要内容供参考，铁路局可根据具体情况制定。

3. 接触网运行维修要落实记名制度。每次作业完成后应及时填写相应记录并签认。工长和车间主管人员要定期检查各项任务完成情况并签认。

4. 运行工区一级修（临时修）或单项设备检查完成后，由当日工作领导人负责检查验收，确认作业质量。维修工区进行的所有作业，运行工区应进行质量检查验收。

5. 检测车间应及时将相应区段的即时分析、定期分析以及缺陷通知单报供电段技术主管部门，由技术主管部门下达至供电车间、维修车间；维修工作完成后，供电车间、维修车间应将缺陷反馈单反馈技术主管部门，维修记录留存备查。

6. 接触网三级修（精测精修）、更新改造竣工后，由施工单位向铁路局提报验收申请，铁路局组织设计、施工、监理单位和供电段进行验收。

7. 更换线索、零部件、支柱、绝缘部件后，应记录所更换设备的名称、材质、型号、厂家等信息，并修订相关技术资料。

8. 供电段技术主管部门和车间每月、铁路局主管专业部门每季度应组织开展接触网运行质量分析，并分别编制质量分析报告。

质量分析应根据接触网检测和运行过程中存在问题，对接触网质量状态进行综合诊断，找出设备在运行中出现的特殊性、普遍性问题及质量状态变化规律，针对反映出的质量问题，制定整治措施，纳入维修计划。质量分析报告主要内容包括：

（1）检测、维修计划完成情况。

（2）检测、维修及设备运行中发现的具体问题。

（3）产生问题的原因分析及采取的措施。

（4）接触网质量状态的变化规律和趋势。

9. 铁路局组织供电段定期对接触网动态运行质量进行评价，每年 10 月底前对设备整体技术状态进行质量鉴定。对季节变换、故障频繁发生等特殊情况可不定期组织质量评价。

（六）成本管理

1. 接触网设备维修成本实行预算管理。三级修（精测精修）成本可在预算内按项目管理。

2. 铁路局应根据接触网设备使用状况，科学合理安排一级修（临时修）和二级修（综合修）费用。需要开展接触网三级修（精测精修）时，铁路局依据设计文件确定工作项目和工作量，编制预算，经规范审批程序后提出书面建议，资产管理单位同意后实施。

3. 铁路局供电处作为业务主管部门，应根据预算对成本费用预测、控制、分析和审核。

4. 供电段应建立以预算管理为核心的成本核算体系，以及供电段、车间、工区预算责任考核机制，发挥主要职能科室作用，加强成本管理，严格成本控制。

5. 供电段应定期召开经济活动分析会，检查成本费用情况，分析超支原因，提出整改措施；应大力开展技术革新活动，努力降低能源、材料消耗，严禁支出超预算。

（七）新产品试运行

1. 在运营高速铁路接触网线路上进行新产品试运行时，研制单位应事先提出书面申请报告，按规定权限报有关部门，经批准并与承接试运行任务的供电段签订协议后方可实施。新产品试运行申请报告应包括下列内容：

（1）产品生产及管理条件。

（2）产品研制报告。

（3）产品技术条件及型式试验报告。

（4）安装维修及使用说明。

（5）拟安装地点、试运行期限，以及试运行中需检测内容。

2. 承力索、接触线试运行由总公司审批，其余设备及零部件试运行申请报告应报送供电段、资产管理单位审查，由铁路局批准。

3. 供电段承接试运行任务后应及时组织实施。试运行期间要按规定加强监测、检查和维护，认真记录分析运行情况。试运行期满后提交新产品试运行报告。

供电段出具的试运行报告需经铁路局审批后，方能交给研制单位。未经铁路局审批的试运行报告无效。

4. 新产品试运行期一般不少于1年。遇有产品质量缺陷危及安全时必须立即拆除，同时做好记录并通知研制单位。

任务二　修程修制

1. 一级修（临时修）是为了使设备状态保持在限界值以内，对导致接触网功能障碍的缺陷、故障立即投入、无事先计划的临时性维修。主要包括一级缺陷的临时性修理、危及接触网供电周边环境因素处理、导致接触网功能障碍的故障修复（必要时采取降弓、限速、封锁等处置措施）。

2. 二级修（综合修）是为了使设备状态保持在警示值以内，对定期检测发现缺陷有组织、有计划的维修，以及设备全面维护保养。主要包括二级缺陷集中修理和设备全面维护保养（必要的防腐和注油等）。二级修（综合修）可结合全面检查进行，或根据缺陷情况有计划地安排。

3. 三级修（精测精修）是指通过检测动态条件下的弓网作用参数，测量静态条件下的接触网几何位置，检验零部件质量状态，依据检测、检验分析结果，全面调整接触网静态几何参数、更换失效或接近预期寿命的零部件和设备、更换局部磨耗接近限值的接触线，恢复接触网标准状态。

（1）满足下列条件时，应开展一次三级修（精测精修）工作。

① 一般运行7年或弓架次达到50万次以上。

② 动态检测发现弓网动态作用特性成区段持续不良、故障多发，以及线路平纵断面发生调整的区段。

（2）铁路局应委托具有资质的设计单位完成三级修（精测精修）施工设计，并组建专业队伍或委托具有高速铁路接触网施工业绩的专业队伍实施。

4. 供电段每年应对接触网线路周围2 km以内的所有污染源进行调查，确定污秽等级，明确绝缘部件监测监控及清扫维护要求。

绝缘部件清扫周期如下：

（1）Ⅰ、Ⅱ级污秽等级区段：3年。
（2）Ⅲ级及以上污秽等级区段：1年。
（3）分段、分相绝缘器：6个月。

特殊处所应缩短周期，适时安排清扫。潮湿隧道的绝缘部件参照Ⅲ级及以上污秽等级管理。

任务三　检测与分析诊断

一、检　测

检测是指利用仪器、设备或人工等方式，对接触网进行检查测量，掌握设备质量及运行状态的过程。包含监测、静态与动态检测、检查、零部件检验四部分。检测后必须进行分析诊断，并以此作为编制维修计划的依据。

（一）监　测

监测是对接触网外观、零部件状态、主导电回路、绝缘状况、外部环境和弓网配合等运行状态进行监视测量的过程，分为移动视频监测和定点监测两种方式。

（1）移动视频监测。利用安装在检测车辆、机车或动车组上的监测设备对接触网进行外观检查。主要包括接触网安全巡检装置（2C）、车载接触网运行状态检测装置（3C）、接触网悬挂状态检测监测装置（4C）。

（2）定点监测。利用安装在接触网关键处所、特殊地点的监测设备，监测列车通过时接触网或受电弓状态，接触网设备绝缘状态、温度、位移变化，以及外部环境是否存在异常。主要包括受电弓滑板监测装置（5C）、接触网及供电设备地面监测装置（6C）。

1. 接触网安全巡检装置（2C）。

周期：10天。

主要内容：监测接触网设备有无明显脱、断、偏移及其他异常情况，有无鸟巢、危树等可能危及接触网供电的周边环境因素，有无侵入限界、妨碍机车车辆运行的障碍等。

2. 车载接触网运行状态检测装置（3C）。

周期：实时或定期。

主要内容：监测接触网与受电弓运行状态、接触网温度等。

3. 接触网悬挂状态检测监测装置（4C）。

周期：3个月。

主要内容：监测接触网设备零部件有无烧伤、缺失、断裂、松动及其他异常情况。

4. 受电弓滑板监测装置（5C）。

周期：实时或定期。

主要内容：监测受电弓有无异常状态。

5. 接触网及供电设备地面监测装置（6C）。

（1）绝缘部件状态监测。Ⅲ、Ⅳ污秽等级区段应建立领示点，优先采用在线实时监测装置。

周期：
① 在线监测装置：实时。
② 其他方式监测：6 个月。
主要内容：监测领示点绝缘部件附盐密度或泄漏电流。
（2）主导电回路电气节点监测。优先采用在线实时监测装置。
周期：
① 在线监测装置：实时。
② 示温贴片监测：利用全面检查、步行巡视等方式确认。
③ 利用紫外成像仪监测电缆终端或中间接头状态（有条件时）：12 个月。
④ 利用红外热像仪测量电气节点接触状态（有条件时）：12 个月。
主要内容：监测供电线（加强线、捷接线、正馈线）接续点、电连接线夹、隔离开关设备线夹及触头、吸上线接续点、电缆终端或中间接头等有无过热现象。
利用红外热像仪监测电气节点状态，应选择在被测点有持续负荷电流时进行。
利用示温贴片监测电气节点状态时，示温贴片应保持清洁，粘贴位置应能够准确反映线夹温度变化并宜于地面观察。
（3）采用其他地面监测装置的周期和内容由各铁路局自定。

（二）静态与动态检测

1. 静态检测是指利用运行检测车辆在接触网静止状态下进行非接触式测量，或人工使用仪器、工具测量接触网技术状态。
（1）周期：6 个月。
项目：
① 线岔。
② 自动过分相地面磁感应器。
（2）周期：12 个月。
项目：
① 接触线几何参数（接触线拉出值、跨中偏移值、接触线高度、接触线坡度）。
② 绝缘锚段关节、关节式电分相。
③ 轨面标准线。
（3）周期：36 个月。
项目：
① 非绝缘锚段关节。
② 补偿装置。
（4）周期：60 个月。
项目：接地电阻。
（5）不定期检测项目：对动态检测超限处所进行静态复核、确认。
上述未明确的设备和项目，纳入检查内容。
2. 动态检测是指利用弓网综合检测装置（1C）、车载接触网运行状态检测装置（3C）等手段，测量接触网技术状态及弓网接触取流状态。

（1）弓网综合检测装置（1C）。

周期：15 天。

项目：

① 接触线动态拉出值、高度。

② 硬点、一跨内接触线高差。

③ 弓网接触力、接触线抬升量、燃弧。

④ 接触网电压。

（2）车载接触网运行状态检测装置（3C）。

周期：实时或定期。

项目：

① 接触线动态拉出值、高度、接触线的相互位置。

② 燃弧次数、燃弧时间、燃弧率。

③ 接触网温度。

（三）检　查

1. 检查分为巡视检查、全面检查、单项设备检查和非常规检查。

巡视检查是对接触网外观、绝缘部件状态、外部环境及电力机车、动车组取流情况进行目视检查，分为步行巡视检查和登乘巡视检查。

全面检查、单项设备检查具有检查、测量和试验等多重职能。针对无法或不易通过静态和动态检测、监测手段掌握设备及零部件运行状态的所有项目，利用天窗在接触网作业车作业平台、车梯或支柱上进行近距离检查，并进行必要的测量和试验等。全面检查是对所有设备进行检查；单项设备检查是对个别设备进行专项检查，并兼有维护保养职能。

非常规检查通常在特殊情况下或根据需要进行。

2. 步行巡视检查。

周期：防护栏内区间一般不进行步行巡视。车站、动车所巡视周期 3 个月，隧道内巡视周期 12 个月，防护栏外巡视周期 3 个月。

主要内容：

（1）有无侵入限界、妨碍列车运行的障碍。

（2）各种线索（包括供电线、正馈线、加强线、回流线、保护线、架空地线、吸上线和软横跨线索等）、零部件、各种供电附属设施等有无烧损、松脱、偏移等情况。

（3）补偿装置有无损坏，动作是否灵活。

（4）绝缘部件（包括避雷器、电缆终端）有无破损和闪络。

（5）吸上线及各部地线的连接是否良好。

（6）支柱、拉线与基础有无破损、下陷、变形等异常。

（7）限界门、安全挡板或网栅、各种标识是否齐全、完整。

（8）自动过分相地面磁感应器有无缺损、破裂或丢失。

（9）有无因塌方、落石、山洪水害、施工作业及其他周边环境等危及接触网供电和行车安全的现象。

3. 登乘巡视检查。

周期：需要时。

主要内容：接触网状态及外部环境，有无侵入限界、妨碍列车运行的障碍，有无因异物、落石、山洪水害、施工作业及其他周边环境等危及接触网供电和行车安全的现象。绝缘部件有无闪络放电现象，以及电力机车、动车组受电弓取流情况。

4. 供电车间主任每半年对管内设备至少巡视检查 1 次，供电段段长每年对管内关键设备至少巡视检查 1 次。

5. 全面检查。

周期：36 个月。

主要内容：

（1）无法或不易通过监测、检测或其他检查手段掌握设备运行状态的所有项目，如接触悬挂、定位支撑装置、支柱（含拉线）和基础、附加悬挂、接地装置、标识等螺栓是否齐全，有无松脱现象，零部件安装方式是否正确、有无裂纹、变形、烧伤，线索有无锈蚀、散股、断股、烧伤等。

（2）重点处所的附加导线对地距离及线索、引线、接触悬挂间距测量，接触线重点磨耗测量，高压电缆绝缘测试。

（3）利用接触网作业车检测受电弓检查动态包络线。

6. 单项设备检查。

周期和项目：

（1）6 个月检查 1 次的项目：

① 分段绝缘器。

② 分相绝缘器。

③ 远动隔离开关及其操作机构。

（2）12 个月检查 1 次的项目：

① 避雷装置（雷雨季节前，含接地电阻测量）。

② 非远动隔离开关。

③ 高压电缆及附件。

7. 非常规检查是指在特殊情况下进行的状态检查。一般用于在接触网发生跳闸、故障或出现极端天气气候条件和灾害后，对相应接触网设备状态变化、损伤、损坏情况进行检查。非常规检查的范围和手段根据检查目的确定。

（四）零部件检验

1. 零部件检验是指对拆卸送检的接触网零部件进行外观检查、补充特殊试验，确认其质量状态的过程。零部件性能下降、状态劣化，判定即将或基本达到寿命时，应进行更换。

2. 当接触网零部件接近预期寿命，或日常检查发现存在质量隐患、无法确认其能否在预期寿命周期内安全运行时，应对该类批零部件进行抽样质量检验。

3. 对满足下列情况之一，应根据分析结果进行专项或抽样质量检验。

（1）发现同一处所或部位重复发生磨损、裂纹、腐蚀、烧损等异常现象时。

（2）特殊环境（大风、严寒、沿海、潮湿、隧道、周边有严重污染源等）区段检查发现接触网零部件状态劣化，表面腐蚀或磨损明显，需确认其是否能够继续安全使用时。

（3）检测发现接触网参数与初始参数对比变化较大，经分析确认其与连接的零部件性能关联性较大时。

（4）区段内接触网零部件脱落、裂损、烧伤等故障多发时。

（5）需要检验判断确认零部件运行状态或预期残余寿命时。

4. 零部件检验应由获得国家计量认证和实验室认可的专业检验机构进行，并出具检验报告。

5. 零部件检验结果应纳入分析诊断和质量鉴定报告，作为接触网设备维修的依据。

二、分析诊断

分析诊断是根据接触网检测结果，判断设备运行状态、判定缺陷等级，为维修提供依据。分析诊断包括即时分析诊断、定期分析诊断。

1. 检测监测设备报警或发生危及行车信息时，应立即进行即时分析诊断。

（1）当弓网综合检测装置（1C）、车载接触网运行状态检测装置（3C）、受电弓滑板监测装置（5C）和接触网及供电设备地面监测装置（6C）等设备出现报警、异常信息时，应立即分析原因并安排处理。

（2）当接触网安全巡检装置（2C）、接触网悬挂状态检测监测装置（4C）及静态检测发现严重缺陷、状态异常时，检测工区应立即分析设备缺陷对接触网运行产生的影响，报供电车间安排处理。

定期检测工作完成后，检测工区、运行工区应在表2-21所列时限内完成定期分析诊断。

表2-21 接触网定期检测分析诊断时限

装置名称	分析项点	分析主体	完成时限
1C	缺陷数据	检测工区	3日
	全面分析	检测工区	10日
2C	季节性、关键性问题	检测工区	1日
	全面分析	检测工区	3日
3C	全面分析	检测工区	10日
4C	季节性、关键性问题	检测工区	3日
	全面分析	运行工区	20日
5C	全面分析	检测工区	1日

当检查和人工静态检测发现设备缺陷时，由发现班组分析并纳入维修处理。

当零部件检验发现质量缺陷，供电段技术主管部门应立即分析零部件质量缺陷对接触网运行产生的影响，并安排修理。

当发生跳闸、中断供电、打碰受电弓等异常情况时，供电段技术主管部门应立即组织对该区段检测资料进行分析诊断，查找原因并修理。

2. 根据检测结果，对设备的运行状态用标准值、警示值和限界值三种量值来界定。

标准值为标准状态目标值，一般根据设计值确定。

警示值为运行状态提示值，一般根据设备技术条件允许偏差来确定。

限界值为运行状态安全临界值，一般根据计算或运行实践来确定。

标准状态是设备最佳运行状态，一般根据施工允许偏差确定。

3. 根据设备运行状态值，设备缺陷分为两级。

（1）静态设备缺陷等级划分。

一级缺陷：达到或超出限界值。

二级缺陷：达到或超出警示值且在限界值以内。

（2）动态检测缺陷等级划分见表2-22。

表2-22 高速铁路接触网动态检测评价标准

项目		一级缺陷	扣分标准	二级缺陷	扣分标准	统计步长
接触网几何参数	接触线拉出值 a/mm	$a \geqslant 550$	40分	$450 \leqslant a < 500$	5分	跨
		$500 \leqslant a < 550$	10分			
	接触线高度 H/mm	1. $H \geqslant 6600$ 2. $H <$ 该区段允许的最低值	40分	1.标准值+100 $\leqslant H <$ 标准值+150 2.标准值-100 $\leqslant H <$ 标准值-50	1分	跨
		1. $6500 \leqslant H < 6600$ 2. $H \geqslant$ 标准值+150 3. $H <$ 标准值-100	5分		1分	跨
接触线平顺性参数	硬点 A_v/(m/s²) 220~250 km/h	$A_v \geqslant 588$	5分	$490 \leqslant A_v < 588$	1分	跨
	300~350 km/h	$A_v \geqslant 686$	5分	$588 \leqslant A_v < 686$	1分	跨
	一跨内接触线高差 $2A$/mm	$2A \geqslant 150$	5分	$100 \leqslant 2A < 150$	1分	跨
弓网受流参数	弓网接触力 F/N 最大接触力 F_{max} 200~250 km/h	$F_{max} \geqslant 250$	5分	$200 \leqslant F_{max} < 250$	1分	跨
	300~350 km/h	$F_{max} \geqslant 300$	5分	$250 \leqslant F_{max} < 300$	1分	跨
	最小接触力 F_{min}	$F_{min} < 20$	5分	$20 \leqslant F_{min} < 40$	1分	跨
	燃弧 最大燃弧时间/ms	$T_{max} \geqslant 100$	5分	$50 \leqslant T_{max} < 100$	1分	跨
	燃弧率 μ	$\mu \geqslant 5\%$	5分	$1\% \leqslant \mu < 5\%$	1分	千米
	燃弧次数（n）次	$n \geqslant 6$	5分	$4 \leqslant n < 6$	1分	千米
	接触线抬升量 ΔH/mm	$\Delta H \geqslant 120$	5分	$80 \leqslant \Delta H < 120$	1分	跨
网压	接触网电压 U/kV	1. $U > 19$ 2. $U < 19$	5分			千米

4. 供电段要加强分析诊断人员培养，定期组织培训，以保证分析诊断的质量。

任务四　质量评价与鉴定

一、质量评价

质量评价是通过对接触网动态几何参数、接触线平顺性参数、弓网受流性能参数等进行综合分析，掌握设备动态运行功能。

质量评价一般以正线千米为单元，根据每千米接触网扣分数进行评价。质量评价等级分为优良、合格、不合格三种。具体评价标准见表2-22。

总扣分 $t<10$ 为优良，$10 \leqslant t<40$ 为合格，$t \geqslant 40$ 为不合格。

区段质量评价根据区段内每千米接触网评价结果确定，优良、合格、不合格千米数为相同质量等级千米数之和。

优良率、合格率、不合格率分别按下列公式计算：

$$优良率 = \frac{优良设备数量（正线千米）}{设备评价总数量（正线千米）} \times 100\%$$

$$不合格率 = \frac{不合格设备数量（正线千米）}{设备评价总数量（正线千米）} \times 100\%$$

$$合格率 = 1 - 不合格率$$

二、质量鉴定

1. 质量鉴定主要是通过静态方式对接触网几何参数、设备及零部件状态进行综合统计分析，掌握设备整体技术状态。

2. 质量鉴定可采用静态检测、接触网悬挂状态监测检测图像分析、人工检查的方式，按单项设备和整体设备分别进行。

接触悬挂、附加导线以条千米为单位，隔离（负荷）开关、避雷器等以台为单位；线岔、绝缘器（含关节式分相）等以组为单位；整体设备以换算条千米为单位。

质量鉴定以跨距为鉴定单元。若在被鉴定的跨距内有一处不合格，即视为该跨距不合格（在悬挂点及定位点处，跨距长度按相邻跨距的平均值计算）。

对一个锚段的接触线、承力索、附加导线等，当接头及补强数量超过规定值后，该锚段即视为不合格设备。整根高压电缆有一项不合格的，即视该根电缆为不合格设备。

3. 质量鉴定等级分为三种：

（1）优良：绝缘部件（含空气绝缘间隙）、接触线几何参数和主导电回路的设备状态未超过警示值者。

（2）合格：设备状态未超过限界值者。

(3)不合格:设备状态达到或超过限界值者。优良率、合格率、不合格率分别按下列公式计算:

$$优良率 = \frac{优良设备数量(换算条千米)}{设备鉴定总数量(换算条千米)} \times 100\%$$

$$不合格率 = \frac{不合格设备数量(换算条千米)}{设备鉴定总数量(换算条千米)} \times 100\%$$

$$合格率 = 1 - 不合格率$$

4. 质量鉴定结果应详细记录,并作为当年设备质量运行状态填入接触网设备履历。供电段要针对鉴定存在的问题进行分析总结,提出整改措施并组织实施。对鉴定不合格的设备按照责任进行考核。

5. 质量鉴定范围应包括所有接触网设备,但下列设备可不做鉴定:
(1)已封存的设备。
(2)本年度新(改)建或已列入当年大修计划的设备。
对本年度新(改)建或大修设备的质量状况,可按工程竣工验收质量评定结果统计。

6. 质量鉴定发现缺陷在鉴定期间已处理的,可按处理后的质量状态进行评定。

任务五 维修技术标准

1. 接触网系统整体技术标准:
(1)接触网系统满足设计的速度目标值。
(2)接触网应满足系统载流量的需要。
(3)接触网在自然环境中应满足系统可靠性、安全性要求,有足够的机械、电气强度和安全性能。任何条件下安全系数至少满足表2-23的规定。

表2-23 接触网线索及绝缘件机械强度安全系数

序号	机械强度安全系数
1	承力索的机械强度安全系数不应小于: (1)铜或铜合金绞线 2.0; (2)钢绞线 3.0; (3)钢芯铝绞线、铝包钢和铜包钢系列绞线 2.5
2	软横跨横向承力索的机械强度安全系数不小于4.0,固定绳的机械强度安全系数不应小于3.0
3	供电线、加强线、正馈线、回流线等接触网附加导线的机械强度安全系数不应小于2.5
4	绝缘部件的机械强度安全系数应不小于: (1)瓷及钢化玻璃悬式绝缘子(受机电联合负载时抗拉)2.0; (2)瓷棒式绝缘子(抗弯)2.5; (3)针式绝缘子(抗弯)2.5; (4)合成材料绝缘元件(抗弯)5.0
5	耐张零件的机械强度安全系数不应小于3.0

(4)各部位螺栓紧固力矩符合零部件规定要求。

2. 接触网与受电弓在接触点载流量、材质、几何参数、动态性能等方面相匹配,接口条件满足国标和铁标相关规定。

3. 本规则是基于最大长度为 1 950 mm 的受电弓弓头制定。受电弓弓头外形轮廓如图 2-1 所示。

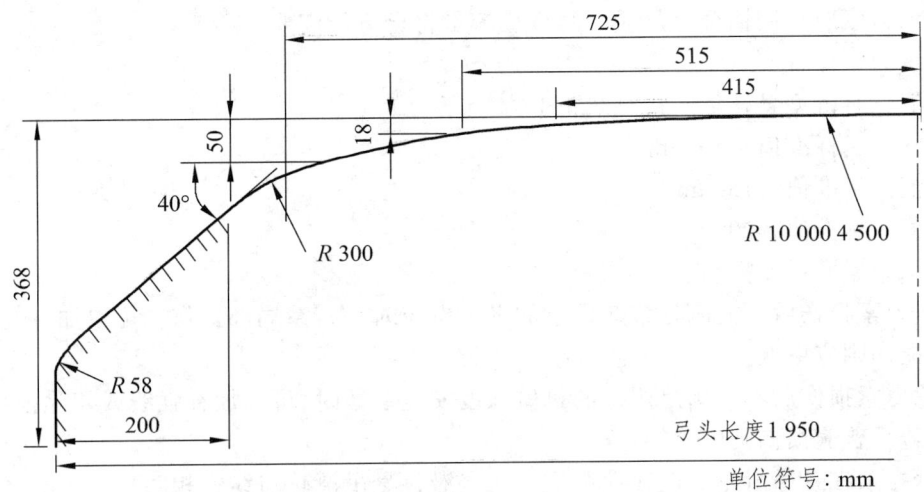

图 2-1　受电弓弓头外形轮廓

4. 受电弓动态包络线是指运行中的受电弓在最大抬升及摆动时可能达到的最大轮廓线。接触网任何设备不得侵入动态包络线范围内。受电弓动态包络线示意图如图 2-2 所示。

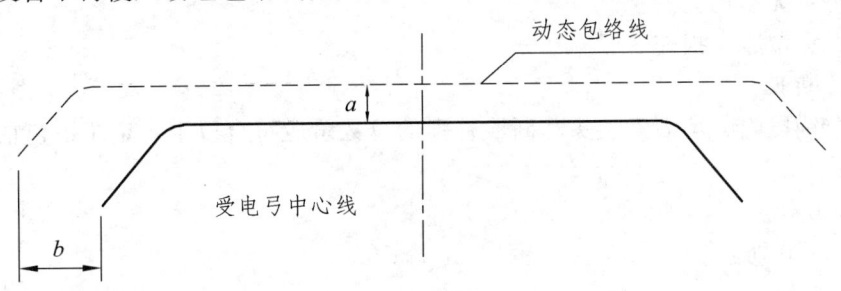

a—设计规定的受电弓动态抬升量 150 mm(线岔始触区为 200 mm);
b—设计规定的受电弓横向摆动量。直线区段为 250 mm,曲线区段为 350 mm。

图 2-2　受电弓动态包络线示意图

受电弓动态包络线应符合下列规定:受电弓动态抬升量 150 mm(线岔始触区为 200 mm),横向摆动量直线区段为 250 mm,曲线区段为 350 mm。

一、接触悬挂

(一)接触线与承力索

1. 承力索宜采用恒张力架设,接触线应采用恒张力架设。
接触线架设张力应根据线材材质、额定张力等因素选取,且不应小于线盘绕线张力,架设张力偏差不得大于 8%。

　　承力索和接触线架设后，应采取超拉或其他措施消除新线蠕变引起的初伸长。超拉完毕后方可进行悬挂安装。

　　2. 承力索。

　　（1）承力索应采用铜合金材质，容许载流量符合运能需要。

　　（2）承力索位置。

　　标准值：直链型悬挂位于接触线正上方。

　　标准状态：标准值 ± 50 mm。

　　警示值：标准值 ± 150 mm。

　　限界值：标准值 ± 200 mm。

　　（3）承力索磨耗及损伤。

　　① 承力索损伤后不能满足该线通过的最大电流时，若系局部损伤，可以加电气补强线，若系普遍损伤则应更换。

　　② 承力索损伤后不能满足规定的机械强度安全系数时，可以加补强线或切除损坏部分重新接续，若系普遍损伤则应更换。

　　③ 承力索在悬吊滑轮处应转动灵活、无卡滞，悬吊滑轮与线索相匹配。

　　④ 承力索在承力索座、悬吊滑轮等处悬吊固定时，应加装与承力索材质匹配的预绞丝护线条。

　　标准值：无损伤。

　　标准状态：无损伤。

　　警示值：无散股、损伤 3 股。

　　限界值：断股。

　　（4）一个锚段内，承力索接头和断股补强的总数量应符合以下规定（不包括分段及下锚接头）。

　　标准值：0 处。

　　标准状态：0 处。

　　警示值：2 处。

　　限界值：4 处。

　　承力索的接头距悬挂点应不小于 2 m，同一跨距内不允许有两个接头。

　　3. 接触线。

　　（1）接触线应采用铜合金材质、容许载流量符合运能需要。

　　（2）接触线拉出值（含最大风偏时跨中偏移值）。

　　标准值：设计值。

　　标准状态：标准值 ± 30 mm。

　　警示值：400 mm。

　　限界值：450 mm。

　　（3）接触线高度标准值：设计值。

　　标准状态：标准值 ± 30 mm。

　　警示值：标准值 ± 60 mm。

限界值：标准值±100 mm且小于6 500 mm。

（4）接触线坡度（工作支接触线相邻悬挂点高度变化）。

标准值：$V\leqslant 250$ km/h时，坡度$\leqslant 1$‰；$V>250$ km/h时，坡度为0。

标准状态：$V\leqslant 250$ km/h时，坡度$\leqslant 1$‰；$V>250$ km/h时，坡度$\leqslant 0.5$‰。

警示值：$V\leqslant 250$ km/h时，坡度$\leqslant 1$‰；$V>250$ km/h时，坡度$\leqslant 0.5$‰。

限界值：$V\leqslant 250$ km/h时，坡度$\leqslant 1.5$‰；$V>250$ km/h时，坡度$\leqslant 1$‰。

（5）接触线偏角（水平面内改变方向）。

标准值：设计值。

标准状态：标准±1°，且$\leqslant 4$°。

警示值：6°。

限界值：8°。

（6）接触线局部磨耗、变形及损伤。

① 接触线允许最大局部磨耗面积（见表2-24）。

表2-24 接触网线允许最大局部磨耗面积

设计速度/(km/h)	导线材质	工作张力/kN	标准值	警示值	限界值
200~250	CTS		无磨损	15%	20%
300~350	CTSH-150	28.5	无磨损	11%	15%
	CTSH-150	28.5	无磨损	17%	23%
	CTSH-150	30	无磨损	14%	19%
	CTSH-150	31.5	无磨损	19%	25%
	CTSH-150	33	无磨损	16%	21%
	RiM	27	无磨损	13%	17%

接触线局部磨耗达到或超出限界值，立即进行更换；达到或超出警示值，进行重点监控，纳入三级修（精测精修）更换。

② 检查接触线与检测尺之间的间隙，其间隙不得大于0.1 mm/m。

③ 接触线扭面角度：

警示值：15%。

标准值：0°。

标准状态：5°。

警示值：15°。

限界值：20°。

（7）正线接触线不允许有接头。侧线一个锚段内接触线接头的总数量应符合以下规定（不包括分段、分相及下锚接头）。

标准值：0处。

标准状态：0处。

警示值：1处。

限界值：2处。

（8）接触线硬点、弓网接触力的技术标准参照表2-22。

（二）吊弦与吊索

1. 吊弦。

（1）吊弦偏移。

接触线与承力索同材质时，顺线路方向吊弦偏移达到以下技术标准（交叉吊弦除外）。

标准值：0。

标准状态：20 mm。

警示值：50 mm。

限界值：100 mm。

（2）吊弦状态。

吊弦的长度要能适应在极限温度范围内接触线的伸缩和弛度的变化，否则应采用滑动吊弦。吊弦预制长度应与计算长度相等，偏差应不大±1.5 mm。

（3）吊弦线夹状态。

吊弦线夹在直线处应保持铅垂状态，曲线处应垂直于接触线工作面。曲线处接触线吊弦线夹螺栓应穿向曲线外侧。

（4）载流环。

吊弦载流环应固定在吊弦线夹螺栓的外侧，接触线吊弦线夹处载流环应与列车前进方向一致，线鼻子与接触线夹角保持30°～45°。承力索吊弦线夹处载流环应与列车前进方向相反。

（5）吊弦位置标准值：设计值。

标准状态：标准值±50 mm。

警示值：标准值±100 mm。

限界值：标准值±200 mm。

（6）两相邻吊弦点接触线高差标准值：0。

标准状态：10 mm。

警示值：10 mm。

限界值：15 mm。

定位点两侧第1吊弦处（弹性链型悬挂时为弹性吊索外第1吊弦）接触线高度应相等。相对于定位点处接触线高度±10 mm，且不得出现V形。

（7）吊弦损伤标准值：无损伤。

标准状态：无损伤。

警示值：断3根单丝。

限界值：断7根单丝。

2. 弹性吊索及弹性吊索吊弦。

（1）弹性吊索长度应符合设计要求，悬挂点两端长度相等，允许偏差为±20 mm。

（2）弹性吊索线夹处吊索外露中锚端为20 mm，下锚端为150 mm，允许偏差为±5 mm。

（3）弹性吊索工作张力符合设计规定，不得松弛。允许偏差为标准值+10%。

（4）弹性吊索不得有散股、断股（丝）、接头、补强、硬弯。

（5）第1吊弦与相邻弹性吊索吊弦的高度差小于10 mm。弹性吊弦与定位点处接触线高度相等。

（6）弹性吊索两端与承力索的连接符合设计规定。

（三）锚段关节及关节式电分相

1. 绝缘锚段关节及关节式分相。

（1）转换柱处两悬挂垂直距离、水平距离。

标准值：设计值。

标准状态：标准值 ± 20 mm。

警示值：标准值 ± 30 mm。

限界值：标准值 ± 50 mm。

（2）中心柱处两悬挂垂直距离、水平距离。

① 接触线（承力索）垂直距离。

标准值：等高（设计值）。

标准状态：20 mm（标准值 ± 20 mm）。

警示值：20 mm（标准值 ± 30 mm）。

限界值：30 mm（标准值 ± 50 mm）。

② 接触线（承力索）水平距离：同转换柱。

③ 中心柱处接触线等高点处接触线高度不应低于相邻工作支吊弦点，允许高于相邻吊弦点 0~10 mm。

五跨锚段关节中间跨为过渡跨，接触线等高点（屋脊处）宜在过渡跨跨中，高度比相邻定位点抬高 0~40 mm。

（3）两接触悬挂接触线工作支过渡处调整符合运行要求。

（4）转换柱处绝缘子串与悬挂点的距离符合设计要求，允许偏差 ± 50 mm。承力索、接触线两绝缘子串上下应对齐，允许偏差 ± 100 mm。

（5）任何情况下，两接触悬挂及定位支撑装置带电体各部分应满足空气绝缘间隙要求。锚段关节内的定位支撑、吊弦载流环、斜拉线等不得减小空气绝缘间隙。

（6）关节式电分相中性区和无电区长度符合设计要求。

2. 非绝缘锚段关节。

（1）设计极限温度下，两悬挂各部分（包括零部件）之间的距离应保持 50 mm 以上。

（2）转换柱处两接触线水平距离：

标准值：设计值。

标准状态：标准值 ± 20 mm。

警示值：标准值 ± 50 mm。

限界值：标准值 ± 100 mm。

（3）转换柱处两接触线垂直距离：

标准值：设计值。

标准状态：标准值 ± 20 mm。

警示值：标准值 ± 30 mm。

限界值：标准值 ± 50 mm。

（4）中心柱处两接触线水平距离为设计值，允许偏差 ± 30 mm；两接触线距轨面等高，允许偏差 ± 20 mm。两接触悬挂接触线工作支过渡处接触线调整符合运行要求。

3. 锚支接触线在其垂直投影与线路钢轨交叉处，应高于工作支接触线 300 mm 以上，并持续抬升至下锚处。下锚角钢安装高度应符合线索延伸下锚抬升的需要。

（四）中心锚结

中心锚结按其作用分为防断和防窜两种形式。设置位置满足其两边接触悬挂的补偿条件基本相等。

1. 防断中心锚结。

（1）正线、站线、联络线一般采用防断中心锚结。中心锚结安装位置、形式、采用的线材及连接件规格、型号应符合设计要求。

（2）承力索中心锚结绳。

① 中心锚结绳范围内承力索不得有接头和补强。

② 中心锚结绳、固定线夹应与承力索材质匹配，其设置位置符合设计要求。承力索中心锚结线夹辅助绳外露长度不小于 50 mm。

③ 中心锚结绳弛度应等于或略高于该处承力索弛度，承力索中心锚结绳在其垂直投影与线路钢轨交叉处，应高于接触线 300 mm 以上。

④ 中心锚结绳的张力符合设计要求。

（3）接触线中心锚结绳。

① 中心锚结所在的跨距内接触线不得有接头和补强。

② 中心锚结绳范围内不得安装吊弦和电连接。两端距相邻的吊弦或电连接距离不得小于 500 mm。

③ 中心锚结线夹两边锚结绳的长度和张力力求相等。中心锚结绳处于受力状态，不得触及弹性吊索，不得改变相邻吊弦受力和接触线高度。

④ 中心锚结绳两端与承力索固定线夹的设置和间距符合设计要求。接触线侧锚结绳压接后回头外露长度不小于 20 mm。

（4）中心锚结线夹。

① 接触线中心锚结线夹应安装牢固。在直线上保持铅垂状态，在曲线上与接触线的倾斜度一致。

② 中心锚结线夹处接触线高度与相邻吊弦接触线高度应相等，允许偏差 0～10 mm。

2. 防窜中心锚结。

（1）防窜绳两端固定线夹的设置位置符合设计要求。

（2）接触线中心锚结绳与防断式相同。

（五）线　岔

1. 单开和对称（双开）交叉线岔。

（1）由正线与侧线组成的交叉线岔，正线接触线位于侧线接触线的下方；由侧线和侧线组成的线岔，距中心锚结较近的接触线位于下方。

（2）道岔定位支柱位置应符合设计。

（3）线岔交叉点两侧定位点拉出值满足设计要求，并应保证两接触线交叉点位于规定范围内，任何情况下线岔定位拉出值不大于 450 mm。

（4）交叉点位置：

标准值：横向距两线路任一线路中心不大于 350 mm，纵向距道岔定位柱大于 2.5 m。

标准状态：交叉点位于道岔导曲线两内轨距 735～1 050 mm 范围内的横向中间位置，允许偏差 ± 50 mm。

警示值：同标准状态。

限界值：交叉点位于道岔导曲线两内轨距 630～1 085 mm 范围外的横向中间位置，允许偏差 ± 50 mm。

（5）两接触线相距 500 mm 处的高差：

标准值：当两支均为工作支时，正线线岔的侧线接触线比正线接触线高 20 mm，侧线线岔两接触线等高。当一支为非工作支时，非工作支接触线比工作支接触线高 80～100 mm，并按设计要求延长一跨抬高 350～500 mm 后下锚。

标准状态：当两支均为工作支时，正线线岔侧线接触线比正线接触线高 10～30 mm；侧线线岔两接触线高差不大于 30 mm。当一支为非工作支时，非工作支接触线比工作支接触线抬高 50～100 mm，并延长一跨抬高 350～500 mm 后下锚。

警示值：同标准状态。

限界值：同警示值。

（6）限制管长度符合设计要求，安装牢固，并使两接触线有一定的活动间隙，保证接触线自由伸缩。

（7）始触区。线岔两工作支中，任一工作支的垂直投影距另一股道线路中心 600～1 050 mm 的区域内不得安装除吊弦线夹（必需时）外的其他线夹。

在始触区至接触线交叉点处，正线和侧线接触线应位于受电弓中心的同一侧。

（8）道岔定位器支座、软横跨定位立柱不得侵入本线及邻线受电弓动态包络线。

（9）道岔开口方向、道岔定位后的第一个悬挂点设在线间距大于等于 1 220 mm 处，并应保证两线接触悬挂的任一接触线分别与相邻线路中心距离不小于 1 220 mm。

（10）当非工作支下锚偏角大于 8°时，非工作支应延长一跨并适当抬高后下锚。

（11）两支承力索垂直间距不应小于 60 mm。

（12）岔区腕臂顺线路偏移量符合设计要求，允许偏差 ± 20 mm。

2. 复式交分和交叉渡线线岔。

（1）复式交分道岔两接触线相交于中轴支距中点；交叉渡线道岔两接触线相交于两渡线中心线交点处。

标准值：0。

标准状态：50 mm。

警示值：100 mm。

限界值：150 mm。

（2）两接触线高差、限制管和始触区等，同单开道岔的线岔要求。

3. 无交叉线岔。

（1）岔心两端的定位柱距岔心距离符合设计规定。

（2）岔区腕臂顺线路偏移应符合设计要求，允许偏差 ± 20 mm。

（3）两承力索垂直间距不应小于 60 mm。

（4）道岔柱处接触线高度应符合设计要求，任何情况下拉出值不大于 450 mm。

（5）正线接触线距侧线线路中心，侧线接触线距正线线路中心水平投影 600 ~ 1 050 mm 范围为始触区。始触区不允许安装除吊弦线夹以外的任何线夹类金具。

（6）交叉吊弦。

① 交叉吊弦应安装在正线接触线距侧线线路中心线，侧线接触线距正线线路中心线水平投影 550 ~ 600 mm 的范围内，两交叉吊弦间距一般为 2 m。交叉吊弦与其他吊弦间距（始触区反侧）不大于 6 ~ 8 m。

② 交叉吊弦的安装顺序应保证在受电弓从道岔开口方向进入时，先经过侧线承力索与正线接触线间的吊弦。

③ 交叉吊弦的承力索端采用滑动吊弦线夹时，绝缘垫块应安装正确，保证滑动灵活；交叉吊弦接触线端的吊弦线夹螺栓及载流环应朝向远离另一支接触线的方向，线夹倾斜角最大不得超过 15%。

（7）对于 38 号及以上道岔，在正线接触线距侧线线路中心、侧线接触线距正线线路中心水平投影大于 850 mm 处，各增设一根吊弦。接触线吊弦线夹螺栓从两接触线间向外穿。

（8）带辅助悬挂的无交叉线岔。

① 在开口方向第一根道岔柱处，侧线定位点距离正线（直股）线路中心大于 1 250 mm。

② 第二根道岔柱处侧线抬高 80 ~ 120 mm。

③ 在线路中心间距为 720 mm 处，正线与侧线接触线间距应小于 1 200 mm。

④ 300 km/h 以上线路的线岔，第二根道岔柱侧线定位点距离正线（直股）的线路中心应在 1 250 ~ 1 350 mm 间。

4. 线岔的编号应以其所在道岔编号命名。

（六）电连接

1. 在锚段关节、线岔和车站电力机车、动车组经常起动处的股道之间等处所，应装设电连接。

（1）电连接位置和数量符合设计要求，安装位置允许偏差 ± 500 mm。

（2）电连接线。

① 承力索、接触线间距 ≤ 1 000 mm 时，采用 C 形连接的方式；间距 > 1 000 mm 时，采用 S 形连接。其裕度满足接触线、承力索因温度变化伸缩的要求。

② 电连接线均要用多股软铜线做成，其额定载流量不小于被连接的接触悬挂、供电线的额定载流量，且不得有接头、压伤和断股现象，电连接线端头外露 10～20 mm。

③ 对于压接式电连接线夹，电连接线不应有压伤和断股现象。

（3）电连接线夹。

① 电连接线夹的材质和规格须与被连接线索相适应，优先采用压接形式。

② 电连接线夹与接触线、承力索、供电线之间连接牢固，线夹内无杂物。

③ 承力索、接触线电连接线夹压接后应端正，符合压接标准。接触线电连接线夹在直线处应处于铅垂状态，在曲线处应与接触线的倾斜度一致。

④ 工作支接触线电连接线夹处接触线高度与最近相邻吊弦点高度相等，允许偏差 0～5 mm。

⑤ 压接式接触线电连接线夹与线槽契合的 U 形螺纹卡子应平行压接于线槽内，不得跳出接触线线槽。U 形螺纹卡子应保证卡子插入后，另一端露头 1～3 mm。

（4）电连接线夹与线索接触面均应涂电力复合脂。

（5）极限温度条件下，交叉跨越线索间距不足 200 mm 的处所应加装等位线。等位线及其连接线夹应与被连接线索材质匹配，截面面积不小于 10 mm^2。

（七）补偿装置

1. 滑轮、棘轮补偿装置。

（1）a 值、b 值。

标准值：设计值。

标准状态：标准值 ± 100 mm。

警示值：标准值 ± 200 mm。

限界值：200 mm。

（2）坠砣。

① 坠砣宜采用铁质或高密度复合坠砣。

② 坠砣块应完整，自上而下编号且叠码整齐，其缺口相互错开180°。坠砣串的质量（包括坠砣杆的质量）符合规定，整串质量偏差小于1%。

③ 限制器的安装位置应满足坠砣升降变化要求。山谷口、高路堤（一般指高出自然地面 5 m）、高架桥等"风口"地段，宜采用防风型坠砣限制架。

（3）补偿绳。

① 补偿绳不得有散股、断股、接头现象，且不得扭绞、与其他部件、线索相摩擦。

② 棘轮装置大、小轮缠绕补偿绳符合要求。

③ 承力索、接触线两下锚绝缘子串应对齐，允许偏差为 ± 100 mm。

（4）滑轮补偿装置。

① 滑轮补偿装置安装正确，本体无裂纹、变形，转动灵活无卡滞（人力用手托动坠砣能上下自由移动）。

② 对需要加注润滑油的补偿滑轮，应按产品规定的期限加注润滑油，没有规定者至少三年一次。

③ 下锚角钢安装水平。定滑轮应保持铅垂状态，动滑轮偏转角度不得大于45°。
④ 同一补偿装置的两补偿滑轮的间距，任何情况下不小于500 mm。
（5）棘轮补偿装置。
① 棘轮补偿装置安装正确，棘轮本体无裂纹、变形，转动灵活无卡滞（人力用手托动坠砣能上下自由移动）。
② 对需要加注润滑油的棘偿滑轮，应按产品规定的期限加注润滑油，没有规定者至少三年一次。
③ 制动装置作用良好，制动卡块到大轮轮齿间的距离符合设计要求。
④ 平衡轮与棘轮的间距不小于500 mm。
⑤ 棘轮大小轮转动灵活，轮槽上下偏斜不得大于5 mm。
2. 弹簧补偿装置。
（1）弹簧补偿装置刻度牌与环境温度相对应，补偿绳伸缩长度 a 值符合安装曲线要求。
（2）弹簧补偿器本体安装牢固，位置符合设计要求。本体无裂纹、变形，与下锚方向在同一直线上。
（3）补偿绳位于渐开线轮槽正中，不得偏磨，不得有松股、断股和接头。
（4）弹簧补偿装置各零部件安装正确。

二、定位支撑装置

（一）软（硬）横跨

1. 软横跨。
（1）横向承力索，上、下部固定绳。
① 横向承力索（双横承力索为其中心线）的弛度应符合规定，和上、下部固定绳应布置在同一个铅垂面内。双横承力索两条线的张力应相等。
② 上、下部固定绳应水平并处于拉紧状态，允许有平缓的负弛度，5 股道及以下不超过100 mm，5 股道以上不超过200 mm。
③ 上、下部固定绳弹簧补偿器处于固定绳受力小的一侧，张力符合设计规定。
④ 横向承力索和上、下部固定绳不得有接头、断股和补强，其机械强度安全系数应符合表2-23的规定。
（2）吊线。
① 软横跨直吊线、斜拉线应采用不锈钢等防腐性能好的材质。
② 软横跨直吊线应保持铅垂，吊线呈拉紧状态，上端永久固定，无松弛，横向承力索与上部固定绳在最短吊线处距离为400～600 mm。
（3）下部固定绳距接触线的距离。
下部固定绳距接触线距离正线为400 mm，侧线为300 mm，允许偏差±50 mm。
（4）螺栓等连接器件。
软横跨应垂直于正线，各部螺栓、垫片、弹簧垫圈应齐全，螺栓紧固，各杆头杆螺纹外露长度应为20～80 mm，调整螺栓的螺杆外露长度应为50 mm至螺纹全长的1/2。

（5）各部位几何尺寸。

① 横向承力索和上、下部固定绳的电分段绝缘子串应在同一垂直面内。位于站台沿上方绝缘子带电裙边应尽量与站台对齐，股道间横向电分段绝缘子应位于股道中间。横向承力索两端绝缘子串外侧钢帽距支柱内缘不小于 400 mm，上、下部固定绳两端绝缘子串的裙边至支柱内缘的最小距离不小于 700 mm，带电侧绝缘子裙边距线路中心线不小于 200 mm。

② 各部件应齐全完好，连接牢固。支柱上角钢底座应水平，各斜吊线完好无松弛，并留有不小于 200 mm 的余量。

2. 硬横跨。

（1）硬横梁的安装高度应符合设计要求，允许偏差 0 ~ + 100 mm。

（2）硬横梁应呈水平状态，允许向上微拱，铰接硬横梁的挠度小于梁长的 1/200，刚接硬横梁的挠度小于梁长的 1/360。

（3）硬横梁与支柱、硬横梁各梁段之间应结合密贴，连接牢固可靠，螺栓紧固力矩应符合设计要求。

（4）硬横梁（角钢）不得变形和开焊，锈蚀面积不得超过 20%，焊接处不得锈蚀。

（5）固定绳安装方式技术状态参照并符合软横跨部分所述相关要求，吊柱安装方式技术状态参照并符合吊柱相关要求。

（二）支持装置

1. 支持装置。

（1）腕臂底座应与支柱密贴，呈水平状态，两端高差不大于 10 mm。安装高度符合设计要求，允许偏差 ± 50 mm。多线路腕臂底座及连接件安装高度应满足最高轨面至横梁下缘的设计高度，允许偏差 ± 50 mm。

双腕臂底座间距应满足要求。极限温度时，两支悬挂及零部件间距不得小于 60 mm。

（2）腕臂。

① 腕臂不得明显弯曲且无永久性变形。平腕臂端部余长为 200 mm，平腕臂绝缘子端头距套管单耳 100 mm，承力索座距双套筒连接器一般为 300 mm，接触线悬挂点距吊钩定位环一般为 400 mm。防风拉线环距定位器头水平距离 600 mm，允许偏差 + 50 ~ – 100 mm。

双线路腕臂应保持水平状态，其允许仰高不超过 100 mm，无永久性变形。定位立柱应保持铅垂状态。

② 平腕臂安装位置满足承力索悬挂点（或支撑点）距线路中心的水平距离规定；距轨面距离（即导线高度加结构高度）满足下述要求。

标准值：设计值。

标准状态：标准值 ± 50 mm。

警示值：标准值 ± 200 mm。

限界值：（以跨距中最短吊弦长度为依据界定）最短吊弦长度不小于 300 mm。

③ 腕臂偏移：

标准值：符合安装曲线要求。

标准状态：标准值 ± 50 mm。

警示值：标准值 ± 100 mm。

限界值：任何情况下不得超过腕臂垂直投影长度的1/3。

④ 平腕臂抬头时和斜腕臂应安装管帽，水平或低头时不宜安装管帽。

（3）支持装置各部件组装正确。腕臂上的各部件应与腕臂在同一垂直面内，铰接处转动灵活。

① 定位管吊线钩开口，正定位时朝远离支柱侧，反定位时朝支柱侧。

② 腕臂棒式绝缘子排水孔朝下。

③ 承力索座内的承力索置于受力方向指向轴心的槽内。

（4）定位管吊线两端均装设心形环，线鼻子采用压接方法固定。

（三）定位装置

定位装置结构及安装状态应保证接触线工作面平行于轨面连线，定位点处接触线的弹性符合规定。当电力机车、动车组受电弓通过和温度变化时，接触线能上下、左右自由移动。

1. 定位器。

（1）定位器应与腕臂顺线路偏移的方向、角度相一致。

（2）定位器限位间隙应符合设计要求，允许偏差为±1 mm，且应满足受电弓最大动态抬升量的限位要求，在1.5倍最大动态抬升量时限位间隙为0。非限位定位器根部与接触线高差符合设计要求，允许偏差为±10 mm。

（3）定位器应处于受拉状态（拉力≥80 N），定位器静态角度（定位器与轨面连线之间的夹角）标准如下。对于非限位、弓形等定位器，安装应符合设计要求。

标准值：8°。

标准状态：6°～10°。

警示值：6°～13°。

限界值：4°～15°。

（4）定位器偏移。

标准值：平均温度时垂直于线路中心线，温度变化时沿接触线纵向偏移与接触线在该点的伸缩量相一致。

标准状态：标准值±偏移量的10%。

警示值：同标准状态。

限界值：极限温度时，偏移值不得大于定位器（定位管）长度的1/3。

（5）转换支柱处两定位器能分别随温度变化自由转动，不得卡滞；非工作支和工作支定位器、管之间的间隙不小于50 mm。

2. 定位管。

（1）正、反定位管状态均应符合设计要求。定位管应与腕臂在同一垂面内。

（2）定位管端部余长为50～150 mm。吊钩定位环距接触线悬挂点一般为400 mm。吊钩定位环开口，正定位时朝支柱侧，反定位时朝远离支柱侧。

3. 其他。

（1）防风拉线环的U螺栓穿向补偿下锚方向（以中心锚结为界），防风拉线长环在定位管端，短环在定位器端。

（2）防风拉线固定环距定位器端头水平距离为 600 mm，允许误差 + 50 ～ - 100 mm。面向下锚侧安装，防风拉线与水平方向呈 45°。防风拉线短环端回头 100 mm；长环端回头 250 mm，防风拉线固定环应位于长环中间位置。

（3）定位管吊线应顺直受力，与弹性吊索间隙大于 50 mm。

（4）定位环应垂直线路方向安装，避免与旋转平双耳出现剪切力。

（5）定位管水平或抬头时应安装管帽，低头时不宜安装管帽。

（6）定位器支座处电气连接线安装符合设计要求，且不应与定位支座限位止钉相互摩擦，铜铝双面垫片安装正确，铝面与定位器和底座接触，铜面与电气连接线鼻子接触。

（7）定位线夹安装正确，与接触线接触面应涂导电介质。定位线夹或锚支定位卡子受力面符合要求，有环夹板远离定位钩和定位支座侧。U 形销向上弯折 60°。

三、支柱、拉线和基础

（一）支柱及吊柱

1. 支柱。

（1）支柱位置。

① 支柱的侧面限界应符合设计规定，允许偏差 + 100 mm、- 60 mm，但最小不得小于《铁路技术管理规程（高速铁路部分）》规定限值。跨距允许偏差 ± 500 mm。

② 每组软横跨两支柱中心连线应垂直于正线，偏角不大于 3°，每组硬横跨两支柱中心连线应垂直于正线，偏角不大于 2°。

③ 支柱应尽量设在侧沟限界以外。若客观条件限制必须设在侧沟中，应留有排水通道，排水通道与排水沟应统一设计，避免对路基防排水系统的影响。支柱根部应用砂浆砌石加固。

④ 支柱埋设深度应符合设计要求，允许偏差 ± 100 mm。

（2）支柱本体。

① 横腹杆式钢筋混凝土支柱表面应光洁、平整。横腹板破损应及时修补，翼缘破损和露筋不超过两根且长度不超过 400 mm 时，应及时修补；露筋达两根以上但不超过 4 根且长度不超过 400 mm 时，可以修补后降级使用；露筋超过 4 根或者露筋长度超过 400 mm 应及时更换。

支柱翼缘不得有横向、斜向和纵向裂纹。支柱翼缘与横腹板结合处裂纹及横腹板裂纹宽度不超过 0.3 mm 时，应及时修补；大于 0.3 mm 时，应更换。

混凝土支柱破损不露筋者，可以用水泥砂浆修补后使用。

② 环形等径预应力混凝土支柱表面应光洁平整。合缝处不得漏浆，不应有混凝土剥落、露筋等缺陷。支柱弯曲度不大于 2‰，杆顶封堵良好。支柱应具有防止安装设备扭转及滑动的措施。

横向裂纹宽度不超过 0.2 mm 且长度不超过 1/3 圆周长的支柱要及时修补，否则应更换。纵向裂纹宽度大于 0.2 mm 但不超过 1 mm 的支柱要及时修补，纵向裂纹宽度大于 1 mm 的支柱应更换。修补支柱破损部位的混凝土等级比支柱本身混凝土高一级。

③ 金属支柱及硬横梁支柱本体不得弯曲、扭转、变形，各焊接部分不得有裂纹、开焊，主角钢不应有扭转现象，弯曲不得超过 5‰，副角钢弯曲不得超过 2 根；表面防腐层剥落面积不得超过 5%。

④ 整正支柱使用的垫片不得超过 3 块。每块垫片的面积不小于 50 mm×100 mm，厚度不大于 10 mm。

（3）支柱倾斜率。

① 接触网各种支柱顺线路面允许偏差不应大于 ±0.5%，锚柱顶部向拉线侧倾斜不应大于 1%。横向方向曲线外侧和直线上的腕臂柱柱顶应向受力反向倾斜，允许偏差 0 ~ 0.5%；锚段关节中心柱、曲线内侧支柱及转换柱均应直立，柱顶应向受力反向倾斜，允许偏差 0 ~ 0.5%。

② 硬横跨支柱横、顺线路方向均应直立，允许偏差 0 ~ 0.5%；支柱顶端安装高度应符合设计要求，允许偏差 +100 mm。

③ 隔离开关支柱应直立，允许偏差 0 ~ 0.5%。

④ H 形钢柱端面应垂直于线路中心线，允许偏差 ±2°。

（4）支柱防撞。

① 道口两侧、经常有机动车辆运行的场所以及装卸货物站台等处易被碰撞的支柱，均应设置强度较高的防护桩。防护高度原则上不小于 1.5 m，道口两侧支柱防护桩的高度为 2 m。

② 支柱防护宜采用混凝土防护墩或钢结构防护，不应采用外围砖砌、内填石渣或砂土的封闭式防护方式。

采用混凝土防护墩防护时，厚度不小于 0.4 m 并采用混凝土灌注基础，基础满足稳固要求，混凝土标号不小于 C20 并植入钢筋网，采用钢结构防护时，埋设深度应满足稳固要求并采用混凝土灌注基础。

③ 防护桩内壁与支柱保持 0.5 m 的距离，且不得侵入铁路建筑限界。

④ 防护桩外表面应有黄黑相间的警示标识。

⑤ 需防护支柱装有开关操作机构时，需同时将开关操作支架纳入防护保护范围。

（5）支柱护坡。

① 填方地段的支柱外缘距路基边坡的距离不小于 500 mm，否则应培土或砌石，其坡度应与原路基相同。高填方地段培土困难、流失严重或土质强度不够者，应采用砂浆砌石护坡加面，片石应挤压紧密、堆砌整齐，砂浆应饱满、标号符合规定。

支柱护坡应延伸至地面，并做深度不小于 0.6 m 护坡基础。上部宽度为支柱中心两侧各不小于 1 m，下部宽度为支柱中心两侧各不小于 2 m，厚度不小于 300 mm。距边坡坡底 1 m 处应设置 100 mm×100 mm 的泄水孔。

② 路堑地段的基础外侧与水沟外侧的间距不小于 300 mm。

2. 吊柱。

（1）吊柱型号、规格、防腐措施符合设计要求，锈蚀面积不超过 20%。当采用圆吊柱时，腕臂底座处应采取防扭转及滑动措施。

（2）吊柱法兰盘与隧道壁应结合密贴。吊柱固定螺栓应采用双螺母，拧紧螺帽后螺栓外露长度不得小于 30 mm；吊柱调整使用的镀锌闭环垫片不超过 2 片，垫片的面积不小于 50 mm×100 mm，厚度不大于 10 mm。

(3)吊柱不得扭曲,宜向受力反方向倾斜不大于1°。限界符合设计要求,允许偏差 0~20 mm,但不得侵入邻线基本建筑限界。

(二)基础及拉线

1. 支柱基础。

(1)金属支柱基础面应高出地面(或站台面)100~200 mm。基础外露 400 mm 以上者应培土,每边培土宽度为 500 mm,培土边坡与水平面呈 45°。金属支柱有基础帽时,基础帽应完整无破损、无裂纹。

(2)支柱根部周围 5 m 范围内不得取土,1 m 范围内应保持清洁,不得有积水和杂物。

2. 桥梁、隧道内埋入杆件。

(1)桥梁、隧道内的埋入杆件(包括立柱)应安装牢固,无断裂、变形,其填充物不得剥落和裂纹,杆件要做好防腐处理。埋入杆件受力后,其周围灌注部分不得有裂纹、破损及脱落现象,螺栓本体不得松动和变形。

(2)后植锚栓或后植滑槽应避免设置在隧道伸缩缝、不同断面接缝、石缝或明显渗水、漏水处所。后植锚栓各埋入杆件的埋深、外露、距离符合设计要求,杆件之间距离允许偏差 ±20 mm。滑槽 T 形螺栓距槽道端部不小于 25 mm。

(3)使用后植化学黏结锚栓时,其黏结材料(剂)的养护(固化)时间应达到相关要求。锚固拉拔力不应小于设计值。

3. 拉线和拉线基础。

(1)接触悬挂、附加导线下锚拉线基础宜采用钢筋混凝土浇筑基础,外形尺寸和位置应符合设计要求。拉线基础距锚柱距离允许偏差 ±200 mm,轨面处拉线基础距线路中心允许偏差 0~100 mm。基础中心线应于线路中心线垂直,偏差不大于 2°。

(2)拉线应绷紧,在同一支柱上的各拉线应受力均衡。与地面夹角一般为 45°,最大不得超过 60°。

(3)拉线应采取防腐措施且不得有断股、松股、接头及严重的锈蚀。

(4)UT 型楔形线夹螺纹外露长度不小于 20 mm 且不大于螺纹全长的 1/2。

(5)拉线及下锚零部件不得与回流线、保护线、地线间形成环流通路。

(6)基础周围 5 m 范围内不得取土,1 m 范围内应保持清洁,不得有积水和杂物。

(7)对道口两侧、经常有机动车辆运行的场所,以及装卸货物站台等处易被碰撞的拉线,应采取防护措施,参照支柱防撞标准执行。

四、附加悬挂

(一)附加导线

1. 附加导线系指接触悬挂以外的架空导线。包括供电线、加强线、正馈线、回流线、保护线、架空地线、架空避雷线等。

2. 附加导线技术标准。

（1）附加导线的材质和截面面积应满足通过的最大电流和表 2-23 规定的机械强度安全系数。

（2）张力和弛度：

标准值：符合安装曲线的要求。

标准状态：标准值 ± 8%。

警示值：标准值 ± 8%。

限界值：标准值 ± 10%。

支柱同一侧悬挂为不同线径及材质的导线时，导线的弛度应以其中弛度较大的导线为准。

（3）接头及损伤。

① 跨越铁路，一、二级公路，重要通航河流时，附加导线不得有接头。不同金属、不同规格、不同绞制方向的导线严禁直接进行接头。

② 1 个耐张段内接头不得超过 1 个。耐张段长度不超过 150 m 时，严禁接头，超过 500 m 时，接头距悬挂点的距离应大于 500 mm。

③ 一个耐张段内接头、断股和补强线段的总数量不得超过下列规定：

标准值：0 处。

标准状态：0 处。

警示值：2 处。

限界值：4 处。

④ 附加导线不得跨越屋顶为易燃材料的建筑物；对耐火屋顶的建筑物也要尽量避免跨越，若必须跨越时，其距建筑物的距离要符合对地面及相互距离的最小值的规定，且跨越的跨距内不得有接头、断股和补强。

⑤ 附加导线不得散股，损伤断股标准如下：

标准值：无损伤。

标准状态：无损伤。

警示值：无断股。

限界值：断股。

铝导线断 3 股及以下时，可用预绞丝接续条或铝绑线绑扎补强，缠绕方向与被接续导线外层绞向一致，绑扎长度超出缺陷部分 30 ~ 50 mm；断 3 股以上时，应重新制作接头或更换。

钢芯铝绞线的钢芯断股或损伤时应重新制作接头或更换。

钢芯铝绞线与绝缘子或金具的固定处缠绕铅包带时，应密贴缠绕，不得重叠，绕向与导线绕向一致，绑扎长度为 200 mm。

⑥ 附加导线在接头、下锚和补强处所采用预绞丝护线条时，预绞丝护线条的型号、规格应与附加导线材质相匹配，缠绕方向与附加导线绞向一致。接续时，其缠绕长度、机械性能符合设计要求，接续点处导电性能不低于被接续导线。

（4）附加导线对地面及相互距离在任何情况下不应小于表 2-25 的数值。

表 2-25　附加导线对地面及相互距离的最小值　　　　单位符号：mm

序号	有关情况		供电线、正馈线、加强线	保护线、回流线、架空地线
1	导线在最大弛度时距地面高度	居民区及车站站台处	7 000	6 000
		非居民区	6 000	5 000
		车辆、农业机械不能到达的山坡、峭壁和岩石	5 000	4 000
2	导线距离峭壁挡土墙和岩石	无风时	1 000	500
		计算最大风偏时	300	75
3	导线跨越铁路时	跨越非电化股道（对轨面）	7 500	7 500
		跨越不同回路电化股道（对承力索或无承力索时对接触线）	3 000	2 000
4	不同相或不同供电分段两导线悬挂点间距离	两线水平排列	2 400	—
		导线垂直排列，上方为供电线，下方为供电线或回流线	2 000	—
5	与建筑物间的最小距离	最大弛度时最小垂直距离	4 000	2 500
		边导线最大风速时最小水平距离	3 000	1 000

（5）附加导线与接触网同杆合架时，正馈线、保护线安装位置应符合设计要求。正馈线带电部分与支柱边沿的距离应不小于 1 m。当附加导线与接触网分杆架设时，应符合电业部门架空输电线路有关规定。

（6）肩架安装位置正确、安装牢固、呈水平状态。肩架位置的偏差为 +50 mm。肩架采用方钢方式时，端头应封堵。

五、单项设备

（一）隔离（负荷）开关

1. 隔离（负荷）开关。

（1）隔离（负荷）开关应动作可靠、转动灵活，转动部分应注以适合当地气候的润滑油。分闸角度及合闸状态应符合产品技术要求，止钉间隙符合规定。

（2）隔离（负荷）开关触头接触面应平整、光洁无损伤，并涂以导电介质。触头间接触紧密，接触压力均匀，用 0.05 mm × 10 mm 的塞尺检查，线接触为 0 mm，面接触不大于 4 mm。

（3）引线和连接线的截面与开关额定电流及所连接接触网当量截面相适应，引线连接良好且不得有接头。引线及连接线应连接牢固接触良好，无破损和烧伤。当接触悬挂受温度变化偏移时，引线的长度应保证有一定的活动余量并不得侵入限界，引线摆动到极限位置对接地体的距离不小于 350 mm。

（4）支持绝缘子应清洁无破损和放电痕迹，瓷釉剥落面积不超过 300 mm^2。

（5）新安装的隔离（负荷）开关在投入运行前应按《电气装置安装工程电气设备交接试验标准》（GB 50150）进行交接试验，试验合格后方可投入运行。

（6）负荷开关的技术状态应符合产品技术要求。

2. 隔离开关操作机构。

（1）隔离开关操作机构应完好无损并加锁。操作时平稳正确无卡阻和冲击，联锁、限位器作用良好可靠。操作机构箱应密封良好，箱体及托架等无锈蚀并可靠接地。

（2）具有远动操作功能的隔离开关，应能保证当地位及远动位的正常操作。

（3）电动隔离开关操作机构的分合闸电机、接触器等部件状态良好，接线紧固，限位开关位置正确，操作灵活可靠。

（4）驱动装置的电机转向正确，机械系统润滑良好，分、合闸指示器与开关实际位置相符合。驱动装置的电机和传动器的滑动离合器应符合技术要求。

（二）分段、分相绝缘器

1. 分段绝缘器。

（1）分段绝缘器通过速度不得超过 120 km/h。空气绝缘间隙不小于 300 mm。

（2）分段绝缘器主绝缘应完好，其表面放电痕迹应不超过有效绝缘长度的 20%。

（3）分段绝缘器应位于受电弓中心，一般情况下偏差不超过 100 mm。相对于两侧吊弦点有 5~15 mm 的负弛度。滑道底面应平行于轨面，最大偏差不超过 10 mm。

（4）分段绝缘器导线接头、导流滑道端头处过渡平滑。承力索分段绝缘子应采用质量较轻的有机复合绝缘子。

（5）分段绝缘器不应长时间处于对地耐压状态。雨、雪、雾、霾、冻雨等恶劣天气下，起电分段作用的隔离开关严禁处于分闸状态。隔离开关应在作业开始前 30 min 内断开，在作业间歇时间大于 30 min 时应闭合，继续作业时再断开，作业结束后应及时闭合。

（6）分段绝缘器安装位置符合规定，距离定位点不得小于 2 m。

2. 分相绝缘器。

（1）分相绝缘器通过速度不得超过 120 km/h。

（2）分相绝缘器主绝缘应完好，其表面放电痕迹应不超过有效绝缘长度的 20%。主绝缘严重磨损应及时更换。

（3）分相绝缘器应位于受电弓中心，一般情况下偏差不超过 100 mm。双线区段，在列车运行方向为 1‰ 的上升坡度；单线区段，为 50 mm ± 10 mm 的负弛度。

（4）分相绝缘器导线接头处过渡平滑。承力索分段绝缘子应采用质量较轻的有机复合绝缘子。

（5）中性区长度符合《铁路技术管理规程（高速铁路部分）》规定。

（三）避雷器

1. 避雷器托架安装水平，无锈蚀，各部螺栓连接紧固。

2. 避雷器及支持绝缘子应呈竖直状态，倾斜角度不超过 2°。表面清洁，安装牢固，无裂纹、破损及放电痕迹。

3. 避雷器引线无烧伤、断股。至高压侧引线的张力应适宜，不应使连接端子受到超出允许的外加应力。极限条件下，高压侧引线对接地体之间的距离大于 350 mm。

4. 脱离器状态良好，无破损、裂纹。安装位置应满足动作后引线不侵入限界并与带电体保持足够的绝缘间距。

5. 动作计数器完好，具备在线泄漏电流监测功能。

6. 避雷器的试验按照国家和行业有关标准执行。

（四）27.5 kV 电缆

1. 电缆。

（1）电缆本体各部分无机械损伤，无过热变色、变形、开裂、放电现象。

（2）电缆及电缆终端的固定处必须采用专用的铝制或非磁性材料抱箍，并加装保护垫。

（3）电缆固定支架无松动、严重锈蚀或变形，电缆悬挂钢索和挂钩无严重锈蚀或脱落。

（4）电缆铠装层、屏蔽层及电缆导体之间均应可靠绝缘。测量电缆铠装层、屏蔽层及电缆主绝缘之间的绝缘电阻值与历次数据比较不应有显著变化。

（5）电缆上网点宜设置隔离开关并纳入远动控制。

2. 电缆终端。

（1）电缆终端表面干燥、清洁、密封良好，无渗漏水、裂纹、老化、破损等。

（2）电缆终端应保证竖直向上，不得出现偏转、扭曲变形，伞裙不得挤压变形，最大偏移角度不得大于 30°。

（3）电缆终端母排及零部件应与大地、接地钢构、固定抱箍等保持足够的绝缘距离。顶部端子对地空气绝缘距离不小于 450 mm，电缆终端应力锥对地空气绝缘距离不小于 35 mm，多个电缆终端并联时，其间空气绝缘距离不小于 35 mm。

（4）电缆终端应固定牢固，金属端子不得承受拉力，应力锥无受力变形。电缆终端固定夹持部位距离冷缩地线管下端大于 100 mm，不得夹持在电缆终端椎体表面，并与接地线保证 50 mm 以上的距离。

3. 电缆及电缆终端投运前应按照《电气化铁路 27.5 kV 单相交流交联聚乙烯绝缘电缆及附件》（CB/T 28427）有关标准进行试验，试验合格后方可投入运行。

4. 电缆接地。

（1）电缆长度小于 100 m 时，电缆终端应一端直接接地，另一端可不接地。

长度 100 m 及以上时，宜每隔 400 m（直供方式）或 800 m（AT 供电方式）划分区段且在每个区段应实施接地绝缘分隔。电缆终端应一端铠装层、屏蔽层直接接地，另一端铠装层、屏蔽层通过护层保护器分开接地。

（2）电缆终端接地线及端子应采取绝缘包扎并固定在电缆上，不得与金属构架直接接触。

（3）电缆终端接地线无破损现象，受损股数不得超过总数的 20%。

5. 电缆敷设。

（1）电缆采用地面敷设时须单独设置电缆沟槽，按规定设置地面电缆标识桩。同沟（槽）敷设 2 根以上电缆时，每隔 30 m 分别标识。

（2）电缆应做波浪形敷设，在敷设过程中，不应出现铠装压扁、电缆绞拧、护套折裂破损等现象，电缆弯曲半径不小于电缆外径的 20 倍。电缆终端（上支柱、上桥等）处，电缆应预留不小于 5 m。

（3）电缆上、下行间敷设应无交叉，供电线、正馈线电缆间无交叉（特殊区段用绝缘板做隔离），并按规定采取隔热及阻燃防护措施。

（4）当电缆穿管敷设时，保护管长度、内径应符合要求；当采用磁性保护管防护时，应顺向切割开缝，防止构成闭合磁路。

（5）当电缆直埋敷设时，电缆表面距地面不应小于 0.7 m，穿越农田时不应小于 1 m；其路径应避开使电缆受到机械损伤、化学或地下电流腐蚀、振动、热影响、虫鼠等危害地段。困难情况下应设置电缆槽、沟，并采取必要的防护措施。电缆过轨时应加装防护套管，埋深低于轨面不少于 1 m。

（6）直埋或以直埋电缆槽方式敷设的电缆，敷设后应及时填埋电缆沟，并采取减振、阻燃、阻断鼠道措施。同路径并排展放的多根电缆，相邻两根之间应有隔离措施。

（7）电缆标桩埋设应清晰显示出路径状态，直线地段每 35～50 m 设置一根电缆标桩，在出所位置、电缆转弯处，以及和其他管、线、路交叉处，可增加标桩数量。电缆标桩上字样由各铁路局自定。

（8）电缆上网处应自地面下 0.8 m 至地面以上 2 m，砌钢筋混凝土电缆槽或砖砌防护墙进行防护。

六、其　他

（一）吸上线

1. 吸上线型号及安装位置应符合设计要求。吸上线电缆截面应满足回流要求，外露部分电缆护管应无损伤且封堵良好。

2. 在有轨道电路区段，采用截面满足要求的电缆接至扼流变压器中性点连接钣（端子）。吸上线须与支柱密贴连接牢固。无轨道电路区段按设计进行安装。

3. 吸上线与回流线连接时，与悬挂点的距离应符合设计要求；与回流线（保护线）、扼流变压器（或空心线圈）连接处应连接牢固，接触良好，并涂电力复合脂。

4. 对吸上线进行固定、防护时，其抱箍、套管不得形成闭合磁路。

5. 吸上线电缆沿地面、支柱的敷设必须密贴、牢固。埋入地下时，埋深不少于 300 mm。穿过钢轨、桥台时应采取防护措施。

（二）保安装置及标识

1. 在站台接触网支柱，上距轨面 2.5 m 高的处所，以及安全挡板、细孔网栅和跨线桥防护网栅均应设置白底、黑字、红色闪电符号的"高压危险"警示标识。标识应完整无损、安装牢固、字迹清晰。

2. 上跨构筑物（桥、隧道、明洞、站房等）下方的承力索、供电线、正馈线，应在防断点处至少 5 m 采取防护措施。

隧道、桥梁内漏水点距离接触网带电线索小于 2 m 处所，下方承力索、供电线、正馈线等在漏水点垂直投影向两侧延伸至少 1 m 采取防护措施。

重点处所上跨电线路下方的承力索、供电线、正馈线、加强线，可在上跨电线路垂直投影两侧延伸至少 5 m 采取防护措施。

3. 在机动车辆通过的平交道口处铁路两侧的公路上，应设置限界门。限界门置于在沿公路中心线距最近铁路线路中心不小于 12 m 的地方。

限界门的宽度不得小于平交道口处公路路面的宽度，限界门的下缘距地面的高度为 4.5 m，限界门框柱涂以警示色标。在限界门处应按《电气化有关人员电气安全规则》的规定悬挂揭示牌。

4. 轨面标准线。

接触网支柱上、隧道每个定位点下方隧道边墙上，均要涂刷红色轨面标准线。轨面标准线标画依据为正线股道靠近隧道边墙、站台或支柱侧的钢轨顶面的设计高程。

5. 标识。

（1）号码牌。每根接触网支柱顺线路两侧及田野侧均应安装反光号码牌。每个区间、车站、隧道均应分别单独编号，上行双号、下行单号，编号方向与线路千米标方向一致。

（2）电力机车禁停标。在站场、区间接触网不同供电臂间的电分段两端设置电力机车禁停标。

（3）分相断、合标。在接触网电分相前方设断电标，断电标设置在电分相中性区段起始位置前第 2 根支柱上（该支柱距电分相中性区段起始位置不小于 80 m）；在接触网电分相后方设合电标，合电标设置在电分相中性区段终止位置后 400 m 处附近的接触网支柱上（该支柱距电分相中性区段终止位置不小于 400 m）。

线路反方向按上述规定设置断电标、合电标。

有电力机车上线的线路，还应在"断"标背面加装"机车合"标。

（4）接触网终点标。在接触网终端应设置接触网终点标，接触网终点标应装设于接触网锚支距受电弓中心线不大于 400 mm 处接触线的上方或线路列车运行方向的左侧地面上。

上述标识均为白底黑框，黑字黑体。标识装设位置及规格符合《铁路技术管理规程（高速铁路部分）》《铁路电力牵引供电施工规范》等有关规定。

6. 各种标识和揭示牌应完整无损、安装牢固、字迹清晰、便于瞭望，不得侵入限界，与行车有关的标识一般应设于列车运行方向的左侧。

7. 各级维护机构的设备分界应以文件或协议明确，一般不在接触网设备上悬挂分界标识。

（三）自动过分相地面磁感应器

1. 地面磁感应器设置符合设计要求，允许偏差 ± 2 m。
2. 地面磁感应器应安装牢固，完整无损，表面清洁。
3. 地面磁感应器的磁感应强度应 >36 Gs。

（四）零部件及其他

1. 接触网零件（包括附加导线的金具，下同）应符合国家及总公司有关标准。附加导线金具还应符合电业部门架空线路金具相应标准。

对早期建设的接触网设备，凡不符合标准的零件应分轻重缓急，结合维修和改造尽快达标。

2. 接触网零件表面应光洁，无裂纹、疤痕和剥离及其他质量缺陷，其材质、制造质量及公差、机械性能等均应满足技术标准要求，并按规定采用镀锌、防腐漆及其他技术进行防腐处理。承载负荷的不锈钢螺栓等零部件，一旦锈蚀应立即更换。

3. 接触网和附加导线中用于电气连接的零件，其允许载流量不应小于被连接的导线。线索接续处两测点之间电阻应不大于同等长度被连接线索的电阻。各种材质的电连接线夹最高允许使用温度不得超过以下规定：铜质为 95 ℃，铝青铜合金为 125 ℃，铜镍硅合金为 150 ℃，铝质为 80 ℃，铝镁硅合金为 125 ℃、其余铝合金为 90 ℃，钢质为 125 ℃。

（1）被测零部件与相连接导体间的温度差应符合下列规定：

标准值：0 ℃。

标准状态：10 ℃。

警示值：20 ℃。

限界值：25 ℃。

（2）采用红外热成像监测时，参照表 2-26 执行。

表 2-26 电流致热型设备缺陷诊断判据

（参照带电设备红外诊断应用规范 DL/T 664—2008）

设备类别和部位		热像特征	故障特征	缺陷性质		备注
				二级缺陷	一级缺陷	
电气设备与金属部件的连接	接头和线夹	以线夹和接头为中心的热像，热点明显	接触不良	温差不超过 15 K，未达到一级缺陷的要求	热点温度 >80 ℃ 或 $\delta \geq$ 80%	δ：相对温差
金属部件与金属部件的连接	接头和线夹	以线夹和接头为中心的热像，热点明显	接触不良	温差不超过 15 K，未达到一级缺陷的要求	热点温度 >90 ℃ 或 $\delta \geq$ 80%	
金属导线		以导线为中心的热像，热点明显	松股、断股、老化或截面积不够	温差不超过 15 K，未达到一级缺陷的要求	热点温度 >80 ℃ 或 $\delta \geq$ 80%	
输电导线的连接器（耐张线夹、接续管、修补管、并勾线夹、跳线线夹、T 形线夹、设备线夹）		以线夹接头为中心的热像，热点明显	接触不良	温差不超过 15 K，未达到一级缺陷的要求	热点温度 >90 ℃ 或 $\delta \geq$ 80%	
隔离开关	转头	以转头为中心的热像	转头接触不良或断股	温差不超过 15 K，未达到一级缺陷的要求	热点温度 >90 ℃ 或 $\delta \geq$ 80%	
	刀口	以刀口压接弹簧为中心的热像	弹簧压接不良	温差不超过 15 K，未达到一级缺陷的要求	热点温度 >90 ℃ 或 $\delta \geq$ 80%	测量接触电阻

4. 接触网零件要安装牢固，紧固件在螺栓、螺母、螺纹连接或其他形式连接时应有防松措施。零件上的各个螺栓均应受力均匀，其紧固力矩符合规定。各种调整螺丝的丝扣外露部分不得小于 50 mm。

5. 接触网零件应按规定进行检验合格后方可使用。所有接触网零件均应有明确的、永久性生产厂家标识,否则视为不合格零件严禁使用。

6. 当用楔形线夹连接或固定各种线索时,线索回头长度应为 300~500 mm,并用与线索材质相匹配的绑线扎紧。一处绑扎时绑扎长度为 80~120 mm,两处绑扎时每处绑扎长度不得小于 20 mm。

7. 零部件连接销钉与开口销穿向正确,双向夹角不小于 120°,开口销不得二次使用。β型开口销的圆弧要锁在销钉的圆柱面上。

8. 腕臂、定位管管帽应使用非金属材质。

(五)绝缘、防雷、接地

1. 接触网绝缘部件的泄漏距离。

0、Ⅰ、Ⅱ级污秽等级区域,接触网绝缘泄漏距离不小于 1 400 mm;Ⅲ、Ⅳ级污秽等级区域,接触网绝缘泄漏距离不小于 1 600 mm。

供电线、正馈线、加强线、电缆终端、接触悬挂下锚、软横跨接地侧、隔离开关绝缘子及分束供电的分段处绝缘子泄漏距离不小于 1 600 mm。

在海拔超过 1 000 m 的地区,上述泄漏距离应按规定增大。

2. Ⅰ、Ⅱ级污秽等级区域,以及高路堑、跨线桥两侧、接触网下锚、分段、分相处宜采用复合绝缘子。

3. 绝缘部件不得有裂纹和破损。瓷绝缘子的瓷釉剥落面积不大于 300 mm^2,连接件不松动。

4. 在运输装卸和安装绝缘子时应避免发生冲撞,不得锤击与瓷体连接的铁帽和金属件,同时也不得对其进行机械加工和热处理,铁帽和金属件无锈蚀。

5. 接触网空气绝缘间隙符合表 2-27 的要求。

表 2-27 接触网空气绝缘间隙表

序号	项 目	正常情况下最小值/mm
1	接触线、承力索、供电线、加强线、正馈线等带电部分至固定接地体间隙	300
2	接触网带电部分至机车车辆或装载货物的间隙	350
3	接触线、承力索、供电线、加强线、正馈线等带电部分至跨线建筑物间隙	500
4	受电弓振动至极限位置和导线被抬高的最高位置距接地体的瞬间间隙	200
5	25 kV 带电绝缘子接地侧裙边距接地体间隙	100
6	43.3 kV 绝缘间隙(关节式分相)	400
7	50 kV 绝缘间隙(AT 区段正馈线与接触网间)	540

注:1. 当海拔高度超过 1 000 m 时,上述距离应按海拔修正系数进行修正。
2. 回流线、保护线、架空地线、架空避雷线距固定接地体或桥梁及隧道壁的正常情况下最小距离 150 mm。

6. 接触网防雷装置通常由避雷线或避雷器、引下线和接地装置组成。

避雷器引下线应直接从避雷线（避雷器）连续、完整、最短距离的引下并可靠接地。引下线的材质、结构和最小截面应满足雷电流强度检算并不小于避雷线的铜当量载流截面。

接地装置应状态良好，接地极、接地线的敷设和焊接应满足设计要求。

7. 避雷装置接地电阻超标时，应分析原因并采取措施，必要时进行开挖检查。雷电活动强烈的地区，应增加避雷装置的检查次数。

8. 雷害发生后，应及时调查雷害具体原因和后果损失，总结分析，提出改进措施。

9. 接触网单独设置的防雷接地体（极）在贯通地线上的接入点与其他设备在贯通地线上的接入点间距不应小于 15 m。

10. 27.5 kV 电缆、开关、避雷器、架空地线接地电阻值不应大于 10 Ω，零散的接触网支柱接地电阻值不应大于 30Ω。

第三节　高速铁路接触网精测精修实施办法

任务一　总则、一般规定

一、总　则

1. 为加强高速铁路接触网性能和状态管理，规范高速铁路接触网精测精修工作，确保高速铁路接触网运行安全，在总结高速铁路接触网运营规律基础上，依据《高速铁路接触网运行维修规则》，制定本办法。

2. 接触网精测精修是指通过检测动态条件下的弓网作用参数，测量静态条件下的接触网几何位置，检验零部件质量状态，依据检测、检验分析结果，全面调整接触网静态几何参数、更换失效或接近预期寿命的零部件和设备、更换局部磨耗接近限值的接触导线，恢复接触网标准状态。

接触网精测精修包括精确检测、零部件检验、分析诊断与设计、精确修理、验收等工作。

3. 标准状态资料至少包括相关设计文件、接触网平面竣工图、"一杆一档"数据和非接触测量的完整数据（含波形图）以及接触网零部件预期寿命状态等资料。

4. 接触网精测精修工作应参照《铁路技术管理规程（高速铁路部分）》《高速铁路电力牵引供电工程施工技术规程》《高速铁路电力牵引供电工程施工质量验收标准》《高速铁路工程动态验收技术规范》《铁路营业线施工安全管理办法》等文件执行。

5. 本办法适用于 200 km/h 及以上的铁路和 200 km/h 以下仅运行动车组列车的铁路。

二、一般规定

1. 正常情况下，一般运行 7 年或弓架次达到 50 万次以上应安排进行一次精测精修。

遇有动态检测发现弓网动态作用特性成区段持续不良；接触网超标值增多或故障多发且分析后认为有必要实施精测精修，以及线路纵断面发生调整的区段，应在规定时间内提报精测精修计划。

2. 接触网精测精修工作执行铁路营业线施工有关规定，安排在天窗时间内进行，接触网精测精修天窗时间一般不少于 4 h，一个任务周期内，天窗日计划原则上应逐日安排连续进行。

3. 铁路总公司监督、检查、指导全路高速铁路接触网精测精修实施情况。各铁路局负责编制接触网精测精修计划，组织审批设计和实施方案，组织实施和竣工验收。

任务二　精确检测与精修、精修实施程序

一、精确检测

1. 接触网精确检测和分析工作一般应由具有高速铁路接触网综合检测设备、具备高速铁路接触网检测数据和设备质量分析诊断能力的专业单位承担，如需要外部单位承担，应通过公开招标方式选择有相应业绩的专业单位。

2. 精确检测一般由综合检测列车、高铁接触网检测车或者其他能够完成精确检测任务的设备实施。精测设备应经过标定且在合格的周期内，通过精测前的现场测试验证，满足精度要求。

3. 精确检测一般采用非接触检测和接触检测两种方式。非接触检测主要用于测量接触网几何位置。接触检测主要用于测量弓网动态性能参数。

4. 动态检测可结合综合检测车检测工作周期统筹安排。根据铁路局申报，在总公司综合检测车监测计划中明确接触网精测精修区段的内容和有关要求。

5. 采用非接触检测方式进行检测时，其车辆行驶速度不得高于检测系统所允许的最高速度。采用接触检测方式进行检测时，检测装置应能满足线路允许运行速度条件下的检测需求。

6. 接触网几何参数检测的输出结果至少应包含接触线高度、高差、拉出值、接触线磨耗、定位器坡度、接触线相互位置（锚段关节、线岔、分相关节）等接触网静态几何参数，并能输出静态参数波形图。

7. 弓网动态检测参数至少应包括弓网动态接触力、受电弓弓头垂直加速度（硬点）、动态接触线高度、动态拉出值、离线、接触网电压等，并输出弓网动态检测参数波形图。

二、精　修

1. 接触网精修工作应由铁路局组建的高速铁路接触网精修专业队伍，或具有高速铁路接触网施工业绩的专业队伍承担。

2. 接触网精修队伍成员应由铁路局组织专门培训合格并认定的人员担任。

3. 精修工作应依据设计文件开展。根据交付的施工设计文件，铁路局组织精修实施单位完成精修实施方案的编制。

4. 现场调整接触网参数前，需对目标区段需要调整的接触网参数进行测量复核，确认分析结果无误后方可调整。

5. 应在专业技术人员指导下，使用符合规定的工器具进行，调整修理的部位和更换的零部件设备等应分类标注、统计、记录。

6. 精修过程中，应对动态弓网作用参数关联性较强的项目（接触网静态几何参数、定位器坡度、止钉间隙、吊弦或腕臂偏移、补偿灵活性、相关结构间距等）进行专项检查确认。

7. 精修后，应对接触网参数进行测量确认，通过检测数据分析及波形图比对，验证精修效果。对未调整到位的接触网进行二次调整，直至达标，二次调整不增加费用预算。

8. 精修工作结束后，铁路局依据有关标准和精修方案的目标要求组织验收。

9. 精修工作结束后一个月内，精修实施单位应将相关检测复核数据、试验分析报告、接触网调整及零部件设备更换记录等资料移交设备管理单位存档。

三、实施程序

1. 铁路局定期对管内接触网达到精测精修年限要求或具备精测精修启动条件的区段进行梳理，根据具体线路的运输组织情况，分区段范围编制接触网计划，报资产管理单位核备。

2. 铁路局组织开展接触网检测检验分析，委托设计单位，确定精修范围和项目，完成精测精修施工设计文件编制。

3. 精测精修单位依据铁路局批复方案和审查意见，组织实施，完成验工计价、自验、结算、竣工资料编制等工作。

4. 铁路局主管部门负责组织验收编制验收总结报告。设备管理单位接收竣工资料，更新相关技术文件。

任务三　零部件质量检验

1. 质量检验是指对拆卸送检的接触网零部件进行外观检查、补充特殊试验等，确认其质量状态的工作。零部件性能下降、状态劣化，判定即将或基本达到寿命时，应纳入精修项目，进行更换。

2. 当高速铁路接触网零部件接近预期寿命或在日常检查时发现接触网零部件存在质量隐患、无法确认其能否在预期寿命周期内安全运行时，应对该类批零部件抽样进行质量检验。

3. 对满足下列情况之一，应根据分析结果，对接触网零部件进行专项或抽样质量检验：

（1）发现同一处所或部位重复发生磨损、裂纹、腐蚀、飞弧烧损等异常现象时。

（2）特殊环境（大风、严寒、沿海、潮湿、隧道、周边有严重污染源等）区段检查发现接触网零部件状态劣化，表面腐蚀或磨损明显，需确认其是否能够继续安全使用时。

（3）检测发现接触网参数与初始参数对比变化较大，经分析确认其与连接的零部件性能关联性较大时。

（4）区段内接触网零部件脱落、裂损、烧伤等原因故障多发时。

（5）需要检验判断确认零部件运行状态或预期残余寿命时。

4. 零部件质量检验应送获得国家计量认证和实验室认可的专业检验机构进行，检验机构出具检验报告。

任务四　分析诊断及设计

1. 检测单位依据检测数据和结果，综合接触网运行状态监测结果、日常维护情况等，诊断分析接触网质量状态，编制接触网检测分析报告。

2. 铁路局组织依据零部件检验机构出具的检验报告，结合接触网线路运行条件、设计结构特点、零部件工况、样本比例等组织综合分析，判断相同运行条件下同批次接触网零部件质量状态，编制接触网零部件运行状态分析报告。

3. 铁路局应委托具有资质的路内、外设计单位开展修理前设计工作。设计单位依据接触网检测分析报告和零部件运行状态分析报告，确定精修范围、项目和需更换零部件设备型号数量等，组织编制精修施工设计文件。

4. 在开展设计工作前，设计单位需确认检测数据和零部件质量检验结果的有效性和完整性，并开展工作。

5. 交付的设计文件应达到施工图深度。设计文件应包括：工作项目、工作量、机具配置、材料规格、数量和工程预算等。

第四节　高速铁路接触网故障抢修规则

任务一　总则、抢修组织

一、总　则

1. 为规范和加强高速铁路（含相关联络线和动车走行线，下同）接触网故障（或事故，下同）抢修工作，保障铁路运输安全和畅通，特制定本规则。

2. 高速铁路接触网故障抢修要遵循"先行供电""先通后复"和"先通一线"的基本原则，以最快的速度满足滞留列车供电条件，尽快疏通线路并尽早恢复设备正常的技术状态。为保证快速抢通，在确保安全的前提下，允许接触网降低技术条件临时恢复供电开通运行。

3. 牵引供电运行各级管理部门按照"细分供电单元，缩小供电范围，准确判断故障，压缩故障停时"的要求，合理抢修布局，强化抢修设施配套，完善抢修预案，实现快速响应、高效抢修。

4. 接触网抢修基地应针对高速铁路设备特点，配备先进装备、机具和充足的材料。在供电段生产调度指挥场所设置实时的远动（SCADA）和综合视频复视系统。积极推广和应用集设备运行、技术资料、信息传递、抢修预案等功能于一体的接触网抢修辅助决策系统，提高接触网故障应急抢修工作效率与管理水平。

5. 铁路从业人员凡发现接触网故障和异状，应立即报告列车调度员、供电调度员或者邻近车站值班员、供电设备管理单位（含牵引供电外委维修管理单位或公司，从事高速铁路牵引供电的施工单位等，下同）人员，并尽可能详细地说清故障范围和损坏情况。

6. 本规则适用于高速铁路接触网故障、事故抢修及自然灾害和其他事故引起的接触网修复、配合工作。新建设计速度 200 km/h 的铁路参照本规则执行。各铁路局应结合本局具体情况制定实施细则。

二、抢修组织

1. 牵引供电运行各级管理部门要加强高速铁路接触网故障抢修工作的领导，建立健全各级责任制。铁路局应成立接触网故障抢修领导小组，供电段、车间和工区应成立接触网故障应急抢修组织。

2. 铁路局供电调度员负责接触网故障抢修指挥。铁路局应建立高铁供电应急指挥专家组，应急指挥专家组主要负责指导高铁供电应急处置方案的制定和实施，为电力调度指挥和现场抢修提供技术支持，实现安全快速抢通。

3. 供电段负责现场抢修组织和实施。抢修时，应明确现场抢修负责人，所有抢修人员必须服从抢修负责人的统一指挥。在配合铁路交通事故救援时，接触网抢修负责人应服从事故现场负责人的指挥。

4. 接触网现场抢修负责人一般由先行到达现场技术安全等级最高的人员担任。抢修负责人变更后应及时报告供电调度。

5. 跨局或两个及以上工区参加抢修时，原则上由设备管理单位人员担任现场抢修负责人。

6. 在高铁车站（含动车段、所）站房内应设立接触网应急值守点。值守点应具有不少于 30 m^2 单独的值守和工具材料房间，满足值守抢修条件。特殊情况时，可在重点区段增设临时应急值守点。在冰雪、大雾、雷雨、台风等恶劣天气时，应急值守点人员、车辆等应相应加强。

7. 牵引供电运行各级管理部门应备有管辖范围的供电分段示意图、接触网平面图和安装图、"一杆一档"设备档案、抢修交通路线系统等资料。

8. 承担抢修工作的车间、班组和应急值守点有关人员根据作业需要均应配置 GSM-R 手持终端，并保持状态良好。铁路局供电调度应掌握各级抢修组织成员及现场抢修人员的联系通信方式。

9. 抢修预案应明确 AT 供电、直接供电、迂回供电、越区供电等不同供电方式保护定值组别转换及倒闸作业流程。

10. 接触网发生断线、弓网故障或故障停电时间可能超过 30 min 的接触网抢修，铁路局抢修领导小组成员应及时到达调度台或现场协调组织抢修。供电段负责人应及时赶赴现场组织抢修。

11. 为保证抢修工作的顺利进行，可要求通信部门开通现场至铁路局间电话和图像通信。相关单位应做好后勤服务工作，保证抢修人员生活和物资供应。

任务二　信息处置与行车组织、安全防护

一、信息处置与行车组织

1. 铁路局应建立供电与其他相关专业的故障信息沟通、处置机制。供电调度、供电段接到与故障相关信息后，应及时组织分析和处理，信息情况不明时，应主动联系了解详情。

2. 发生供电跳闸、接触网悬挂异物、零部件脱落、动车组停电、降弓（换弓）等异常情况时，供电调度员应协调列车调度员，及时办理列车限速、降弓、扣停等行车限制措施，同时组织供电人员登乘后续列车巡视检查设备。

3. 跳闸重合闸成功或试送电成功，判明为未侵入铁路建筑限界的变电设备原因、过负荷或供电线（缆）原因时，列车可不需限速、降弓。

4. 需要限速或降弓时，限速范围原则上按故障指示地点前后各加 2 km 确定。故障地点不明确的，按整个供电臂（供电单元）限速。

5. 跳闸后试送电失败，本供电臂内停有列车，确认故障地点及性质后，具备条件的，供电调度员应通过远动分合接触网分段隔离开关，隔离故障点，恢复故障点所在最小停电单元以外的区段供电。

6. 遇强风天气线路停运时，接触网可相应停电，恢复送电前，确认具备送电条件后方可送电。发生接触网覆冰及覆冰融化脱落时段，列车限速 160 km/h 及以下运行。

二、安全防护

1. 抢修人员需进入防护栅栏防护网检查确认或处理故障时，应向列车调度员提出申请，在本线及邻线封锁或本线封锁、邻线列车限速 160 km/h 及以下进行。

2. 抢修作业可不签发接触网工作票，但必须得到供电调度批准的相应作业命令，并由抢修负责人布置安全、防护措施。

3. 除遇有危及人身或设备安全的紧急情况，供电调度员发布的开关倒闸命令可以没有命令编号和批准时间外，接触网所有的作业命令均必须有命令编号和批准时间。

4. 进入封闭栅栏防护网内进行抢修作业，人员到达现场，在线路封锁命令下达前，所有作业人员须全部在封闭栅栏防护网外等候。接到封锁命令后，施工负责人方能带领作业人员进入防护网内。

5. 设备发生故障，需在双线区间的一线上道检查、处理设备故障时，须设置防护，本线、邻线可不设置防护信号，不同作业的具体防护办法由铁路局制定。

6. 作业组所有的工具物品和安全用具均须粘贴反光标识，在使用前均须进行状态、数量检查，符合要求方可使用。进、出封闭栅栏防护网时对所携带和消耗后的机具、材料数量认真清点核对，不得遗漏在线路或封闭栅栏防护网内。

7. 根据故障现场实际和抢修需要，需采取 V 形天窗作业或间接带电方式抢修作业时，应撤除相关馈线自动重合闸功能。

任务三　抢修处置及开通线路、抢修报告

一、抢修处置

（一）故障判断与查找

1. 凡发生牵引供电跳闸、接触网异常的情况，供电调度员应立即组织供电段巡查设备，查明跳闸、异常情况的原因。需登乘列车检查处理故障时，协调列车调度员办理抢修人员登乘事宜。

2. 发生供电跳闸后，供电调度员应通过保护装置提供的故障报告，结合列车运行、天气情况、视频监控等信息，初步分析判定跳闸故障类别、性质、故障地点或区段。

3. 在动车段（所）发生供电跳闸时，供电调度员应及时与列车调度员联系，确认跳闸时段动车组走行及检修作业信息，调阅视频监控信息等，指导现场排查和分析跳闸原因，协调动车调度员，适时安排供电人员对相关动车组进行登顶检查。

4. 中断供电，故障原因不明时，供电调度员可采取分段试送电的方式基本判定故障区段或设备。故障点标定装置指示在供电线（缆）范围内的近端短路时，可断开故障供电线（缆）上网开关，通过迂回供电方式试送电。

5. 已判明为正馈线故障，可断开正馈线采取直供的方式供电。已判明为变电所馈线开关或供电线（缆）故障，可断开故障区段采取上下行供电臂并联或迂回的方式供电。

6. 抢修人员找到故障点后，应立即向供电调度员报告故障的位置、性质、设备损坏范围，提出抢修建议方案。抢修组要指派专人与电调时刻保持联系，随时汇报抢修进度，传达指挥信息。

7. 发生供电跳闸后，供电段应立即组织人员对接触网设备进行检查，对跳闸原因进行分析，未查找到跳闸原因时还应利用天窗时间再次组织对接触网设备进行检查，直至查明原因。

（二）抢修出动

1. 接触网工区（含应急值守点）接到抢修通知后，应根据抢修预案和现场情况，带好材料、工具等，15 min 内出动。

2. 抢修人员应优先采取登乘列车的方式出动抢修。登乘人员要本着快速出动、就近上车

原则，立即申请要点登乘列车。铁路局列车调度员应及时安排停点上下车，车站、公安、列车乘务等相关部门应积极配合，确保抢修人员尽早到达故障现场。

3. 接触网作业车（抢修列）出动抢修时，按救援列车办理。当故障现场有车辆占用时，抢修人员应视情况登车顶处理，或请求列车调度员尽快安排腾空线路，为接触网抢修作业创造条件。

（三）抢修方案

1. 已判明故障性质及故障最小停电单元，短时内无法彻底恢复，但经确认或处理，满足机车车辆限界及惰行条件的，可采用最小故障停电单元停电，列车降弓惰行通过故障点的方式组织行车。

2. 对影响较小，恢复用时不长的故障，应组织一次性恢复到接触网正常技术状态。故障破坏严重，影响范围大，难以短时恢复到接触网正常技术状态的，宜采用分次恢复方式，即对故障临时处理后，开通线路，申请列车以限速、降弓惰行等方式通过故障地点，另行申请时间组织彻底恢复。

3. 采取列车降弓惰行运行时，降弓范围由现场抢修组提报，并应满足列车惰行运行要求。长距离降弓范围由铁路局抢修领导小组确定。

4. 接触网主导电回路线索断线，采取临时紧起、接续时，须加装电气短接线。短接线截面应不小于被连接导电线索的截面。

5. 抢修方案一经确定，一般不应变动，确需变动时，须报供电调度员，经铁路局抢修领导小组同意。

二、开通线路

1. 抢修作业结束后，应对故障设备涉及范围内整个锚段的接触网技术状态进行检查，确认没有侵入机车车辆限界和受电弓动态包络线的情况，确认符合供电、行车条件方准申请送电、开通线路。

2. 需改变正常供电运行方式时，根据预案内容，供电调度员远动操作或发令转换保护定值区，必要时，及时向列车调度员提出限制列车对数等行车限制要求。

3. 定位支撑、补偿装置及接触悬挂部分的抢修结束后，本线首列故障区段应限速160 km/h及以下，具体限速要求由供电调度员通知列车调度员。线路开通后，现场抢修组应安排人员登乘巡视检查，有条件的应在线路栅栏外观察1或2趟车，检查列车通过故障区段情况，确认供电设备正常抢修人员方准撤离。

4. 抢修人员根据当时具体情况和地形条件，可从"应急作业通道"或申请登乘列车撤离线路。

5. 接触网设备技术状态不能满足列车常速运行时，应采取列车限速措施，由供电设备管理部门在相应车站登记行车条件，待确认接触网设备恢复正常技术状态后，恢复常速。

6. 采取限速、降弓行车限制措施临时开通线路时，一般不设置降速、升降弓标志及手信号，由列车调度员发布调度命令。

7. 故障抢修开通线路后采取临时降弓方式运行时，故障区段降弓运行时间一般不超过24 h。

三、抢修报告

1. 牵引供电设备发生故障后，供电调度员及时收集故障抢修信息，上报牵引供电故障速报，必要时附图或照片说明。

2. 现场抢修组应指定专人负责故障情况及其修复过程的写实（含影像资料），收集并妥善保管与故障相关的零部件等。

3. 牵引供电运行各级管理部门要对每件事故、故障按《铁路交通事故调查处理规程》和《铁路供电设备故障调查处理办法》认真调查、分析原因，制定防范措施。要对每次抢修进行总结分析，抢修中存在的问题要认真研究制定改进措施，不断完善抢修组织、方法与抢修预案。

任务四　抢修机具、培训演练

一、抢修机具

1. 新建高速铁路开通前，相应人员、机具、材料、车库、专用线路、抢修值班及值守房屋应按有关规定配置到位。

2. 接触网工区做好抢修机具、材料管理和日常维护保养。接触网抢修用车辆应停放在能够迅速出动的指定地点。如变更停放地点，工区值班员要及时报告供电调度员和供电段生产调度员。冬季取暖的地区，车库应有采暖设施，保证车辆能及时出动。

3. 铁路局供电调度员和供电段生产调度员应随时掌握抢修车辆停放地点及状况，交接班时进行交接，接班后要复查。

4. 供电段、接触网工区、应急值守点及抢修基地（抢修列车）应配齐抢修材料、工具、备品、通信和防护用具等（见表2-28和表2-29），并定期组织检查，抢修材料使用后要及时补充到位，保证数量充足，状态良好。

二、培训演练

1. 铁路局要加强抢修队伍的定期培训，积极开展故障预想和日常演练。定期组织各级抢修领导小组成员、工区抢修负责人进行轮训，学习有关规章制度，分析典型案例，总结经验教训，不断提高抢修指挥能力。

2. 铁路局应经常进行各类故障抢修方法的训练，定期组织故障抢修出动演练（包括按时集合、整装出动和携带工具、材料等）。

3. 为做好故障抢修的日常演练，抢修基地、供电段及接触网工区应设有供训练用的场地和设施。

表 2-28 高速铁路接触网抢修材料储备定额

序号	材料名称	规格	单位	数量				备注
				供电段	供电车间	工区	值守点	
一、支柱								
1	支柱		根	各10	各2	0	0	根据管内支柱类型确定
二、支撑定位装置								
1	常用的支撑定位结构		套	各10	各4	各6	常用定位器2套	包括平、斜腕臂及连接、悬吊零部件,底座、定位器(含线夹)
2	非常用腕臂固定底座	各种	套	各10	0	各1	0	根据管内情况确定
3	隧道内悬挂及定位埋入杆件		套	10	2	4	0	根据管内情况确定
4	吊柱		套	10	2	4	0	根据管内情况确定
三、接触悬挂								
1	可调式整体吊弦		套	100	40	20	5	
2	弹性吊索		套	100	20	10	0	
四、下锚及补偿装置								
1	补偿滑轮		套	各2	各1	各1	0	管内各种规格
2	坠砣	铁材质	块	50	20	20	0	
3	棘轮		套	2	2	2	0	管内各种规格
五、线索及终端、接续线夹								
1	承力索及接触线		m	各3 000	各1 500	各100	0	管内各种规格
2	供电线、正馈线		m	各1 000	各1 000	各100	0	管内各种规格
3	回流线、保护线及架空地线		m	各1 000	各1 000	各100	0	管内各种规格
4	钢绞线		m	各500	各500	各100	0	管内各种规格
5	电连接线	120 mm^2	m	100	100	20	0	预制成组
6	承力索终端线夹	各种	套	各10	各2	各2	0	
7	附加导线终端线夹	各种	套	各10	各2	各2	0	
8	接触线终端线夹	各种	套	各10	各2	各2	0	
9	接触线接头线夹	各种	套	20	4	6	0	
10	承力索接头线夹	各种	套	20	4	6	0	
11	附加导线接头线夹	各种	套	各10	各2	各2	0	

续表

序号	材料名称	规格	单位	数量				备注
				供电段	供电车间	工区	值守点	
六、硬（软）横跨零部件								
1	横承力索线夹	单、双	套	20	10	各4	0	
2	定位环线夹		套	20	10	6	0	
3	球头挂环		个	20	10	6	0	
4	开式螺旋扣		个	20	10	2	0	
5	悬吊滑轮		个	20	10	2	0	
6	双耳楔形线夹		个	20	10	10	0	
7	杵座楔形线夹		个	20	10	10	0	
七、其他零部件								
1	悬式绝缘子		组	30	10	5	0	
2	棒式绝缘子		支	30	10	5	0	爬距≥1 400 mm
3	复合绝缘子	硅橡胶	支	30	10	5	0	
4	线岔		套	4	2	2	0	
5	分段绝缘器		台	4	1	1	0	
6	线岔电连接器		组		1	1	0	
7	各种电连接线夹		套	各6	0	各4	0	
8	隔离开关	各种	台	各2	0	0	0	容量按管内最大
9	接触线中心锚结线夹		套	5	1	1	0	
10	承力索中心锚结线夹	各种	套	各4	各1	各1	0	
11	常用的肩架		套			2	0	
12	铁线		kg	50	20	10	5	

表2-29 高速铁路接触网抢修机具储备定额

序号	名称	规格	单位	数量			备注
				供电车间	工区	值守点	
1	接地线		根	8	4	2	
2	验电器	25 kV	个	4	2	2	
3	绝缘手套		副	4	4	2	
4	绝缘靴		双	4	4	2	
5	安全帽		个	20	10	4	
6	安全带		副	20	10	4	
7	充电电筒		个	30	20	4	

续表

序号	名　称	规格	单位	数量			备注
				供电车间	工区	值守点	
8	个人工具五件套		套	30	10	4	
9	数码照相机		个	2	1	1	
10	望远镜	≥10倍	个	2	1	1	
11	打冰杆（绝缘杆）		套		2	1	根据需要配置
12	防护信号旗		套	2	4	4	红、黄各2套
13	防护信号灯		个	2	2	2	红、黄各2套
14	对讲机		个	10	10		
15	抢修组合箱（包）	便携式	个		6~8	2~4	根据需要组合
16	车梯	便携式	个	4	1		
17	人字梯		个	4	2		
18	挂梯	7~12 m	个	各1	各1	1	
19	梯子	7~12 m	个	各1	各1		
20	攀支柱的脚扣	各种型号	付	8	4	2	
21	断线钳	铜线、钢绞线	把	各2	各2	1	液压或充电式
22	棕绳		根	4	2	1	
23	滑轮组		套	3	3		
24	链条葫芦	6 t、3 t	个	各2	各1		
25	手扳葫芦	6 t、3 t	个	各2	各1		
26	紧线器		套	各4	各4		根据管内线索型号确定
27	钢丝套		个	8	4		
28	接触线紧线紧固夹具		套	2	2		
29	导线正弯器	五轮	个	1	2		
30	接触网激光测量仪		套	1	2		
31	皮尺		个	1	2	1	
32	游标卡尺			1	1		
33	水平尺及道尺		个	各1	各2		
34	兆欧表	2 500 V	块		1		
35	发电机、临时照明用灯具、电缆		套	2	2		
36	便携式充电矿灯、安全帽		套		8	4	
37	射钉枪		个	1	1		

续表

序号	名　称	规格	单位	数　量			备注
				供电车间	工区	值守点	
38	螺母粉碎机		把	1	1		
39	钢锯架		把		2		
40	力矩扳手		套		5		
41	管钳		把	2	2		
42	割刀		把	2	2		
43	扁锉		把	2	2		
44	平锉		套	2	2		
45	放线滑轮		个	30	10		
46	压接钳		套	2	2		
47	大锤		把	2	2		
48	橡胶锤		把	2	2		
49	干湿温度计		个		1		
50	急救药箱		个	1	1		

【思考及复习题】

1. 参加接触网作业人员应符合哪些条件？
2. 进行V形天窗作业应具备哪些条件？
3. 供电车间、接触网工区应备有哪些技术资料？
4. 根据监测结果，对接触网设备的运行状态用哪三种量值来界定？
5. 接触网精修过程中，应对哪些项目进行专项检查确认？
6. 哪些情况下，应对接触网零部件进行专项或抽样质量检验？
7. 高速铁路接触网故障抢修要遵循什么原则？
8. 现场抢修组织和实施由哪个部门负责？

第三章 高速铁路接触网作业车管理规则

第一节 接触网作业车管理规则

任务一 总则与管理职责

一、总 则

1. 接触网作业车是电气化铁路接触网日常维修、检测、大修、应急抢修及施工的重要设备。为加强和规范接触网作业车的管理，根据《铁路技术管理规程》等有关规章，制定本规则。
2. 本规则所称接触网作业车包含接触网检修作业车、接触网多功能检修作业车、接触网检修车列、接触网检测车、接触网立杆作业车、接触网放线车、绝缘子水冲洗车、接触网专用平车等电气化铁路接触网施工检修设备。
3. 本规则适用于铁路局配属、使用的接触网作业车管理工作。
4. 接触网作业车须符合国家、铁道行业及总公司有关规定和标准。严禁使用不符合相关规定和标准的整车及部件，确保接触网作业车的安全性、实用性和先进性。
5. 接触网作业车管理工作以安全运用、保障生产为中心，坚持"安全第一、预防为主、养修并重、服务生产"的原则，实行逐级负责、专业化管理，建立健全技术、运用、安全和检修管理制度，规范管理措施，做到正确使用，精心保养，规范检修，确保设备性能良好；强化专业指导和教育培训，不断提高从业人员技能水平，确保运用安全。

二、管理职责

1. 接触网作业车实行总公司、铁路局、运用单位（含供电段、供电维管段等）三级管理。
2. 总公司运输局是接触网作业车的主管部门，其管理职责是：
（1）贯彻执行有关法律法规和规章制度，制定接触网作业车管理制度。
（2）负责接触网作业车的技术管理，组织制定相关标准性技术文件。
（3）组织制定接触网作业车的检修规程、大修规范。
（4）监督、检查接触网作业车的使用和管理工作，掌握其数量、配置、技术状态和运用安全状态。

（5）组织开展接触网作业车运用安全评估检查、经验交流、技术培训及技能竞赛。

（6）监督接触网作业车的年度检查鉴定、司机年度培训鉴定及接触网作业车《年检合格证》审发。

（7）负责总公司接触网作业车的配置、调拨。

（8）对新购、大修接触网作业车的监造工作进行专业指导。

（9）参与一般B类及以上涉及接触网作业车的铁路交通事故调查、分析、处理。

3. 铁路局供电处是铁路局接触网作业车的专业管理部门，其管理职责是：

（1）贯彻执行总公司接触网作业车管理制度和要求，制定相应的管理办法、细则、作业标准。

（2）负责管内接触网作业车编号管理，掌握管内接触网作业车的数量、配置、技术状态和运用安全状态，按规定提报有关报表。

（3）掌握接触网作业车行车安全设备的数量、状态，制定运用管理办法，并监督检查执行情况。

（4）监督、检查、指导接触网作业车运用、安全和检修管理工作，检查考核相关规章制度、命令和安全措施执行情况，定期开展检查评估及经验交流。

（5）组织司机及管理人员业务培训，组织有关技能竞赛。

（6）组织接触网作业车年检鉴定和司机年度鉴定，审核有关年度信息资料，发放接触网作业车《年检合格证》。组织协调接触网作业车司机资格考试及驾驶证相关管理工作。

（7）制定接触网作业车的购置建议计划、分配方案，并参与选型、采购及交接验收；编制接触网作业车高价互换配件建议计划，并组织实施。

（8）组织接触网作业车年修工作；根据接触网作业车大修周期及技术状态，提出大修和更新改造计划并组织实施；参与接触网作业车的报废工作。

（9）对管内电气化铁路建设中，涉及接触网作业车的配置及其运用条件提出意见和建议。

（10）参与接触网作业车的铁路交通事故的调查处理，组织接触网作业车设备故障的分析处理。

4. 运用单位是接触网作业车运用管理的责任主体单位，应设置必要的职能科室和车间，配备专职管理人员，其管理职责是：

（1）贯彻执行上级的接触网作业车有关规章制度和要求，制定并落实岗位责任制及考核办法。

（2）按照分级管理、逐级负责、岗位负责的要求，实行段、车间、班组三级管理模式，建立健全考核机制，强化现场作业控制，加强安全基础管理。

（3）负责接触网作业车的运用安全管理工作；落实行车安全设备运用管理办法，负责行车安全设备运行记录数据的转储、分析、应用及考核等工作；落实一次出乘、车机联控等作业标准；落实防止冒进、溜逸、火灾和恶劣天气行车等安全措施；制定接触网作业车行车应急处置预案。

（4）组织接触网作业车司机日常技术业务学习，定期开展业务培训、救援演练、技能竞赛。

（5）负责司机、指导司机岗位的聘用管理；提报司机驾驶资格培训需求并做好有关组织工作；组织司机年度鉴定申报工作。

（6）建立《接触网作业车设备管理台账》《接触网作业车设备履历簿》，保管技术档案；

掌握接触网作业车的数量、技术状态、运用及安全状态和保养检修情况；定期检查考核相关规章制度、安全措施的执行情况，解决接触网作业车运用、检修中存在的具体问题，并做好统计、分析、评定工作，按时填报有关报表。

（7）落实接触网作业车年检鉴定工作，对照《接触网作业车年检鉴定表》和《接触网专用平车年检鉴定表》，对接触网作业车技术状态进行全面自查整改，并及时将有关人员、车辆数据录入规定信息系统。

（8）按期开展接触网作业车检修工作，保持接触网作业车技术状态良好。

（9）编制并提报接触网作业车更新改造和大修建议计划；参与新购、年修、项修及大修接触网作业车质量检查及交接验收。

（10）组织实施接触网作业车技术状态鉴定，按规定向铁路局提报报废申请。

（11）按要求完成接触网作业车行车事故、设备故障的调查分析和处理工作，及时向上级主管部门呈报详细、准确的报告。

任务二　技术管理与运用管理

一、技术管理

1. 接触网作业车司机是铁路主要行车工种，接触网作业车司机须取得 L1 或 L3 类《铁路机车车辆驾驶证》，并经运用单位岗位培训考核合格后方可上岗。在高速铁路区段值乘的接触网作业车司机，还须经培训按规定取得相应上岗资格。

2. 运用单位应设指导司机。指导司机应从连续 3 年无责任事故的司机中择优选拔。指导司机应脱产工作，负责指导、监督司机的标准化作业，参与司机的日常教育培训，组织司机学习与行车安全相关的规章制度，提升司机的运行操作技能。指导司机的职责、任用、待遇及考核等管理办法由铁路局制定。

3. 接触网作业车司机及指导司机的定员和配备，由铁路局按照生产安排需求和预备率确定。

4. 新造、大修接触网作业车须由具备相关行政许可的企业承担。

5. 接触网作业车须装有符合规定的运行控制设备、列车无线调度通信设备等电务车载设备，且在检定有效期内，并正常工作，方可上线运行。

6. 接触网作业车应安装作业视频安全监控系统、轴温监测装置等安全设备，发挥其在事故故障预防及分析中的作用。

7. 接触网作业车司机年度鉴定和接触网作业车年检鉴定工作应于每年 3 月 31 日前完成。

8. 接触网作业车司机年度鉴定工作的主要内容：

（1）审查司机身体健康状况。

（2）考核司机技术业务能力。理论考试重点内容为相关规章制度及接触网作业车专业知识；实作考试重点内容为接触网作业车驾驶操纵、行车安全装备运用、常见故障排除和非正常情况下的应急处理。

（3）考核司机行车安全及各项规章制度的执行情况，对存在违规行为的司机提出意见。

（4）通过接触网作业车管理信息系统填写《接触网作业车驾驶人员年度培训鉴定登记表》，提报接触网作业车司机年度鉴定信息。

（5）对年度鉴定合格的司机，在《铁路岗位培训合格证书》上签章记录；对不适于继续驾驶的，提出司机岗位聘用意见。

9. 接触网作业车年检鉴定工作的主要内容：

（1）按年检鉴定表，对接触网作业车技术状态进行评定。

（2）协调电务部门对电务车载设备进行质量鉴定。

（3）通过接触网作业车管理信息系统填写《接触网作业车年检合格证汇总表》，提报信息及有关资料原件，申报接触网作业车《年检合格证》。

10. 新购及大修出厂的接触网作业车，运用单位应通过接触网作业车管理信息系统填报有关信息，申报《年检合格证》。

11. 未取得《年检合格证》的接触网作业车不得上线运行。

12. 接触网作业车实行编号管理，并应按要求喷涂标识及最高运行速度。新购的接触网作业车，运用前须向铁路局供电处申请管理编号。

带牵引动力的接触网作业车编号为7位阿拉伯数字（前2位为铁路局代码，中间2位为运用单位代码，后3位为设备顺序号）；标志应喷涂在驾驶室两端前方左侧车体的正下方；最高运行速度喷涂在车体两侧靠中部位置的正下方。

无牵引动力的接触网立杆作业车、接触网放线车、绝缘子水冲洗车、接触网专用平车等编号以字母P开头，后面为6位阿拉伯数字（前2位为铁路局代码，中间2位为运用单位代码，后2位为设备顺序号）；标志应喷涂在车体两端前方左侧车体上；最高运行速度应喷涂在两端前方右侧车体上。

13. 行车安全用品按《接触网作业车行车安全用品》配置，并按期检查、校验或鉴定，保证正常使用。

14. 接触网作业车车内物品实行定置管理，具体标准和要求由铁路局规定。

15. 接触网作业车执行包乘、包检、包养制度。包乘是指运用应定人、定车；包检是指司机出乘前、运行中、入库后按规定检查车辆技术状态，做好记录，及时处理并上报问题；包养指司机须按规定做好或参与各项保养工作。具体要求由铁路局制定。

16. 接触网作业车上的起重设备等使用管理须执行相关规定，起重设备操作人员须取得相应资质；作业机构（作业平台、高空作业斗、拨线装置、随车起重机等）的操纵人员须经运用单位培训合格。

17. 接触网作业车在高铁区段运用时，铁路局和运用单位应制定专门的管理制度和作业指导文件，同时加强检查考核。

18. 接触网作业车司机应真实、齐全、及时地填写《接触网作业车行车日志》；《接触网作业车行车日志》保存期1年，涉及事故的保存期3年。

19. 接触网作业车出租由出租单位向铁路局提出申请，按规定程序批准后，与租用单位签订租用合同，办理交接。具体管理办法由铁路局自定。

20. 接触网作业车停放地点须修建专用线和车库（风雨棚），车库应能停放两台以上接触网作业车和一台接触网专用平车，并具有检查坑、待班室、材料室、卫生间、取暖装置等必备设施。

21. 接触网作业车基本管理档案与随车资料：

（1）铁路局管理部门。

① 接触网作业车统计表。

② 接触网作业车司机统计表。

③ 接触网作业车年鉴统计表。

（2）运用单位。

① 接触网作业车设备管理台账。

② 接触网作业车司机统计台账。

③ 接触网作业车设备履历簿。

④ 接触网作业车检修记录。

⑤ 接触网作业车车轴、车钩探伤及制动校验记录。

⑥ 接触网作业车运行控制设备基本数据变更、版本升级记录台账。

⑦ 接触网作业车运行控制设备、列车无线调度通信设备故障记录。

⑧ 接触网作业车行车安全控制设备运行数据分析、考核记录。

（3）随车资料。

① 行车安全规章（包括本规则）及有效期内的行车文电。

② 接触网作业车行车日志。

③ 接触网作业车年检合格证，车轴和车钩探伤合格证（或记录），制动部件校验合格证（或记录），电务车载设备检测合格证。

④ 接触网作业车使用保养说明书；运行控制设备和其他车载设备操作使用手册。

22. 在高速铁路上运用的接触网作业车，应满足高速铁路线路曲线外轨超高、接触导线高度等要求。

二、运用管理

1. 接触网作业车上线运行按列车办理。

2. 运用单位根据生产需要按规定提报接触网作业车运行计划，由调度部门列入调度日（班）计划。

3. 接触网作业车牵引质量应执行产品说明书规定；编组运行时，编组辆数不得超过 10 辆（固定编组的接触网检修车列除外）；编组辆数在 3 辆及以上时，原则上两端应为带牵引动力的接触网作业车。

4. 接触网专用平车的装载须严格执行有关规定，不得超载、偏载、超集重和超限。

5. 起重及装卸作业时，须指派胜任人员担任负责人或现场指挥；按规定进行起重及装卸作业，邻线有车通过时禁止作业。

6. 接触网作业车运行须双人值乘，严禁单人值乘。出乘前应充分休息，严禁饮酒，0:00～6:00 点值乘前待乘休息不少于 4 h。

司机不熟悉运行区段的有关行车规定或线路、信号设备时，运用单位应安排熟悉运行区段相关情况的司机带道或组织司机提前看道。

7. 接触网作业车司机出乘前须携带、熟知运行揭示，按规定载入或输入运行揭示并核对确认；运行时，须确认行车凭证，严格执行调度命令；调度日（班）计划外，加开、途中折返、变更运行区段时，司机确认接收调度命令，并主动联系车站值班员（列车调度员）确认相关区段运行揭示调度命令。多台车编组运行时，调度命令应由本务车司机接受并传达到每位司机。

8. 司机应在运行方向前端操纵接触网作业车；严格执行一次出乘作业标准等各项行车规定，做到"彻底瞭望、确认信号、准确呼唤、手比眼看"；严禁超速和臆测行车。

9. 接触网作业车运行、作业及停留时，须严格执行有关规章规定，同时做到：

（1）出库前，按规定开启行车安全装备，确认状态良好，核对运行控制设备数据版本信息，正确设置运行控制设备控制模式；确认制动系统风压符合规定；各仪表显示正常；由两名值乘人员共同确认行车凭证、动车信号或发车信号正确无误；车辆连挂及各作业机构状态符合要求；搭载及周围人员安全；装载良好；防护和防溜措施已按规定撤除。

（2）运行中，须注意瞭望，随时观察线路和装载牵引状态并按规定鸣笛；注意风压表等仪表显示状态并适时检查列车主管贯通状态；注意异响、异味，发现异常立即减速或停车。严禁违规关闭发动机或空挡惰力运行。

（3）作业中需移动车辆时，应听从作业组负责人指挥，确认各作业机构和作业人员处于安全位置。作业人员在作业平台上控制车辆移动时，需取得操作权限，并与司机做好安全联控，具体规定由铁路局制定。

（4）在施工封锁区间内需分解作业时，施工前须制订安全卡控措施，明确分解地点、作业范围，连挂方式及地点。分解、连挂地点应选择在平直线路上或坡度和曲线超高较小的地段，禁止顺坡连挂。连挂作业应统一指挥，加强联防互控。

（5）在站内停车时，应保压制动，发动机熄火等待时，按规定做好防溜，值乘人员不得同时离车；停留时间超过 20 min，动车前须进行制动机简略试验；停留过夜时，车组两端用双面红色信号灯光防护并派人值守。

（6）作业结束后，须确认各作业机构复位并锁闭良好、作业人员处于安全位置，方可动车返回。

（7）收车后，应及时转储上传行车安全控制设备运行数据，检查、保养接触网作业车，及时上报不能处理的故障或隐患。

（8）出（入）库、连挂、转线时，严格按规定确认信号、控制速度及执行"一度停车"。

（9）在车站停留期间，司机不得擅自进行与原工作任务无关的调车作业。

10. 已通过 L3 类驾驶证理论考试的人员在进行接触网作业车运行操纵练习时,须有最近 3 年连续安全驾驶的司机指导;未通过 L3 类驾驶证理论考试的人员禁止进行运行操纵练习。

下列情况不得进行运行操纵练习:

(1) 3 辆以上多机编组运行。

(2) 恶劣天气行车、事故救援、抢险。

(3) 双线反方向运行。

(4) 站场调车及封锁车站作业。

(5) 高速铁路区段运行。

11. 接触网作业车在高速铁路区段上的运用,应严格执行高速铁路规章及有关规定。

12. 接触网作业车在高速铁路运用时,运用单位应建立健全物品清点登记制度,落实定置及编号管理,其他临时上车的机具物料须专管专用。随车工具须贴反光标记。

接触网作业车易松脱部件应进行划线标识,对走行、传动、制动系统和转向架悬挂装置、作业装置、起重装置等安全关键部件的易松脱部件进行重点标识。

任务三　安全管理

1. 运用单位应将接触网作业车安全管理纳入本单位安全生产委员会工作,定期召开运用安全例会。

2. 运用单位应在安全管理部门设置接触网作业车安全专职管理人员,督促检查接触网作业车安全运用工作。

3. 接触网作业车司机应及时反映车辆不良状态及行车中的安全隐患,运用单位应及时组织相关人员采取措施,消除隐患。

4. 接触网作业车具有下列情况之一者,严禁上线运行:

(1) 发动机无力或有异响,油压、冷却温度异常。

(2) 传动不良、有异响,安全保护装置失效,液力传动系统温度或压力异常。

(3) 发动机监测显示器显示影响行车信息。

(4) 车轴发现裂纹,车轴齿轮箱、轴箱异响或温升超过规定。

(5) 车轮发现裂纹,踏面碾堆、剥离、掉块、擦伤超限,轮辋或轮缘厚度不足 23 mm。

(6) 轮对内侧距离超出 1 353 mm ± 3 mm 的容许限度。

(7) 轮轴弛缓线发生相对位移。

(8) 车架任何部件发现横裂纹、弯曲,影响行车安全。

(9) 空气制动或基础制动作用不良,安全保护装置失效。

(10) 前后照明、雨刮器或风笛失效。

(11) 车钩有裂纹,"三态"作用不良,车钩座、舌、销磨损超限。

(12) 影响行车安全的走行、传动、制动部件外部螺栓松动、销子脱落、机件弯曲、裂纹或其他缺陷。

（13）作业机构锁定不良，影响行车安全。

（14）电务车载设备故障。

（15）行车安全用品不全或失效。

5. 接触网作业车动车前，按规定撤除铁鞋，并将铁鞋放于指定位置后方可动车。

6. 运行中，电务车载设备严禁擅自关机或变相关机。电务车载设备发生故障时，须及时向车站值班员或列车调度员报告，按规定处置，并在《接触网作业车行车日志》上做好记录，保证行车安全。

7. 在长大下坡道行驶时，应适时使用制动机，防止超速，不得关闭发动机，不得空挡运行。

8. 运行途中停留需下车检查时，应由专人防护；邻线有车通过时不得在邻线侧下车、检查。

9. 接触网作业车故障或因其他原因在区间被迫停车不能继续运行时，应立即向车站或列车调度员报告，及时请求救援，并按规定对作业车进行安全防护和防溜；已请求救援的作业车，不得再行移动。

10. 接触网作业车与平车连挂推进运行时，速度不得超过 30 km/h，并不得跨区间推进运行。需要推进运行时，须由胜任人员进行引导，引导时要注意运行前方情况，确保行车和人员安全；高铁区段推进平车运行时，须安装简易紧急制动阀，并指派胜任人员登乘车列运行前端进行引导，认真瞭望，及时与司机联系，必要时使用简易紧急制动阀停车或通知司机停车。

11. 接触网作业车在作业时须严禁以下行为或操作：

（1）施工作业时，超封锁范围。

（2）双线区段、作业平台等旋转作业机构转向邻线有电区域或未封锁线路。

（3）风速超规定时未按规定采取有效措施。

（4）作业平台动作或作业车移动时上、下人员。

（5）车辆移动过程中操作作业机构。

（6）作业平台（高空作业斗、起重机）超载或斜拉、顶举固定设施。

（7）其他可能导致接触网作业车运用事故的行为或操作。

12. 电气化线路上使用接触网作业车，未确认停电和办理安全措施前，须遵守下列规定：

（1）不得攀登接触网作业车车顶及作业平台、高空作业斗等作业机构。

（2）不得冲洗接触网作业车，不得使用作业平台、高空作业斗、拨线装置、随车起重机等作业机构。

（3）任何人员及所携带的物品与接触网设备带电部分，须保持 2 m 以上的距离。

（4）装卸长大材料时，只能平移，不得高抬翻转，严禁竖立；不得用木（竹）杆等进行货物装卸高度的测量，不得在距接触网带电部分 2 m 范围内进行作业。

（5）在距接触网不足 2 m 处作业时，接触网须停电，具体按有关规定办理。

13. 接触网作业车严禁搭乘与工作无关的人员。乘坐人员须听从司机指挥，不得影响司机瞭望及操作，严禁进入司机位；车未停稳，严禁上下车。

14. 接触网作业车内严禁使用明火，车内取暖应采用有安全装置的取暖设备，并固定牢固。

15. 接触网作业车严禁使用明火预热发动机、油箱、油管，严禁不关机时用油棉丝布擦拭发动机；车内严禁存放易燃物品，车内须固定配备灭火器具，灭火器应置于便于摘取的位置；使用单位须按消防部门规定，对灭火器具定期进行检查，并粘贴检验合格证，严禁超期使用。

16. 未经运用单位培训考试合格的人员，不得操作接触网作业车车载工作设备。

17. 接触网专用平车严禁搭载人员（推进运行时引导人员除外）。

18. 接触网作业车禁止溜放和通过驼峰。

19. 高速铁路运用安全注意事项：

（1）列车交会时，必须关闭相邻线路侧车窗，司乘人员及作业人员要远离通过列车侧的车窗玻璃，防止玻璃破碎伤人。

（2）平车装载货物须严格落实货物装载加固规定，应能适应 200 km/h 及以上列车交会时产生的气动力，确保货物装载加固质量和全程运输安全。

（3）司机应熟悉运行区段内的线路、设备情况。掌握运行区段长大下坡道以及外轨超高大于 125 mm 的曲线区段等相关信息。在外轨超高大于 125 mm 区段作业时，车辆和人员需采取安全防护措施。

20. 接触网作业车过轨技术检查，按总公司相关规定执行。

任务四　检修管理、报废管理及路外管理

一、检修管理

1. 接触网作业车的检修以检查保养为基础，状态监测检修和计划检修相结合的检修制度。

2. 运用单位应设置专业检修班组，并对检修人员进行培训；配置必要的检修设备、备件、材料、场地；并加强检修过程及验收的管理。

3. 接触网作业车的保养包括日常保养、定期保养、换季保养和走合期保养，具体项目和周期按照使用保养说明书和检修规程执行。

（1）日常保养是在每天或出乘前后，按规定项目进行，以清洁、检查、调整、紧固、润滑为主要内容的预防性维护工作，保证接触网作业车技术状态良好。日常保养由接触网作业车司机负责实施。

（2）定期保养是按规定的间隔时间、里程、项目进行，以全面检查、调整、紧固、润滑和处理不正常状态为主要内容的周期性维护工作。定期保养由运用单位组织实施。

（3）走合期保养是新造或大修接触网作业车在出厂初期行驶 2 500 km ± 500 km 进行的特定性维护工作。走合期保养由运用单位组织实施。

（4）换季保养是季节温、湿度变化时进行的季节性维护工作；根据实际情况，按照当地的防寒过冬要求，由运用单位组织实施。

4. 接触网作业车分为年修、项修、大修三种修程。

（1）接触网作业车年修是按年修规则对动力传动系统、走行系统及制动系统等部件的维护性修理和更换工作。年修中涉及更换固定资产的，按更新改造有关规定执行。

（2）项修是根据实际技术状态，有针对性地进行总成修理和更换，由具备条件的检修班组或企业按要求进行。

（3）大修是按规范对全部总成全面检查修理，更换必要部件，恢复整车性能的修理工作；大修中涉及更换固定资产的，按更新改造有关规定执行；大修接触网作业车由监造项目部实施监造，未派驻监造项目部的大修企业承修的接触网作业车，由铁路局按管辖范围实施验收；大修出厂前应进行路试，里程不少于 100 km。

接触网作业车按照状态管理为主，寿命管理为辅的原则进行设备管理，设备技术管理与资产管理有机结合，实现大修周期与使用寿命合理衔接，在保证安全使用的前提下，提高运用效率和效益。各车型的大修周期如表 3-1 所示。

表 3-1 接触网作业车各车型大修周期表

序号	车型	里程/km	时间/年
1	接触网检修作业车（两轴）	120 000	6
2	接触网检修作业车（四轴）	160 000	8
3	接触网多功能检修作业车	200 000	11
4	接触网检修车列	160 000	8
5	接触网检测车	160 000	8
6	接触网放线车	50 000	5
7	接触网立杆车	50 000	5
8	接触网水冲洗车	50 000	5
9	接触网专用平车	50 000	5

注：大修周期里程和时间以先到为准，可根据作业车状态延长 1 年。

5. 车轴、车钩探伤检查每年 1 次，车钩探伤的同时应检查车钩缓冲装置；风压表和制动部件的检查校验每半年 1 次，按相关规定和年检鉴定表要求进行；其他仪表的校验按使用说明书执行。

6. 电务车载设备的检查、维护及修理，按有关规定执行。

7. 未按规定检修的接触网作业车不得上线运行。

二、报废管理

1. 符合下列条件之一者，应对接触网作业车整车或主要部件进行报废。不带走行动力的接触网作业车作业机构部分按主要部件报废条件办理，主车部分按接触网专用平车办理。

（1）整车。

① 带走行动力的接触网作业车在正常使用条件下达到规定的寿命期。

② 主要结构或部件损耗严重，无法修复的，或修复费用过大且不经济。

③ 整车的技术性能及安全性能不能满足工作需要，且无法修复。

（2）主要部件。

① 发动机损坏严重需大修，在新车或上次大修出厂交接后，使用时间低于大修周期高限，其修理费用达到或超过新发动机售价的50%；使用时间达到或高于大修周期高限，其修理费用达到或超过新发动机售价的40%。

② 液力传动装置、机械变速箱、换向分动箱、车轴齿轮箱的壳体损坏，液力变矩器、多组齿轮或多根轴超限无法修复。

③ 车架和转向架中梁或边梁发生明显弯曲、扭曲，端梁严重弯曲开裂，无法修复。

④ 车棚的立柱骨架发生变形且无法校正，或半数骨架锈蚀深度已超过骨架板材厚度的30%。

⑤ 作业机构变形或故障无法修复。

⑥ 车轴或车轮的技术指标不能满足或恢复到标准要求。

2. 符合下列条件之一者，应对接触网专用平车整车或主要部件报废。

（1）整车。

① 在正常使用条件下达到规定的寿命期。

② 主要结构或部件损耗严重，无法修复的，或修复费用过大且不经济。

③ 整车的安全性能及技术性能不能满足工作需要，且无法修复。

（2）主要部件。

① 车体。

Ⅰ：需要更换中梁。

Ⅱ：两根中梁上的补强板已经超过两块，经鉴定还需要进行补强。

Ⅲ：因材质疲劳，中梁下垂超限，经鉴定翼板已发生多处放射性裂纹而无法修复。

Ⅳ：两根侧梁需要更换，端、枕、横梁需要更换30%以上。

Ⅴ：因事故使底架破坏严重，无法修复。

② 转向架。

Ⅰ：侧（或构）架、摇枕有超过允许修理限度的裂纹。

Ⅱ：车轮的磨耗超出可修限度及关键部位出现裂纹。

③ 车轴有裂纹及弯曲超限。

④ 轴箱轴承损坏且无法修复。

三、路外管理

1. 铁路局以外（简称路外）接触网作业车受托承担铁路局管内供电维修施工任务时，须签订委托协议，由铁路局组织对路外接触网作业车进行年检鉴定、对路外接触网作业车司机进行年度鉴定。

2. 各铁路局受托为路外接触网作业车发放的《年检合格证》具有同等效力。

【思考及复习题】

1. 接触网作业车司机年审主要内容有哪些?
2. 铁路局供电处的管理职责有哪些?
3. 接触网作业车在哪些情况下严禁上线运行?
4. 接触网作业车的保养包括哪些?
5. 符合哪些条件时,应对接触网作业车整车或主要部件进行报废?

第四章 高速铁路变电所管理规则

第一节 高速铁路牵引变电所安全工作规则

任务一 总则、一般规定

一、总则

1. 在高速铁路牵引变电所（包括开闭所、分区所、AT 所、接触网开关控制站，除特别指出者外，以下皆同）的运行和检修工作中，为确保人身、行车和设备安全，特制定本规则。本规则适用于高速铁路牵引变电所的运行、检修和试验。
2. 牵引变电所带电设备的一切作业，均必须按本规则的规定严格执行。
3. 各部门要经常进行安全技术教育，组织有关人员认真学习和熟悉本规则，不断提高安全技术水平，切实贯彻执行本规则的各项内容。

各铁路局应根据本规则规定的原则和要求，结合实际情况制定细则、办法，并报总公司核备。

4. 对现有不符合本规则规定标准的设备，应有计划地逐步改造或更换。

二、一般规定

1. 牵引变电所的电气设备第一次受电开始即认定为带电设备。
2. 从事牵引变电所运行和检修工作的有关人员，必须实行安全等级制度，经过考试评定安全等级，取得安全合格证之后（安全等级的规定见表 4-1）方准参加牵引变电所运行和检修工作。每年定期按表 4-2 要求进行年度安全考试和签发安全合格证。

表 4-1 牵引变电所工作人员安全等级的规定

等级	允许担当的工作	必须具备的条件
一级	不允许在高速铁路牵引变电所进行工作	新从事牵引变电所作业人员经过教育和学习,初步了解在牵引变电所内安全作业的基本知识
二级	1. 停电作业; 2. 远离带电部分作业	1. 担当一级工作半年以上; 2. 具有牵引变电所运行、检修或试验的一般知识; 3. 了解本规则; 4. 根据所担当的工作掌握电气设备的停电作业的工作; 5. 能处理较简单的故障; 6. 会进行紧急救护
三级	1. 值守人员; 2. 停电作业和远离带电部分作业的工作领导人; 3. 高压试验的工作领导人	1. 担当二级工作 1 年以上; 2. 掌握牵引变电所运行、检修或试验的有关规定; 3. 熟悉本规则; 4. 能领导作业组进行停电和远离带点部分的作业; 5. 会处理常见故障
四级	1. 牵引变电所工长; 2. 检修班组工长; 3. 工作票发票人	1. 担当三级工作 1 年以上; 2. 熟悉牵引变电所运行、检修或试验的有关规定; 3. 根据所担当的工作,熟悉电气设备的检修和试验; 4. 能处理较复杂的故障
五级	1. 车间主任、供电调度人员; 2. 技术主任、副主任、有关技术人员; 3. 段长、副段长、总工程师	1. 担当四级工作 1 年以上,技术员及以上的各级干部具有中等专业学校或相当于中等专业学校及以上的学历者(牵引供电业)可不受此限; 2. 熟悉并会解释牵引变电所运行、检修和安全工作规则及检修工艺

表 4-2 应试人员及签发部门

应试人员	签发安全合格证部门
单位领导干部	上级业务主管部门
运行检修人员	各单位主管部门

3. 从事牵引变电所运行和检修工作的人员,每年定期进行 1 次安全考试。属于下列情况的人员,要事先进行安全考试。

(1) 开始参加牵引变电所运行和检修工作的人员。

(2) 当职务或单位工作变更,但仍从事牵引变电所运行和检修工作并需提高安全等级的人员。

(3) 中断工作连续 3 个月以上仍需继续担当牵引变电所运行和检修工作的人员。

4. 运行检修人员应掌握紧急救护法,特别要学会触电急救;具备必要的消防知识,特别要具备电气设备消防知识。

5. 对违反本规则受处分的人员,降低其安全等级,需恢复原安全等级时,必须重新通过安全等级考试。

6. 未按规定参加安全考试和取得安全合格证的人员，必须在安全等级不低于三级的人员监护下，方可进入牵引变电所的高压设备区。

外单位来所作业的人员，应进行安全教育，必要时进行安全考试，经设备运行维护管理单位许可且在安全等级不低于三级的人员监护下，方可进入。

7. 牵引变电所的运行和检修人员，要每年进行1次身体检查，对不适合从事牵引变电所运行检修作业的人员要及时调整。

8. 雷电时禁止在室外设备，以及与其有电气连接的室内设备上作业。遇有雨、雪、雾、风（风力在五级及以上）的恶劣天气时，禁止进行带电作业。

9. 高空作业（距离地面2 m以上）人员要系好安全带（安全带的试验标准见表4-3），戴好安全帽。在作业范围内的地面作业人员也必须戴好安全帽。

高空作业时要使用专门的用具传递工具、零部件和材料等，不得抛掷传递。

10. 作业使用的梯子要结实、轻便、稳固并按表4-3的规定进行试验。当用梯子作业时，梯子放置的位置要保证梯子各部分与带电部分之间保持足够的安全距离，且有专人扶梯。

登梯前作业人员要先检查梯子是否牢靠，梯脚要放稳固，严防滑移；梯子上只能有一人作业。

使用人字梯时，必须有限制开度的措施。

11. 在牵引变电所内搬动梯子、长大工具、材料、部件时，要时刻注意与带电部分保持足够的安全距离。

表4-3 绝缘安全工器具试验项目、周期和要求

序号	名称	周期/月	电压等级/kV	试验电压/kV	试验长度/m	负荷/N	时间/min	泄漏电流/mA	合格标准及说明
1	绝缘棒、杆、滑轮	6	330	380	3.2		5		无过热、击穿和变形。若试验变压器电压等级达不到试验的要求，可分段进行试验，最多可分成4段，分段试验电压应为整体试验电压除以分段数再乘以1.2倍的系数
			220	440	2.1		1		
			110	220	1.3		1		
			27.5	120	0.9		5		
			6~10	44	0.7				
2	绝缘手套	6	高压	8			1	9	
			低压	2.5				2.5	
3	绝缘靴	6	高压	15			1	7.5	
4	绝缘绳	6	105/0.5 m				5		
5	绝缘梯	6		2.5/1cm			5		
6	验电器	6	启动电压值不高于额定电压的40%，不低于额定电压的15%，试验时接触电极应与试验电极相接触。						
7	金属梯	12				2 205	5		任一级梯蹬加负荷后不得有裂损和永久变形
8	竹木梯	6				1 765	5		
9	绳子	6				2 205	5		无破损断股
10	安全带	6				2 205	5		无破损

12. 使用携带型火炉或喷灯时,不得在带电的导线、设备及充油设备附近点火。作业时其火焰与带电部分之间的距离:电压为 10 kV 及以下者不得小于 1.5 m,电压为 10~220 kV 不得小于 3 m,330 kV 不小于 4 m。

13. 牵引变电所房屋和各类设备的钥匙均应配备至少两套。各高压分间以及各隔离开关的钥匙均不得相互通用。

有人值守牵引变电所房屋及设备钥匙由值守人员保管 1 套,交接班时移交下一班;另 1 套存放所内固定位置,并指定专人保管。

无人值守牵引变电所 1 套房屋钥匙由运行车间管理,1 套设备钥匙在所内固定位置存放;另 1 套房屋及设备钥匙由检修车间管理。

14. 在全部或部分带电的盘上进行作业时,应将有作业的设备与运行设备以明显的标志隔开。

15. 供电调度员下达的倒闸和作业命令除遇有危及人身及设备安全的紧急情况外,均必须有命令编号和批准时间;没有命令编号和批准时间的命令无效。

16. 牵引变电所自用电变压器、额定电压为 10 kV 及以上的设备,其倒闸作业以及撤除或投入自动装置、远动装置和继电保护,除遇有危及人身安全的特殊情况外,均必须有供电调度的命令方可操作。

17. 停电的甚至是事故停电的电气设备,在断开有关电源的断路器和隔离开关(含三工位开关)并按规定做好安全措施前,任何人不得进入高压防护栅内,且不得触及该设备。

18. 牵引变电所发生高压(对地电压为 250 V 以上,下同)接地故障时,在切断电源之前,任何人与接地点的距离:室内不得小于 4 m;室外不得小于 8 m。

必须进入上述范围内作业时,作业人员要穿绝缘靴,接触设备外壳和构架时要戴绝缘手套。作业人员进入电容器组围栅内或在电容器上工作时,要将电容器逐个放电并接地后方准作业。

19. 牵引变电所要按规定配备消防设施和急救药箱。当电气设备发生火灾时,要立即将该设备的电源切断,然后按规定采取有效措施灭火。

任务二 运行及检修作业制度

一、运 行

(一)值 守

1. 牵引变电所和开闭所每班宜设值守人员两名,由安全等级不低于三级的值班员担任。值守人员负责监视设备运行状态、应急故障处理和安全保卫。

分区所、AT 所无人值守必要时(如倒闸或检修作业时)由安全等级不低于三级的运行检修人员临时担任值守人员。

2. 有人值守的牵引变电所发生设备故障时,值守人员应及时、准确地向供电调度汇报现场故障信息,在供电调度的指挥下进行应急处理,尽快恢复送电。

3. 无人值守的牵引变电所发生设备故障时，供电调度应通过远动操作，切除故障点，尽快恢复送电；远动不能操作时，通知设备运行维护管理单位处理，尽快恢复送电。

4. 牵引变电所须配备必要的安全用具，有人值守牵引变电所还须配备必要的工器具、仪器仪表。配备原则如表 4-4 所示。

5. 当班值守人员不得签发工作票和参加检修工作。

表 4-4 牵引变电所安全用具、工具、仪器仪表配备原则

序号	设备名称及规格	规格、参数	单位	牵引变电所	AT 所	分区所
标准牵引变电所须配备的安全用具						
1	绝缘安全帽		顶	4	2	4
2	绝缘靴		双	4	2	4
3	绝缘手套（含存储袋）		双	4	2	4
4	安全带		条	4	2	4
5	绝缘人字梯	8 m	架	2	1	2
6	绝缘人字梯	2 m	架	2	1	2
7	绝缘升降梯	8 m	架	2	1	2
8	强光泛光工作灯		个	4	2	4
9	接地线	8 m，25 mm^2	根	12	12	12
10	接地杆	二节、3 m，带护套中钩	根	12	12	12
11	接地线	15 m，50 mm^2	根	12	12	12
12	接地杆	三节、5.1 m，带护套中钩	根	12	12	12
13	验电器	220 kV，4 356	支	2		
14	声光验电器	接触式，27.5 kV	支	2	2	2
15	声光验电器	接触式，10 kV	支	2	2	2
16	防毒面具		个	2	2	2
17	防护服		套	2	2	2
18	伸缩式防护栏（带警示标）		台	2	1	1
有人值守牵引变电所须配备相应的工具						
1	抢修照明灯具	全方位自动泛光工作灯、遥控探照灯、磁吸式 LED 工作灯等共 8 项	套	1		
2	数显扭力扳手		把	1		
3	充电式液压钳	B135-UC	台	1		
4	充电式液压切刀	B-TFC2	台	1		
5	充电式压接钳	B62	台	1		
6	充电式电缆切刀	B-TC095	台	1		

续表

序号	设备名称及规格	规格、参数	单位	牵引变电所	AT所	分区所
有人值守牵引变电所须配备相应的工具						
7	充电式螺帽切除器	B-TD1724	把	2		
8	数显力矩扳手	TZCEM	把	2		
9	力矩扳手	410-530	套	2		
10	电动组合工具		套	2		
11	手搬葫芦	1.5T、3T、5T	把	3		
12	道链葫芦		套	1		
13	充电式液压电缆切刀	B-TC051	把	1		
14	电烙铁		台	2		
15	充电式导线切刀		套	1		
16	冲击钻	5~18 mm	套	1		
17	22件工具套装	92-010-23	套	2		
18	梅花扳手	6~27 mm 09905	套	1		
19	力矩扳手	NB-22.5G 5-25N·m	把	2		
20	套筒头	6~10、8~14	套	1		
21	力矩扳手	NB-50G 15-50N·m	把	2		
22	套筒头	8~14、10~17、12~19	套	2		
23	力矩扳手	NB-200 50-200N·m	把	2		
24	套筒头	16~24	套	2		
25	套筒扳手（配套筒头）	8~32 mm 09906	把	3		
26	活扳手	350 mm	把	2		
有人值守牵引变电所须配备相应的仪器仪表						
1	数字式万用表		块	2		
	指针式万用表		块	2		
2	数字式钳形电流表		块	2		
3	相序表		块	2		
4	手动/电动绝缘电阻表	500-1 000-2 500-5 000 V	块	4		
5	地阻表		套	1		
6	红外线热成像仪		套	1		
7	数字高倍望远镜		台	2		
8	手持激光测距仪		台	1		
9	SF_6气体泄漏检测仪（定性）		台	2		

（二）巡　视

1. 除有权单独巡视的人员外，其他人员无权单独巡视。

有权单独巡视的人员：牵引变电所值守人员和工长；安全等级不低于四级的检修人员、技术人员和主管领导干部。

2. 值守人员巡视时，要事先通知供电调度或另一值守人员；其他人巡视时要经值守人员同意。在巡视时不得进行其他工作，禁止移开、越过高压设备的防护栅，并与带电部分保持足够的安全距离。

3. 在有雷、雨的情况下必须巡视室外高压设备时，要穿绝缘靴、戴安全帽，并不得靠近避雷针和避雷器。

（三）倒　闸

1. 倒闸操作分远动操作和当地操作。远动操作分单控操作和程控操作。

（1）远动操作由供电调度完成。

（2）当地操作由值守人员完成。

2. 牵引变电所倒闸作业，一般由供电调度通过远动操作完成。

牵引变电所进行当地倒闸操作时，由供电调度员发布倒闸作业命令；受令人受令复诵，供电调度员确认无误后，方准给予命令编号和批准时间；每个倒闸命令，发令人和受令人双方均要填写倒闸操作命令记录（格式见表4-5）。

表4-5　倒闸操作命令记录

年

日期	命令内容	发令人	受令人	操作卡片	命令号	批准时间	完成时间	报告人	供电调度员

说明：本表应装订成册。

供电调度员对 1 个牵引变电所 1 次只能下达 1 个倒闸作业命令，即 1 个命令完成之前，不得发出另 1 个命令。

3. 当地倒闸作业应根据供电调度的命令进行，一人操作，一人监护。值守人员在接到倒闸命令后，要立即进行倒闸。操作前应先进行模拟操作，确认无误后，方可进行倒闸。操作中应执行监护复诵制度。操作过程中应按操作卡片顺序逐项操作。

当地手动操作时操作人和监护人均须穿绝缘靴、戴安全帽，同时操作人还要戴绝缘手套（绝缘靴和绝缘手套的试验标准见表 4-3）。

隔离开关的倒闸操作要迅速准确，中途不得停留和发生冲击。

4. 倒闸作业完成后，电气设备操作后的位置确认原则：远动操作，供电调度确认；当地操作，操作人和监护人现场确认。

电气设备操作后的位置检查应以设备实际位置为准，无法看到实际位置时，可通过设备的机械指示位置、电气指示、带电显示装置、仪表及各种遥测、遥信等指示信号的变化来确认。确认时，应有两个及以上的指示信号，且所有指示信号均已同时发生对应变化，才能确认该设备已操作到位。

当地操作时，监护人检查确认完毕后，立即向供电调度报告，供电调度员及时发布完成时间，至此倒闸作业结束。

5. 倒闸作业应按操作卡片进行，没有操作卡片时，由供电调度编写倒闸操作卡片。

6. 编写操作卡片及倒闸表要遵守下列原则：

（1）停电时的操作程序：先断开负荷侧后断开电源侧，先断开断路器后断开隔离开关。送电时，与上述操作程序相反。

（2）隔离开关分闸时，先断开主闸刀后闭合接地闸刀；合闸时，与上述程序相反。

（3）禁止带负荷进行隔离开关的倒闸作业和在接地闸刀闭合的状态下强行闭合主闸刀。

7. 当回路中未装断路器时可用隔离开关进行下列操作：

（1）开、合电压互感器和避雷器。

（2）开、合母线和直接接在母线上的设备的电容电流。

（3）空载开合所用变。

8. 拆装高压熔断器必须一人操作，一人监护。操作人和监护人均要穿绝缘靴、戴防护眼镜，操作人还要戴绝缘手套。

9. 带电更换低压熔断器时，操作人要戴防护眼镜，站在绝缘垫上，并要使用绝缘夹钳或绝缘手套。

10. 正常情况下，不应操作脱扣杆进行断路器分闸。

11. 遇有危及人身安全的紧急情况，值守人员可先行断开有关的断路器和隔离开关，再报告供电调度，但再合闸时必须有供电调度员的命令。

二、检修作业制度

(一) 作业分类

电气设备的检修作业分五种：

(1) 高压设备停电作业：在停电的高压设备上进行的作业及在低压设备和二次回路上进行的需要高压设备停电的作业。

(2) 高压设备带电作业：在带电的高压设备上进行的作业。

(3) 高压设备远离带电部分的作业（简称远离带电部分的作业，下同）：当作业人员与高压设备带电部分之间保持规定的安全距离条件下，在高压设备上进行的作业。

(4) 低压设备停电作业：在停电的低压设备上进行的作业。

(5) 低压设备带电作业：在带电的低压设备上进行的作业。

(二) 工作票

1. 工作票是在牵引变电所内进行作业的书面依据，要字迹清楚、正确，不得涂改，可打印，不得用铅笔书写。工作票按供电调度要求提前申报。

工作票一式两份，一份交工作领导人，一份交值守人员。值守人员据此办理准许作业手续，做好安全措施。

工作票应使用统一的票面格式，由工作票签发人审核无误，手工签名后方可执行。

使用过的工作票分别保存在牵引变电所和作业工区，工作票保存时间不少于 3 个月。

2. 事故抢修、情况紧急时可不开工作票，但应向供电调度报告概况，听从供电调度的指挥；在作业前必须按规定做好安全措施，并记录作业的时间、地点、内容及批准人的姓名等。

3. 在必须立即改变继电保护装置整定值的紧急情况下，可不办理工作票，由当班的供电调度员远程更改或下令由运行检修人员更改定值，事后供电调度员和运行检修人员应记录上述过程。

4. 根据作业性质的不同，工作票分三种：

(1) 第一种工作票（格式见表 4-6），用于高压设备停电作业。

(2) 第二种工作票（格式见表 4-7），用于高压设备带电作业。

(3) 第三种工作票（格式见表 4-8），用于远离带电部分的作业、低压设备上作业，以及在二次回路上进行的不需高压设备停电的作业。

表 4-6 牵引变电所第一种工作票

牵引变电所第一种工作票

所（亭）第　　号

作业地点及内容					
工作票有效期	自　年　月　日　时　分至　年　月　日　时　分止				
工作领导人	姓名：		安全等级：		
作业组成员姓名及安全等级（安全等级填在括号内）	（　）	（　）	（　）	（　）	（　）
	（　）	（　）	（　）	（　）	（　）
	（　）	（　）	（　）	（　）	（　）
	（　）	（　）	（　）	（　）	（　）
	共计　　　人				
必须采取的安全措施（本栏由发票人填写）		已经完成的安全措施确认（本栏值守人员签字确认）			
1. 断开的断路器和隔离开关：		1. 已经断开的断路器和隔离开关确认： 确认人：			
2. 安装接地线的位置： 地线　　组，共计　　根		2. 接地线装设确认： 确认人：			
3. 装设防护栅悬挂标示牌的位置：		3. 防护栅、标示牌装设确认： 确认人：			
4. 注意作业地点附近有电的设备是：		4. 注意作业地点附近有电的设备确认： 确认人：			
5. 其他安全措施：		5. 其他安全措施确认： 确认人：			
发票日期：　年　月　日　　　　　　　　　　发票人：（签字） 根据供电调度员第　号命令准予　年　月　日　时　分开始工作。 　　　　　　　　　　　　　　　　　　　　值守人员：（签字） 经检查安全措施已做好，实际于　年　月　日　时　分开始工作。 　　　　　　　　　　　　　　　　　　　　工作领导人：（签字） 变更作业组成员记录： 　　　　　　　　　　　　　　　　　　　　发票人：（签字） 　　　　　　　　　　　　　　　　　　　　工作领导人：（签字） 经供电调度员同意，工作时间延长到　年　月　日　时　分。 　　　　　　　　　　　　　　　　　　　　值守人员：（签字） 　　　　　　　　　　　　　　　　　　　　工作领导人：（签字） 工作已于　年　月　日　时　分全部结束。 　　　　　　　　　　　　　　　　　　　　工作领导人：（签字） 接地线共　组和临时防护栅、标识牌已拆除，并恢复了常设的防护栅和标示牌，工作票于　年　月　日　时　分结束。值守人员：（签字）					

说明：本票用 A4 纸。

表 4-7 牵引变电所第二种工作票

牵引变电所第二种工作票

所（亭）第　号

作业地点及内容									
工作票有效期	自	年	月	日	时	分至	年 月	日 时	分止
工作领导人	姓名：				安全等级：				
作业组成员姓名及安全等级（安全等级填在括号内）	（　）		（　）		（　）		（　）		
	（　）		（　）		（　）		（　）		
	（　）		（　）		（　）		（　）		
	（　）		（　）		（　）		（　）		
	共计　　　人								
必须采取的安全措施（本栏由发票人填写）	已经完成的安全措施确认（本栏值守人员签字确认）								
1. 装设防护栅、悬挂标识牌的位置：	1. 防护栅、悬挂标识牌装设位置： 确认人：								
2. 注意作业地点附近接地或带电的设备是：	2. 注意作业地点附近接地或带电的设备是： 确认人：								
3. 注意作业地点附近不同电压的设备是：	3. 注意作业地点附近不同电压的设备是： 确认人：								
4. 绝缘工具状态：	4. 绝缘工具状态确认： 确认人：								
5. 其他安全措施：	5. 其他安全措施确认： 确认人：								
发票日期：　年　月　日　　　　　　　　发票人：（签字） 根据供电调度员第　号命令准予　年　月　日　时　分开始工作。 　　　　　　　　　　　　　　　　　　　值守人员：（签字） 经检查安全措施已做好，实际于　年　月　日　时　分开始工作。 　　　　　　　　　　　　　　　　　　　工作领导人：（签字） 变更作业组成员记录： 　　　　　　　　　　　　　　　　　　　发票人：（签字） 　　　　　　　　　　　　　　　　　　　工作领导人：（签字） 工作已于　年　月　日　时　分全部结束。 　　　　　　　　　　　　　　　　　　　工作领导人：（签字） 临时防护栅、标识牌已拆除，并恢复了常设的防护栅和标示牌，工作票于　年　月　日　时　分结束。值守人员：（签字）									

说明：本票用 A4 纸。

表 4-8 牵引变电所第三种工作票

牵引变电所第三种工作票

所（亭）第　号

作业地点及内容			发票人：（签字）				
			发票日期：　　年　　月　　日				
工作票有效期	自　年　月　日　时　分至　年　月　日　时　分止						
工作领导人	姓名：			安全等级：			
作业组成员姓名及安全等级（安全等级填在括号内）	（　　）		（　　）		（　　）		（　　）
	（　　）		（　　）		（　　）		（　　）
	（　　）		（　　）		（　　）		（　　）
	共计　　人（含工作领导人）						
必须采取的安全措施 （本栏由发票人填写）				已经完成的安全措施确认 （本栏值守人员签字确认）			
				确认人：			
已做好安全措施准予　　年　　月　　日　　时　　分开始工作。 　　　　　　　　　　　　　　　　　值守人员：（签字） 经检查安全措施已做好，实际于　年　月　日　时　分开始工作。 　　　　　　　　　　　　　　　　　工作领导人：（签字） 变更作业组成员记录： 发票人：（签字）　　　　　　　　　工作领导人：（签字） 工作已于年月日时分全部结束。 　　　　　　　　　　　　　　　　　工作领导人：（签字） 作业地点也清理就绪，工作票于　年　月　日　时　分结束。 　　　　　　　　　　　　　　　　　值守人员：_____（签字）							

说明：本票用 A4 纸。

5. 第一种工作票的有效时间以批准的检修期为限。若在规定的工作时间内作业不能完成，应在规定的结束时间前，根据工作领导人的请求，由值守人员向供电调度办理延期手续。第二种、第三种工作票有效时间最长为 1 个工作日，不得延长。

因作业时间较长，工作票污损影响继续使用时，应重新填写该工作票。

6. 发票人在工作前要尽早将工作票交给工作领导人和值守人员，使之有足够的时间熟悉工作票中内容及做好准备工作。

7. 工作领导人和值守人员对工作票内容有不同意见时，要向发票人及时提出，经过认真分析，确认正确无误，方准作业。

8. 工作票中规定的作业组成员，一般不应更换；若必须更换时，应经发票人同意，若发票人不在，可经工作领导人同意，但工作领导人更换时必须经发票人同意，并均要在工作票上签字。工作领导人应将作业组成员的变更情况及时通知值守人员。

9. 外单位及非专业人员在牵引变电所工作时应加入作业组并须遵守下列规定：

（1）若需设备停电，要按停电的性质和范围填写相应的工作票，办理停电手续，并须在安全等级不低于三级人员的监护下进行工作，工作票1张交给值守人员，另1张交给监护人，监护人负责有关电气安全方面的监护职责。

（2）若设备不需停电，由值守人员负责做好电气方面的安全措施（如加设防护栅、悬挂标示牌等），向有关作业负责人讲清安全注意事项，并记录在运行日志或有关记录中，双方签认后方准开工。必要时可派安全等级不低于二级的运行检修人员进行电气安全监护。

10. 1个作业组的工作领导人同时只能接受1张工作票。1张工作票只能发给1个作业组。同一张工作票，工作领导人、发票人、值守人员不得相互兼任。

（三）作业人员的职责

1. 工作票签发人签发工作票时要做到：
（1）安排的作业项目是必要和可能的。
（2）采取的安全措施是正确和完备的。
（3）配备的工作领导人和作业组成员的人数和条件符合规定。

2. 工作领导人要做好下列事项：
（1）作业范围、时间、作业组成员等符合工作票要求。
（2）复查值守人员所做的安全措施，要符合规定要求。
（3）时刻在场监督作业组成员的作业安全，如果必须短时离开作业地点时，要指定临时代理人，否则停止作业，并将人员和机具撤至安全地带。

3. 值守人员要做好下列工作：
（1）复查工作票中必须采取的安全措施符合规定要求。
（2）经复查无误后，向供电调度申请停电或撤除重合闸、自投装置。
（3）按照有关规定和工作票的要求做好安全措施。

4. 作业组成员服从工作领导人的安排，要确认各自的职责。对不安全和有疑问的命令要果断及时地提出意见。

5. 值守人员在做好安全措施后，要到作业地点进行下列工作：
（1）会同工作领导人按工作票的要求共同检查作业地点的安全措施。
（2）向工作领导人指明准许作业的范围、接地线和旁路设备的位置、附近有电（停电作业时）或接地（直接带电作业时）的设备，以及其他有关注意事项。
（3）经工作领导人确认符合要求后，双方在两份工作票上签字后，工作票一份交工作领导人，另一份值守人员留存，即可开始作业。

6. 每次开工前,工作领导人要在作业地点向作业组全体成员宣讲工作票,布置安全措施。

7. 停电作业时,在消除命令之前,禁止向停电的设备上送电。在紧急情况下必须送电时要按下列规定办理:

(1) 值守人员通知工作领导人,说明原因,暂时结束作业,收回工作票。对非牵引负荷,在送电前必须通知有关用户。

(2) 拆除临时防护栅、接地线和标示牌,恢复常设防护栅、标示牌。

(3) 属供电调度管辖的设备,由供电调度发布送电命令;其他设备由牵引变电所工长批准送电。

(4) 值守人员将送电原因、范围、时间和批准人、联系人姓名等,记入运行日志或有关记录中。

8. 停电作业的设备,在结束作业前需要试加工作电压时,要按下列规定办理:

(1) 确认作业地点的人员、材料、部件、机具均已撤至安全地带。

(2) 由值守人员将该停电范围内所有的工作票收回,拆除妨碍送电的临时防护栅、接地线及标示牌,恢复常设防护栅和标示牌。

(3) 按照设备停、送电的所属权限,值守人员将试加工作电压的时间报告供电调度,并将供电调度员的姓名、报告时间记入有关记录。

(4) 工作领导人与值守人员共同对有关部分进行全面检查,确认可以送电后,在牵引变电所工长或工作领导人的监护下,由值守人员进行试加工作电压的操作。

(5) 试加工作电压完毕,值守人员要将其开始和结束的时间及试加电压的情况记入有关记录。试加工作电压结束后如仍需继续作业,必须由值守人员根据工作票的要求,重新做安全措施、办理准许作业手续。

(四) 安全监护

1. 当进行电气设备的带电作业和远离带电部分的作业时,工作领导人主要负责监护作业组成员的作业安全,不参加具体作业。

当进行电气设备的停电作业时,工作领导人除监护作业组成员的作业安全外,在下列情况可以参加作业:

(1) 全所停电时。

(2) 部分设备停电、距带电部分较远或有可靠的防护设施,作业组成员不致触及带电部分时。

2. 当作业人员较多或作业范围较广,工作领导人监护不到时,可另设监护人。设置的监护人员由工作领导人指定安全等级符合要求的作业组成员担当。

3. 当作业需要时可以派遣作业小组(包括监护人)到作业地点以外的处所作业。作业人员的安全等级:停电作业不低于二级,带电作业不低于三级;监护人的安全等级:停电作业不低于三级,带电作业不低于四级。

禁止任何人在高压防护栅内单独停留和作业。

4. 牵引变电所工长或值守人员要随时巡视作业地点,了解工作情况,发现不安全情况要及时提出,若属危及人身、行车、设备安全的紧急情况时,有权制止其作业,收回工作票,令其撤出作业地点；必须继续进行作业，要重新办理准许作业手续，并记录中断作业的地点、时间和原因。

（五）作业间断和结束工作票

1. 作业中需暂时中断工作离开作业地点时，工作领导人负责将人员撤至安全地带，材料、零部件和机具要放置牢靠，并与带电部分之间保持规定的安全距离，将作业借用的钥匙和工作票交给值守人员。继续工作时，工作领导人要征得值守人员的同意，取回钥匙和工作票，重新检查安全措施，符合工作票要求后方可开工。在作业中断期间，未征得工作领导人同意，作业组成员不得擅自进入作业地点。

每日开工和收工除按上述规定执行外，在收工时还应清理作业场地，开放封闭的通路，开工时工作领导人还要向作业组成员宣讲工作票，布置安全措施后方可开始作业。

2. 作业全部完成时，由作业组负责清理作业地点，工作领导人会同值守人员检查作业中涉及的所有设备，确认可以投入运行后，工作领导人在工作票中填写结束时间并签字，然后值守人员即可按下列程序结束作业：

（1）拆除所有的接地线，点清其数目，并核对号码。

（2）拆除临时防护栅和标示牌，恢复常设的防护栅和标志。

（3）必要时应测量设备状态。在完成上述工作后，值守人员在工作票中填写结束时间并签字，作业方告结束。

任务三 高压设备停电作业、高压设备带电作业及其他作业

一、高压设备停电作业

（一）停电范围

1. 进行停电作业时，设备的带电部分距作业人员小于表 4-9 规定者均须停电。

表 4-9 停电作业安全距离

电压等级/kV	无防护栅/mm	有防护栅/mm
330	4 000	—
220	3 000	2 000
55~110	1 500	1 000
27.5 和 35	1 000	600
10 及以下	700	350

在二次回路上进行作业，引起一次设备中断供电或影响安全运行的有关设备均须停电。

2. 对停电作业的设备，必须从可能来电的各方向切断电源，并有明显的断开点。

若无法观察到停电设备的断开点，应有能够反映设备运行状态的电气和机械等指示。断路器和隔离开关断开后，及时断开其控制电源和合闸电源。

与停电设备有关的变压器和电压互感器，应将设备各侧断开，防止向停电检修设备反送电。

上下行并联的回流线当一侧带电运行时，视为带电设备。

（二）作业命令的办理

作业前由值守人员向供电调度申请停电，申请时要说明作业内容、时间、安全措施、班组和工作领导人的姓名。供电调度员审查无误后发布停电作业命令。供电调度员在发布停电作业命令时，受令人要认真复诵，经确认无误后，方可给命令编号和批准时间，发令人和受令人同时填写作业命令记录（格式见表 4-10），并由值守人员将命令编号和批准时间填入工作票。

表 4-10 作业命令记录

作业命令记录

年

日期	命令内容	发令人	受令人	要求完成时间	命令号	批准时间	消令时间	消令人	供电调度员

说明：本表应装订成册。

在同一个停电范围内有几个作业组同时作业时，对每一个作业组，值守人员必须分别办理停电作业申请。

(三)验电接地

1. 高压设备验电及装设或拆除接地线时,必须一人操作,一人监护。操作人和监护人须穿绝缘靴、戴安全帽,操作人还要戴绝缘手套。

2. 验电前要将验电器在有电的设备上试验,确认良好方准使用。验电时,对被检验设备的所有引入、引出线均须检验。

无法直接验电的设备,通过设备的机械指示位置、电气指示、带电装置、仪表及各种遥测、遥信等指示信号的变化来确认。确认时,应有两个及以上的指示信号,且所有指示信号均已同时发生对应变化,才能确认该设备已无电。

表示设备断开和允许进入间隔的信号或常设的电压表、带电显示器等,若指示有电,则禁止在该设备上工作,应立即查明原因。

3. 对于可能送电至停电作业设备上的有关部分均要装设接地线或合上接地刀闸。在停电作业的设备上如可能产生感应电压且危及人身安全时应增设接地线。

所装的接地线与带电部分应保持规定的安全距离,并应装在作业人员可见到的地方。

4. 牵引变电所全所停电时,在可能来电的各路进出线均要分别验电和装设接地线或合上接地闸刀。

当部分设备停电时,若作业地点分布在电气上互不相连的几个部分时(如在以断路器或隔离开关分段的两段母线上作业),则各作业地点应分别验电接地。

当变压器、电压互感器、断路器、室内配电装置单独停电作业时,应按下列要求执行:

(1)变压器和电压互感器的高、低压侧以及变压器的中性点均应分别验电接地。

(2)断路器进、出线侧要分别验电接地。

(3)母线两端均要装设接地线。

采用 GIS 开关柜的牵引变电所,在对馈线上网隔离开关、供电线及电缆进行检修作业时,作业现场无法进行常规接挂地线的情况下,应操作 GIS 开关柜三工位开关及断路器对该线路进行接地。其开关位置状态由值守人员进行复核。

(4)在室内配电装置上,接地线应装在该装置导电部分的规定地点,这些地点的油漆应刮去并标出记号。配电装置的接地端子要与接地网相连通,其接地电阻须符合规定。

5. 验明设备确已停电要及时装设接地线。装设接地线的顺序是先接地,然后将接地线另一端通过接地杆接在停电设备裸露的导电部分上(此时人体不得接触接地线);拆除接地线时,其顺序与装设时相反。接地线须用专用的线夹,连接牢固,接触良好,严禁缠绕。

6. 每组接地线均要编号并放在固定的地点。

装设接地线时要做好记录,交接班时要将接地线的数目、号码和装设地点逐一交接清楚。接地线要采用截面面积不小于 25 mm^2 的带透明护套铜软绞线,同时要满足装设地点短路电流的要求,且不得有断股、散股和接头。

7. 根据作业需要(如测量绝缘电阻等)必须拆除接地线时,经工作领导人同意,停止相关作业,可以将妨碍工作的接地线短时拆除,该作业完毕要立即恢复。拆除和恢复接地线由值守人员进行。

当进行需拆除接地线的作业时,必须设专人监护,其安全等级:作业人员不低于二级,监护人不低于三级。

(四)标示牌和防护栅

1. 在工作票中填写的已经断开的所有断路器和隔离开关的操作手柄上,均要悬挂"有人工作,禁止合闸"的标示牌。

若接触网和电线路上有人作业,牵引变电所当地操作时,要在有关断路器和隔离开关操作手柄上悬挂"有人工作,禁止合闸"的标示牌。

2. 在室外设备上作业时,在作业地点附近,带电设备与停电设备之间要有明显的区别标志。

3. 在室内设备上作业时,与作业地点相邻的设备分间上要悬挂"止步,高压危险!"的标示牌,并在检修的设备上和作业地点悬挂"有人工作"的标示牌。在禁止作业人员通行的过道或必要的处所要装设防护栅或警示带,并悬挂"止步,高压危险!"的标示牌。

4. 在部分停电作业时,当作业人员可能触及带电部分时,要装设防护栅或警示带,并悬挂"止步,高压危险!"的标示牌。装设防护栅时要考虑到万一发生火灾、爆炸等事故时,作业人员能迅速撤出危险区。

5. 在结束作业之前,任何人不得拆除或移动防护栅、警示带和标示牌。

(五)消除作业命令

1. 当办完结束工作票手续后,值守人员即可向供电调度请求消除停电作业命令。供电调度确认该作业已经结束,具备送电条件时,给予消除作业命令。双方记入有关记录中。

同一个停电范围内有几个作业组同时作业时,对每一个作业组,值守人员必须分别向供电调度请求消除停电作业命令。

2. 只有当在停电的设备上所有的停电作业命令全部消除完毕,方可由供电调度送电,值守人员现场确认设备状态。

二、高压设备带电作业

带电作业按作业方式分为直接带电作业和间接带电作业:

直接带电作业——用绝缘工具将人体与接地体隔开,使人体与带电设备的电位相同,从而直接在带电设备上作业。

间接带电作业——借助绝缘工具,在带电设备上作业。牵引变电所不应采用高压设备直接带电作业。确需高压设备间接带电作业时需经供电调度批准,并参照国家有关标准执行。

(一)命令程序

除了值守员有权自行倒闸的设备外,对属供电调度管辖的设备,在作业前由值守人员向供电调度申请带电作业,申请时要说明作业的地点、内容、时间、安全措施、班组和工作领导人的姓名。供电调度员审查符合条件后,发布带电作业命令。供电调度员在发布带电作业命令时,受令人要认真复诵,经确认无误后,方可给命令编号和批准时间。发令人和受令人同时填写作业命令记录,并由值守人员将其填写在工作票内。值守人员接到供电调度员发布的带电作业命令后，方可实施安全措施、办理准许作业手续。作业结束后，值守人员要向供电调度请求消除带电作业命令，由供电调度给予消除作业命令时间，双方记入作业命令记录中。

（二）安全距离

间接带电作业时，作业人员（包括所持的非绝缘工具）与带电部分之间的距离，均不得小于表4-11规定。

表4-11　间接带电作业安全距离

电压等级/kV	安全距离/mm
330	2 200
220	1 800
110	1 000
55	700
27.5 和 35	600
6～10	400

（三）绝缘工具

1. 带电作业用的绝缘工具材质的电气强度不得小于3 kV/cm；其有效绝缘长度不得小于表4-12规定。

表4-12　带电作业用绝缘工具有效绝缘长度

电压等级/kV	有效绝缘强度/mm
330	3 100
220	2 100
110	1 300
55	1 000
27.5 和 35	900
6～10	700

2. 绝缘工具要有合格证并进行下列试验（试验标准见表4-3）。

（1）对使用中绝缘工具定期进行试验（试验周期见表4-3）。

（2）绝缘工具的机、电性能发生损伤或对其怀疑时，进行相应的试验。禁止使用未经试验或试验不合格或超过试验期的绝缘工具。

3. 使用工具前应仔细检查其是否损坏、变形、失灵，并使用2 500 V绝缘摇表或绝缘检测仪进行分段绝缘检测（电极宽2 cm，极间宽2 cm），阻值应不低于700 MΩ。操作绝缘工具时应戴清洁、干燥的手套，并应防止绝缘工具在使用中脏污和受潮。

4. 带电作业工具应设专人保管，登记造册，并建立每件工具的试验记录。

5. 带电作业工具应置于通风良好、备有红外线灯泡或去湿设施的清洁干燥的专用房间存放。

6. 绝缘工具在使用中要经常保持清洁、干燥，切勿损伤。使用管材制作的绝缘工具，其管口要密封。

（四）安全规定

1. 在进行带电作业前必须撤除有关断路器的重合闸（测量绝缘子的电压分布除外）或自投功能。在作业过程中如果有关断路器跳闸或发现设备无电时，值守人员均应立即向供电调度报告，供电调度员必须弄清情况后再决定送电。

2. 在使用绝缘硬梯作业时，除遵守使用梯子作业的有关规定外，还要注意扶梯的部位要尽量靠近地面，以保持足够的有效绝缘长度。

三、其他作业

（一）远离带电部分的作业

1. 当作业人员与高压设备带电部分之间的距离等于或大于表 4-9 的规定数值时，允许不停电在高压设备上进行下列作业：

（1）清扫外壳、更换整修附件、更换硅胶、整修基础等。

（2）取油样。

（3）能保证人身安全和设备安全运行的简单作业。

2. 进行远离带电部分的作业时，必须遵守下列规定：

（1）作业人员在任何情况下与带电部分之间必须保持规定的安全距离。

（2）作业人员和监护人员的安全等级分别不低于二级和三级。

（3）在高压设备外壳上作业时，作业前要先检查设备的接地必须完好。

（二）低压设备上的作业

1. 在集中接地装置、N 线、回流线上作业时，一般应停电进行，填写第一种工作票。但对不断开回流线的作业且经确认回流线各部分连接良好时，可以带电进行。

对断开作业的回流线，必须有可靠的旁路线。在回流线上带电作业时，要填写第三种工作票严禁一人单独作业，作业人员的安全等级不低于三级。

2. 在低压设备上作业时一般应停电进行。若必须带电作业时，作业人员要穿紧袖口的工作服，戴工作帽、手套和防护眼镜，穿绝缘靴或站在绝缘垫上工作；所用的工具必须有良好的绝缘手柄；附近其他设备的带电部分必须用绝缘板隔开。在低压设备上作业时，严禁 1 人单独作业。带电作业时作业人员的安全等级不得低于三级；停电作业时至少有 1 人的安全等级不低于二级。

（三）二次回路上的作业

1. 在确保人身安全和设备安全运行的条件下，允许有关的高压设备和二次回路不停电进行下列工作：

（1）在测量、信号、控制和保护回路上进行较简单的作业。

（2）改变继电保护装置的整定值，但不得进行该装置的调整试验，作业人员的安全等级不得低于三级。

（3）当电气设备有多重继电保护，经供电调度批准短时撤出部分保护装置时，在撤出运行的保护装置上作业。

2. 在二次回路上进行作业时，必须遵守下列规定：

（1）人员不得进入高压防护栅内，同时与带电部分之间的距离要等于或大于表4-9规定的数值。

当作业地点附近有高压设备时，要在作业地点周围设围栅和悬挂相应的标示牌。

（2）所有互感器的二次回路均要有可靠的保护接地。

（3）直流回路不得接地或短路。

（4）根据作业要求需进行断路器的分合闸试验时，必须经值守人员同意方准操作。试验完毕时，要报告值守人员。

3. 在带电的电压互感器和电流互感器二次回路上作业时，除按二次回路上作业规定执行外，还必须遵守下列规定：

（1）电压互感器：

① 注意防止发生短路或接地。作业时作业人员要戴手套，并使用绝缘工具，必要时作业前撤除有关的继电保护。

② 连接的临时负荷，在互感器与负荷设备之间必须有专用的刀闸和熔断器。

（2）电流互感器：

① 严禁将其二次侧开路。

② 短路其二次侧绕组时，必须使用短路片或短路线，并要连接牢固，接触良好，严禁用缠绕的方式进行短接。

（3）作业时必须有专人监护，操作人必须使用绝缘工具并站在绝缘垫上。

4. 当用外加电源检查电压互感器的二次回路时，在加电源之前须在电压互感器的周围设围栅或警示带，围栅上要悬挂"止步，高压危险！"的标示牌，且人员要退到安全地带。

任务四　试验和测量

一、高压试验

1. 当进行电气设备的高压试验时，工作领导人的安全等级不得低于三级。在作业地点的周围要设围栅或警示带，围栅或警示带上悬挂"止步，高压危险！"的标示牌（标示牌要面向作业场地外方），并派人看守。

若被试设备较长时（如电缆），在距离操作人较远的另一端还应派专人看守。

因试验需要临时拆除设备引线时，在拆线前应做好标记，试验完毕恢复后要仔细检查，确认连接正确、牢固，方可投入运行。

2. 在一个电气连接部分内，同时只允许一个作业组且在一项设备上进行高压试验。

必要时，在同一个连接部分内检修和试验工作可以同时进行，作业时必须遵守下列规定：

（1）在高压试验与检修作业之间要有明显的断开点，且要根据试验电压的大小和被检修设备的电压等级保持足够的安全距离。

（2）在断开点的检修作业侧装设接地线，高压试验侧悬挂"止步，高压危险！"的标示牌，标示牌要面向检修作业地点。

3. 试验装置的金属外壳要装设接地线，高压引线应尽量缩短，必要时用绝缘物支持牢固。试验装置的电源开关应使用有明显断开点的双极开关。

试验装置的操作回路中，除电源开关外还应串联零位开关，并应有过负荷自动跳闸装置。

4. 在施加试验电压（简称加压，下同）前，操作人、监护人要共同仔细检查试验装置的接线、调压器零位、仪表的起始状态和表计的倍率等，确认无误后且被试设备周围的人员均在安全地带，经工作领导人许可方准加压。

5. 加压作业要专人操作、专人监护，其安全等级：操作人不低于二级，监护人不低于三级。加压时，操作人要穿绝缘靴或站在绝缘垫（试验周期和标准比照绝缘靴）上，操作人和监护人要呼唤应答。

在整个加压过程中，全体作业人员均要精神集中，随时注意有无异常现象。

6. 未装地线的具有较大电容量的设备，应进行放电后再加压。

当进行直流高压试验时，每告一段落或结束时应将设备对地放电数次并进行短路接地。放电时操作人要使用放电棒并戴绝缘手套。

被试设备上装设的接地线，只允许在加压过程中短时拆除，试验结束要立即恢复原状。

7. 巡视、检修试验高压电缆时，应严格按下列要求进行。

（1）打开电缆井、沟盖板时，应在井、沟的四周应布置好围栏，做好明显警告标志，并设置阻挡车辆误入的障碍。

（2）进入电缆井前，应排除井内浊气。井内工作人员应戴安全帽，并做好防火、防水及防高空落物等措施，井口应有专人看守。

（3）在同一断面内有众多电缆时，严格区分需试验的电缆与其他带电的电缆。

（4）高压电缆试验时现场应装设封闭式的遮拦、警示带或围栏，向外悬挂"止步，高压危险！"标志牌。电缆两端不在同一地点的，另一端也必须派人看守，并保持通信畅通。

（5）试验装置、接线应符合安全要求。试验时操作人员注意力应集中，穿绝缘靴或站在绝缘垫上。

（6）电缆试验前后以及更换试验引线时，应对被试电缆（或试验设备）充分放电。

（7）电缆试验结束，应在被试电缆上加装临时接地线，待电缆尾线接通后方可拆除。

8. GIS 运行检修时的安全技术要求。在打开的 SF_6 电气设备上工作的人员，应经专门的安全技术知识培训，配置和使用必要的安全防护用具。操作、巡视、检修试验 SF_6 电气设备时，要有防止 SF_6 泄漏的安全措施，其具体要求、措施等按国家、行业的相关标准、导则执行。

高压室、电缆夹层入口处应装设 SF_6 气体含量显示器，GIS 室必须装强力通风装置，排风口应设置在室内底部。通风电机的控制开关应安装在控制室。进入时应先观察 SF_6 气体含量显示并通风 15 min；无人值守 GIS 所应定期检查通风设施。

严禁在 SF_6 设备防爆膜附近停留。

进入 SF_6 配电装置低位区或电缆沟进行工作前，应先检测含氧量（不低于 18%）和 SF_6 气体含量不得超过 1 000 μL/L（即 1 000 ppm）。

SF_6 气体发生大量泄漏等紧急情况时，人员应迅速撤出现场，开启所有排风机进行排风。

9. 试验结束时，作业人员要拆除自装的接地线、短路线，恢复三工位开关至隔离位，检查被试设备，清理作业地点。

二、测量工作

1. 使用兆欧表测量绝缘电阻前后，必须将被测设备对地放电。放电时，作业人员要戴绝缘手套、穿绝缘靴。

2. 在有感应危险电压的线路上测量绝缘电阻时，连同将造成感应危险电压的设备一并停电后进行。

3. 使用兆欧表测量绝缘电阻前，必须将被测设备从各方面断开电源，经验明无电且确认无人作业时方可进行测量。

测量时，作业人员站的位置、仪表安设的位置及设备的接线点均要选择适当，使人员、仪表及测量导线与带电部分保持足够的安全距离。作业地点附近不得有其他人停留。测量用的导线要使用相应电压的绝缘线。

在高压设备上作业时，应派遣作业小组，其中 1 人的安全等级不低于三级。

4. 使用钳形电流表测量电流时，其电压等级应符合要求。测量时可以不开工作票，但在测量前，须经值守人员同意，并由值守人员与作业人员共同到作业地点进行检查，必要时由值守人员做好安全措施方可作业。测量完毕要通知值守人员。在高压设备上测量时，应派遣作业小组，其中一人的安全等级不得低于三级。

5. 在高压回路上测量时，禁止用导线从钳形电流表另接表计测量。

6. 使用钳形电流表时，应注意钳形电流表的电压等级。在高压设备上测量时戴绝缘手套，穿好绝缘靴站在绝缘垫上，不得触及其他设备，以防短路或接地。

观测表计时，要特别注意身体任何部位与带电部分保持足够的安全距离。

7. 测量低压熔断器（空气开关）和低压母线电流时，测量前应将低压熔断器（空气开关）和母线用绝缘材料加以包护隔离，以免引起相间短路，同时应注意不得触及其他带电部分。测量人员要戴绝缘手套。

8. 在测量高压电缆各相电流时，电缆头线间距离应在 300 mm 以上，且绝缘良好，测量方便的情况下，方可进行。

当有一相接地时，禁止测量。

9. 钳形电流表要存放在盒内且要保持干燥，每次使用前要将手柄擦拭干净。

10. 除专门测量高压的仪表外，其余仪表均不得直接测量高压。测量用的连接电流回路的导线截面面积要与被测回路的电流相适应；连接电压回路的导线截面面积不得小于 1.5 mm^2。

第二节　高速铁路牵引变电所运行检修规则

任务一　总则、职责分工

一、总　则

1. 牵引变电所（包括开闭所、分区所、AT 所、接触网开关控制站，除特别指出的以外，以下皆同）是高速铁路的重要组成部分，与行车密切相关。为做好高速铁路牵引变电所的运行和检修（含试验和化验，下同）工作，特制定本规则。

2. 本规则是依据在线、实时监测，周期、状态检修相结合原则编制。牵引变电所的运行、检修应贯彻"预防为主、严检慎修"的方针。遵循"全面养护、寿命管理"的原则，实现"实时监测、科学诊断、精细维修、寿命管理"的目标。

3. 为保证牵引变电所安全可靠供电，各级部门要认真建立健全各级岗位职责制，抓好各项基础工作，科学管理，改革修制，依靠科技进步，积极采用新技术、新工艺、新材料，不断改善牵引变电所的技术状态，提高供电工作质量。

高速铁路牵引变电所设备运行维护管理单位，要组织有关人员认真学习、贯彻本规则，并结合具体情况制定实施细则、办法，报上级业务主管部门核备。

二、职责分工

1. 电气设备运行和检修工作实行分级负责的原则，充分发挥各级部门的作用。

中国铁路总公司（以下简称总公司）：统一制定全路高速铁路牵引变电所运行和检修工作

有关的规章及质量标准；调查研究，检查指导，总结和推广先进经验；按规定对铁路局进行监督和指导。

铁路局：贯彻执行总公司有关规章、标准和命令，组织制定实施细则、办法和工艺；领导全局的牵引变电所运营和管理工作，制定设备维护管理和职责范围；审核牵引变电所大修、更新改造、科研等计划。

2. 牵引变电所的增设、迁移、拆除由总公司审批，封闭和启封由铁路局审批，并报总公司备案。

3. 因牵引变电所的设备改造、变化而引起相邻铁路局牵引供电设备运行方式变更时，须经总公司审批。牵引变电所属于下列情况的技术改造，须经铁路局审批，并报总公司核备。

（1）改变电源和主接线时。

（2）变更主变压器、断路器的容量和型号时。

（3）变更保护形式、控制和测量方式时。

4. 为保证高速铁路的可靠供电，牵引变电所不得引接非牵引负荷。

任务二　运行及修制

一、运　行

（一）交接验收

1. 牵引变电所竣工后，应按规定对工程进行检查和交接试验及全部馈线的短路试验，经验收合格方可投入运行。

2. 牵引变电所工程交接验收前 10 天，建设单位应向运行单位提交完整齐备的竣工图纸（包括电子版）、记录、说明书、合格证、试验报告等竣工资料。

3. 牵引变电所投入运行前，接管部门要制定好运行方式，配齐并训练运行、检修人员，组织学习和熟悉有关设备、规章、制度并经考试合格；备齐检修用的工装、机具、仪器、材料、零部件及安全用具等。

4. 在牵引变电所投入运行时要建立各项制度和正常管理秩序；按规定备齐技术文件；建立并按时填写各项原始记录、台账、技术履历、表报等。

（1）牵引变电所应有下列技术文件：

① 一次接线图、室内外设备平面布置图、室外配电装置断面图、保护装置原理图、二次接线的展开图、安装图和电缆手册等。

② 设备说明书及维护手册。

③ 电气设备、安全用具和绝缘工具的试验结果，保护装置的整定值。

（2）有人值守的牵引变电所应建立下列原始记录：

① 运行日志：由值守人员填写当班期间牵引变电所的运行情况，如表4-13~表4-15所示。

② 设备缺陷记录：由巡视人员、发现缺陷的人员和处理缺陷负责人填写日常运行中发现的缺陷及其处理情况，如表4-16所示。

③ 避雷器动作记录：由值守人员填写避雷器动作情况及运行时的泄漏电流，如表4-17所示。

④ 主变压器过负荷记录：由值守人员按设备编号分别填写主变压器过负荷情况，如表4-18所示。

⑤ 保护装置动作及断路器自动跳闸记录：由值守人员填写各种保护装置（不包括避雷器）动作及断路器自动跳闸情况，如表4-19所示。

⑥ 蓄电池开路电压测量记录：由值守人员测试填写，每季度不少于一次，如表4-20所示。

⑦ 保护装置整定记录：记录保护装置的整定情况，如表4-21所示。

上述各项记录可装订成册或建立电子版台账。

⑧ 倒闸操作命令记录。

⑨ 作业命令记录。

⑩ 设备检修记录。

⑧~⑩项记录应有纸质记录。

（3）无人值守的牵引变电所应建立下列原始记录：

① 无人所设备巡视记录：由巡视人员填写，如表4-22所示。

② 避雷器动作记录：由巡视人员填写。

③ 保护装置整定记录：由检修人员填写。

④ 蓄电池开路电压测量记录：由检修人员填写，每季度不少于一次。

⑤ 设备检修记录。

⑥ 设备缺陷记录：由巡视、检修人员填写。

⑦ 倒闸操作命令记录。

⑧ 作业命令记录。

（4）牵引变电所控制室内要有一次主接线图。模拟盘或模拟图要能显示断路器和隔离开关的分、合状态。

（5）无人值守牵引变电所的技术文件和原始记录应放置在所内，由负责巡视的班组填写。

5. 为保证牵引变电所故障时尽快地恢复正常供电，最大限度地减少对运输的影响，牵引变电所应配备满足事故处理时所需要的设备、零部件、材料和工具，并保持良好状态。

表 4-13 运行日志

日期： 　星期： 　安全天数： 　天气：

值班员		助理值班员		工作时间	自 0时00分 至 时 分

记事：

值班员	助理值班员	蓄电池 U/V																		工作时间	自 时20分 至 时00分
		Ⅰ-1	Ⅰ-2	Ⅰ-3	Ⅰ-4	Ⅰ-5	Ⅰ-6	Ⅰ-7	Ⅰ-8	Ⅰ-9	Ⅱ-1	Ⅱ-2	Ⅱ-3	Ⅱ-4	Ⅱ-5	Ⅱ-6	Ⅱ-7	Ⅱ-8	Ⅱ-9	Ⅰ浮/A	

记事：

值班员	助理值班员	工作时间	自 时20分 至 时00分

主变运行时间/h	主变峰时电量/kW·h		主变谷时电量/kW·h		主变尖时电量/kW·h		主变平时电量/kW·h	
1#B	1#B	2#B	1#B	2#B	1#B	2#B	1#B	2#B

记事：

表 4-14 电量

220 kV/110 kV 侧

	无功						有功				合计		瞬时有功功率/MW MAX =	瞬时无功功率/Mvar MAX =
	1#正向		1#反向		2#正向		2#反向		1#		2#		差数	小时功率/kW
	读数	差数	读数	差数	读数	差数	读数	差数	读数	差数	读数	差数		
0														
1														
2														
3														
4														
5														
6														
7														
8														
9														
10														
11														
12														
…														
22														
23														
24														
差数合计														
	日有功电量					日无功电量			最大小时功率		平均小时功率		负荷率	功率	利用率	损失率

续表

电量

项目	自用变电度计量			27.5 kV 电度计量								27.5 kV 电度计量合计
	1#	2#	照明	1KX	2KX	3KX	4KX	5KX	6KX	B1#	B2#	
0:00												
24:00												
差数												
电量												

负荷

时间/项目	主变			总回流	地回流	1#	2#	3#	4#	5#	6#	电容电流	
	A	B	C									A相	B相
电流最大/A													
出现时间													
最高电压/kV													
最低电压/kV													

开关记录

项目/累计/开关号	101	102	201	202	203	201	211	212	313	214	215	216	205	206	21B	22B

表 4-15 巡视记录

6（8）点记事	断路器机构压力： 避雷器绝缘监测： 其他：	
12 点记事	断路器机构压力： 避雷器绝缘监测： 其他：	
18 点记事	断路器机构压力： 避雷器绝缘监测： 其他：	
24 点记事	断路器机构压力： 避雷器绝缘监测： 其他：	

巡视记录

时间/数值/项目	外温/°C	高压室温/°C	A相电容	B相电容	1#B油温/°C	1#B油位	2#B油温/°C	2#B油位	控制室/°C	高压电缆最大/°C	电缆名称
6（8）											
12											
18											
24											
记事											

表 4-16 设备缺陷记录

所（亭）

发现缺陷的日期	发现缺陷的人员	有缺陷的设备名称及运行编号	缺陷内容	确认人（签字）	处理措施	处理缺陷负责人	验收人	清除缺陷日期

表 4-17　避雷器动作记录

所

避雷器型号						设备编号				
制造厂						运行编号				
读数	差数	动作次数	泄漏电流	记录时间	读数	差数	动作次数	泄漏电流	记录时间

表 4-18 主变压器过负荷记录

所

主变压器型号				额定电流		
设备编号				制造厂		
运行编号				开始投入运行时间		
出现时间	变压器二次电流/A			持续时间		备注
	A	B	C			

表 4-19 保护装置动作和断路器自动跳闸记录

所（亭）

跳闸时间	断路器运行编号	保护动作				跳闸时间	复送时间
		保护名称	重合和强送情况	信号显示情况	故障点标定装置指示		

注：故障点标定装置指示栏内填写：跳闸时电流、电压、阻抗角、电抗和实际千米数。

表 4-20 蓄电池开路电压测量记录

所（亭）

测量日期　　　　测量人　　　　室温：　　℃

序号	放电前电压/V	放电后电压/V	序号	放电前电压/V	放电后电压/V
Ⅰ-1			Ⅱ-1		
Ⅰ-2			Ⅱ-2		
Ⅰ-3			Ⅱ-3		
Ⅰ-4			Ⅱ-4		
Ⅰ-5			Ⅱ-5		
Ⅰ-6			Ⅱ-6		
Ⅰ-7			Ⅱ-7		
Ⅰ-8			Ⅱ-8		
Ⅰ-9			Ⅱ-9		
...			...		
Ⅰ组总电压			Ⅱ组总电压		

Ⅰ组充电电流：浮充：　　　A　　　均充：　　　A

Ⅱ组充电电流：浮充：　　　A　　　均充：　　　A

表 4-21 保护装置整定记录

所（亭）

保护装置		变流比		备注	
被保护的设备名称和运行编号		变压比			
原始整定值					

变更时间	变更项目	变更原因	变更后的整定值	变更整定值负责人	值守员

表 4-22 无人所设备巡视记录

巡视时间		巡视人员			温度	
巡视项目及结果							
综自系统	运行电压	方向上行/kV	方向下行/kV	运行电流	方向上行/A	方向下行/A
	装置电源			各指示灯按钮		
	连片、开关位置					
	故障报告					
交流系统	二次电压/V	27.5 kV 自用变			10 kV 自用变	
直流系统	浮充电压/V		浮充电压/V		绝缘监察	
测温监控系统						
灭火器						
空调						
自耦变压器						
自用变压器	27.5 kV 自用变			10 kV 自用变		
断路器						
隔离开关及机构						
互感器						
支柱、场坪、基础及接地						
绝缘子、母线						
照明						
电缆及电缆沟						
控制室及其他						

注：以上内容，有数据的填写具体数据，有问题的填写具体问题，没有问题写正常。

（二）值　守

1. 有人值守的牵引变电所要按规定的班制昼夜值守。值守人员在值守期间要做好下列工作：

（1）掌握设备现状，监视设备运行。

（2）按规定进行倒闸作业，做好作业地点的安全措施，办理准许及结束作业的手续，并参加有关的验收工作。

（3）及时、正确地填写运行日志和有关记录。

（4）应急故障处理。及时、准确地向供电调度汇报现场故障信息，在供电调度的指挥下进行应急处理，尽快恢复送电。

（5）安全保卫，禁止无关人员进入控制室和设备区。

2. 值守人员要认真按时做好交接班工作：

（1）交班人员向接班人员详细介绍设备运行情况及有关事项，接班人员要认真阅读运行日志及有关记录，熟悉上一班的情况。离开值守岗位时间较长的接班人员，还要注意了解离所期间发生的新情况。

（2）交接班人员共同巡视设备，检查核对运行日志及有关记录应与实际情况符合，信号装置、安全设施要完好。

（3）交接班人员共同检查作业有关的安全设施，核对接地线数量及编号。

（4）交接班人员共同检查工具、仪表、备品和安全用具。办完交接班手续时，由交接班人员分别在运行日志上签字，

由接班人员向供电调度报告交接班情况。

3. 应急故障处理或进行倒闸作业时不得进行交接班。未办完交接班手续时，交班人员不得擅离职守，应继续担当值守工作。

（三）倒　闸

1. 牵引变电所倒闸作业，一般由供电调度通过远动操作完成。

在牵引变电所进行当地倒闸操作时，操作前应先进行模拟操作，确认无误后方可进行倒闸。在执行倒闸任务时，监护人要手执操作卡片或倒闸表与操作人共同核对设备位置，进行呼唤应答，手指眼看，准确、迅速操作。

2. 当以备用断路器代替主用断路器时，应检查、核对备用断路器的投入运行条件后方能进行倒闸。

（四）巡　视

1. 值守人员应按规定对变电设备进行巡视检查。

2. 值守人员每天至少巡视 1 次（不包括交接班巡视）；每周至少进行 1 次夜间熄灯巡视；每次断路器跳闸后对有关设备要进行巡视。

无人值守的分区所、AT 所、接触网开关站现场巡视每月应不少于 2 次。现场夜间巡视每季度不少于 1 次。

视频远程巡视可作为巡视的辅助手段，但不得计入巡视次数。

日常巡视应按牵引变电所巡视路线图进行。每次断路器跳闸后对有关设备要进行巡视；在遇有下列情况，要适当增加巡视次数：

（1）设备过负荷，或负荷有显著增加时。

（2）设备经过大修、改造或长期停用后重新投入系统运行；新安装的设备加入系统运行。

（3）遇有雾、雪、大风雷雨等恶劣天气、事故跳闸和设备运行中有异常和非正常运行时。

值守人员对新装或大修后的变压器投入运行后 24 h 内，应每隔两小时巡视 1 次。

牵引变电所工长值日勤期间，要参加交接班巡视。

3. 各种巡视中，一般项目和要求如下：

（1）绝缘体瓷体应清洁、无破损和裂纹、无放电痕迹及现象，瓷釉剥落面积不得超过 300 mm^2；复合绝缘子无变形、龟裂等现象。

（2）电气连接部分（引线、二次接线）应连接牢固，接触良好，无过热、断股和散股、过紧或过松。

（3）设备音响正常，无异味。

（4）充油设备的油标、油阀、油位、油温、油色应正常，充油、充气设备应无渗漏、喷油现象。充气设备气压和气体状态应正常。

（5）设备安装牢固，无倾斜，外壳应无严重锈蚀，接地良好，基础、支架应无严重破损和剥落。设备室和围栏应完好并锁住。户外机构箱、端子箱锁具无锈蚀。

（6）加热、通风、空调、安全环境监控、消防、照明等设备应正常。

（7）主控制室、高压室、所用变室、电缆夹层、低压盘等防止小动物措施完备；房屋无渗漏破损。

（8）设备标识和各种安全警示牌等完好，清晰，固定牢靠。

4. 巡视变压器时，除一般项目和要求外，还要注意以下几点：

（1）压力释放阀密封良好，无渗油。

（2）呼吸器内干燥剂颜色正常。

（3）瓦斯继电器及内应无气体。

（4）冷却装置、风扇电机应齐全，运行应正常无渗漏。

（5）分接开关位置指示正确。

5. 巡视 GIS 开关柜及组合电器时，除一般项目和要求外，还要注意以下几点：

（1）开关柜屏上指示灯、带电显示器指示应正常；操作方式选择开关、机械操作把手投切位置应正确；控制电源及电压回路电源分合闸指示正确。

（2）分合闸指示器应与实际运行方式相符；分合闸计数器指示应正确。

（3）气压表（或气体密度表）应指示正确；无残压检测记录仪显示应正常。

（4）储能状态显示正常。

（5）屏面表计工作应正常；无异音、异味现象。

（6）柜内应无放电声、异味和不均匀的机械噪声。

（7）柜体应无过热、变形、下沉、各封闭板螺丝应齐全无松脱、锈蚀、接地应牢固。

（8）巡视 GIS 柜加热电源和加热器应运行正常。

6. 巡视气体断路器时，除一般项目和要求外，还要注意以下几点：

（1）气压表（或气体密度表）、弹簧储能应指示正确。

（2）分合闸指示器应与实际状态相符。
（3）分合闸计数器指示应正确。

7. 巡视真空断路器时，除一般项目和要求外，还要注意以下几点：
（1）动静触指应接触良好，无发热现象。
（2）玻璃真空灭弧室内无辉光，铜部件应保持光泽。
（3）闭锁杆位置正确，止轮器良好。
（4）分合闸位置指示器应与实际情况相符。
（5）储能状态显示正常。

8. 巡视隔离开关时，除一般项目和要求外，还要注意以下几点：
（1）闸刀位置应正确，分闸角度或距离应符合规定。
（2）触头应接触良好，无严重烧伤。
（3）电动操作机构分合闸指示器应与实际状态相符。机构箱密封良好，部件完好无锈蚀。
（4）闭锁电磁锁无异常，手动操作机构应加锁。
（5）消弧装置状态良好。

9. 巡视负荷开关时，除一般项目、隔离开关项目要求外，还应注意以下几点：
（1）分合闸指示器应与实际状态相符。
（2）外观清洁、无破损。

10. 巡视接地保护放电装置时，除一般项目和要求外，还要注意以下几点：
（1）放电电容器应无渗漏油、膨胀、变形。
（2）放电间隙应光滑，无烧损现象。
（3）动作次数计数器应指示正确。

11. 巡视电容补偿装置时，除一般项目和要求外，还要注意以下几点：
（1）电容器外壳应无膨胀、变形、接缝应无开裂、无渗漏油。
（2）熔断器、放电回路及附属装置应完好。
（3）电抗器无异声异味，空心电抗器线圈本体及附近铁磁件无过热现象；油浸式电抗器油位正常符合要求，无渗油现象。
（4）室内温度应符合规定，通风良好。

12. 巡视高压母线时，除一般项目和要求外，还要注意以下几点：
（1）多股线应无松股、断股。
（2）硬母线应无断裂、无脱漆。
（3）连接母线的设备线夹应完好，无松脱、断裂。

13. 巡视电缆、电缆沟及电缆夹层时，除一般项目和要求外，还要注意以下几点：
（1）电缆沟盖板应齐全、无严重破损，沟内无积水、无杂物。
（2）电缆外皮应无断裂、无锈蚀、无明显鼓包现象，其裸露部分无损伤。电缆头及接线盒密封良好，无接头发热、放电现象。
（3）电缆测温传感装置应状态良好。
（4）电缆夹层照明、通风设施良好。
（5）电缆沟、电缆夹层孔洞封堵良好，无明显积水、杂物以及水浸探头状态良好。

14. 巡视端子箱、集中接地箱时，除一般项目和要求外，还要注意以下几点：

（1）箱体应清洁、牢固，不倾斜，密封良好，箱体内外无严重锈蚀。

（2）箱内端子排应完好、清洁、连接整齐、牢固、接触良好。闸刀接触良好、无烧伤，熔断器不松动。空气开关状态良好。

15. 巡视避雷器时，除一般项目和要求外，还要注意以下几点：

（1）各节连接应正直，整体无严重倾斜，均压环安装应水平。

（2）放电记录器应完好。

（3）带有监测装置的放电记录器泄漏电流显示应正常。

16. 巡视避雷针时，除一般项目和要求外，还要注意：避雷针应无倾斜、无弯曲，针头无熔化。避雷针上照明灯具状态良好，电缆保护管应良好无破损。

17. 交直流电源装置巡视项目和要求如下：

（1）装置及风扇工作正常，无异音、异味和过热。

（2）两路交直流电源及各交直流馈线空开供电方式正确、充电模块工作正常。自动调压装置、交流接触器工作状态正常。

（3）直流输出电压值和电流值，正、负母线对地的绝缘（电压）值等显示应正常；装置信号、指示显示及声响报警等显示应正常；分、合位置指示正确。

（4）UPS电源工作正常。

（5）接触器及继电器等元器件无冒烟异味现象；回路接线端子无松脱，无氧化或锈蚀。

（6）监控装置与充电装置通信状况良好。

18. 蓄电池组巡视项目和要求如下：

（1）蓄电池完好，无外伤、变形和渗液现象表面清洁。

（2）电池极柱间连接片及连接线安装牢固，接触良好，无腐蚀现象。

（3）蓄电池均浮充电压和电流、放电电流正常。

19. 控制室巡视项目和要求如下：

（1）各种盘（台）上的设备清洁，锈蚀面积不超过规定，安装牢固。

（2）模拟盘和监控盘与实际运行方式相符。

（3）转换开关、继电保护和自动装置压板以及切换开关的位置、标示牌应正确，并与记录相符。

（4）开关、熔断器、端子安装牢固，接触良好，无过热和烧伤痕迹。

（5）综自测控屏设备工作及后台主界面信息显示正常。

（6）二次回路熔断器（或空气开关）位置应正确，端子排的连片、跨接线应正常。

（7）事故照明切换正常。

（8）电缆光纤光栅在线测温系统、接触网开关监控装置、试验信号装置等显示装置指示正常。

（五）设备运行

1. 长期停用和检修后的变压器，在投入运行前除按正常巡视项目检查外，还要检查下列各项：

（1）分接开关位置应正确。

（2）各散热器、油枕、压力释放装置等处阀门应打开，散热器、油箱上部残存的空气应排除。

（3）按规定试验合格。

（4）保护装置应正常。

（5）检修时所做的安全设施应拆除，变压器顶部应无遗留工具和杂物等。

2. 在正常情况下允许的牵引变压器过负荷值，根据《电气化铁路牵引变压器技术条件》（TB/T 3159）确定。在事故情况下允许的变压器过负荷值可参照表 4-23 执行。

表 4-23　事故情况下允许的变压器过负荷值

过负荷/%	30	60	75	100	140	200
持续时间（牵引变压器）/min	120	45	20	10	5	2

当变压器过负荷运行时，对有关设备要加强检查：

（1）监视综合自动系统后台机或前台面板电流测量回路显示数值，记录过负荷的数值和持续时间。

（2）注意保护装置的运行情况。

（3）监视变压器音响、油温和油位的运行状况。

（4）检查运行的变压器、断路器、隔离开关、母线及引线等有无过热现象。

3. 当变更变压器分接开关的位置后，必须检查回路的完整性和各相电阻的均一性，并将变更前后分接开关的位置及有关情况记入有关记录中。

4. 变压器在换油、滤油后，一般情况下，变压器油静置时间应不少于下列规定，待绝缘油中的气泡消除后方可运行：

110 kV 24 h；220 kV 48 h；500（330）kV 72 h（按照变压器电压等级）。

5. 运行中的油浸自冷、风冷式变压器，其上层油温不应超过 85 °C；风冷式变压器当其上层油温超过 55 °C 时应启动风扇。

当变压器油温超过规定值时，值守人员要检查原因，采取措施降低油温，一般应进行下列工作：

（1）检查变压器负荷和温度，并与正常情况下的油温核对。

（2）核对油温表。

（3）检查变压器冷却装置及通风情况。

6. 当变压器有下列情况之一者须立即停止运行：

（1）变压器音响很大且不均匀或有爆裂声。

（2）油枕、压力释放器喷油。

（3）冷却及油温测量系统正常但油温较平素在相同条件下运行时高出 10 °C 以上或不断上升时。

（4）套管严重破损和放电。

（5）由于漏油致使油位不断下降或低于下限。

（6）油色不正常（隔膜式油枕除外）或油内有碳质等杂物。

（7）变压器着火。

（8）重瓦斯保护动作。

（9）因变压器内部故障引起差动保护动作。

7. 断路器每次自动跳闸均要进行记录，当自动跳闸次数达到规定数值时应进行检修。

发现断路器拒动时应立即停止运行。断路器每次自动跳闸后，依据供电调度命令进行处置，尽快恢复送电。

8. 直流操作母线电压不应超过额定值的±5%。直流母线调压开关在手动位时的操作应按照产品使用说明书进行。

9. 运行中的蓄电池，应经常处于浮充电状态，并定期进行核对性充放电。

蓄电池的充放电电流不得超过其允许的最大电流。

10. 运行的继电保护装置必须设置密码，定值修改密码由检修人员管理。

在紧急情况下，由当班的供电调度员远程更改或下令由运行检修人员更改定值，事后供电调度员和运行检修人员应记录上述过程。

11. 凡设有继电保护装置的电气设备，不得无继电保护运行，必要时经过供电调度的批准，允许在部分继电保护暂时撤出的情况下运行。

主变压器的重瓦斯和差动保护不得同时撤除。

12. 互感器在投入运行前要检查确认一、二次接地端子及外壳接地良好，对电流互感器还应保证二次无开路，电压互感器应保证二次无短路，并检查其高低压熔断器、空气开关是否完好。

互感器投入运行后要检查有关表计，指示应正确。监控后台显示相关数据正确。

13. 切换电压互感器或断开其二次侧熔断器或空气开关时，应采取措施防止有关保护装置误动作。

14. 当互感器有下列情况之一者须立即停止运行：

（1）高压侧熔断器连续烧断两次。

（2）音响很大且不均匀或有爆裂声。

（3）有异味或冒烟。

（4）喷油或着火。

（5）由于漏油使油位不断下降或低于下限。

（6）严重的火花放电现象。

15. 保护和自动装置的接线及整定必须符合规定，改变时必须由设备运行维护管理单位或设计部门提供定值整定计算书，经设备维护管理单位主管领导批准并报铁路局核备方准实施；属电业部门管辖者应有电业部门主管单位的书面通知单。

16. 继电保护、自动装置及操作、信号、测量回路所用的导线必须符合下列规定：

（1）用绝缘单芯铜线。当采用接线鼻子时，也可使用绝缘多股铜。

（2）电流互感器二次电流回路的导线截面，应按电流互感器的额定二次负荷计算，5 A 的计量回路不宜小于 4 mm^2，1 A 的计量回路不宜小于 2.5 mm^2。其他测量回路不宜小于 2.5 mm^2。

（3）电压互感器二次电压回路的导线截面选择应符合二次回路允许的电压降，一般计量回路不宜小于 4 mm^2，其他测量回路不宜小于 2.5 mm^2。

（4）屏、台、柜内的电气仪表电流回路导线截面面积不应小于 2.5 mm^2，电压回路不应小于 1.5 mm^2。

（5）导线的绝缘应满足 500 V 工作电压的要求。

（6）导线中间不得有接头；遇有油侵蚀的处所，要用耐油绝缘导线。

17. 接地的设备均应逐台用单独的接地线接到接地母线上，禁止设备串联接地。接地线与接地体的连接宜用焊接。接地线与电力设备的连接可用螺栓连接或焊接。用螺栓连接时应设防松螺帽或防松垫片。地面上的接地线、接地端子均要涂黑漆；接地端子的螺栓应镀锌。

二、修　制

（一）修　程

1. 电气设备的检修分小修、状态维修和大修三种。
（1）小修：维持性修理。对设备进行检查、清扫、调整，保持设备正常的技术状态。
（2）状态维修：根据检测、试验结果对存在问题的设备安排的有计划性维修。
（3）大修：达到使用寿命后的整体更换。
2. 检修方式。
小修：清扫维护，更换易损件。
状态维修：局部更换。
大修：整体更换。
较复杂的检修、试验可委托专业机构进行。

（二）周　期

1. 主要设备的小修、大修周期如表 4-24 所示。

表 4-24　设备小修、大修周期

序号	设备	小修	大修（推荐值）
1	变压器（含自耦变压器）	1 年	15～20 年
2	干式变压器	1 年	15～20 年
3	单装互感器	1 年	15～20 年
4	隔离开关（单独装设、含操作机构）	1 年	10～15 年
5	交直流电源装置	1 年	8～10 年
6	户外高压母线	1 年	10～15 年
7	高压电缆	1 年	15～20 年
8	避雷针	每年雷雨季节前	15～20 年
9	避雷器	每年雷雨季节前	10～15 年
10	接地装置	每年雷雨季节前	10～15 年

续表

序号	设备	小修	大修（推荐值）
11	单装气体断路器	1 年	15~20 年
12	单装真空断路器	1 年	15~20 年
13	GIS 开关柜及组合电器	1 年	15~20 年
14	综合自动化设备	1 年	6~8 年
15	负荷开关柜	1 年	10~15 年
16	电缆光纤光栅在线测温装置	1 年	6~8 年
17	接触网开关监控盘	1 年	6~8 年
18	安全环境监测设备	1 年	6~8 年
19	远动装置	1 年	6~8 年
20	集合式电容器（电容器组）	1 年	5~10 年
21	空心电抗器	1 年	10~15 年
22	端子箱（集中接地箱）	1 年	8~10 年

小修实际周期允许较以上规定伸缩 15%。

2. 牵引变电所运行检修应配备必要的备品备件、仪器仪表及工器具，并与设备发展相适应。配备原则如表 4-25、4-26 所示。

表 4-25 牵引变电备品备件配备原则

1. 牵引变压器备品备件表			
序号	名称	规格型号	数量	备注
供电段				
1	220 kV 套管		3	
2	35 kV 套管		3	
3	温度控制仪		3	
4	气体继电器		3	
5	碟阀		3	
2. 自耦变备品备件清单				
序号	名称	规格型号	数量	备注
供电段				
1	吸湿器		4	
2	"80" 真空偏心蝶阀		4	
3	温度控制器		2	
4	套管		8	

续表

3. SF$_6$断路器				
序号	名称	规格型号	数量	备注
检修班组				
1	分合闸线圈	每个型号	2	
2	电机	每个型号	2	
3	充气装置（接头，连接管，压力表）	每个型号	2	
4	充气接头/充气嘴	每个型号	2	
5	K04/K14继电器	每个型号	2	
6	K01/K03/K11/K13继电器	每个型号	2	
7	延时/时间继电器	每个型号	2	
8	电机保护继电器用于电机回路/加热回路	每个型号	2	
9	小型空气开关（单极、两极断路器）	每个型号	2	
10	远方就地转换开关（两个位置）	每个型号	2	
11	底架	每个型号	2	
12	密度计	每个型号	2	
13	加热器（机构箱、汇控箱；常温）	每个型号	2	
14	带温控的加热电阻（低压柜内）	每个型号	2	
15	温度控制器	每个型号	2	
16	合闸按钮	每个型号	2	
17	分闸按钮		2	
18	插座		2	
19	储能手柄		2	
4. 牵引变电所综合自动化系统				
序号	材料名称	型号规格及品牌	数量	备注
检修班组				
1	保护装置电源板	每个型号	3	
2	馈线保护测控装置出口板	每个型号	3	
3	主变差动保护装置出口板	每个型号	2	
4	主变后备保护装置出口板	每个型号	2	
5	主变本体保护装置操作箱	每个型号	2	
6	主变本体保护装置本体板	每个型号	2	
7	通信管理机	每个型号	2	

续表

\multicolumn{5}{c}{4. 牵引变电所综合自动化系统}
序号	材料名称	型号规格及品牌	数量	备注
\multicolumn{5}{c}{检修班组}
8	GPS 及切换装置	每个型号	2	
9	GPS 天线	每个型号	2	
10	带灯切换开关	每个型号	4	
11	带灯按钮	每个型号	10	
12	光耦端子	每个型号	10	
13	FDK 通信板	每个型号	4	
14	电铃	每个型号	2	
15	电笛	每个型号	2	
16	逆变电源	每个型号	2	
\multicolumn{5}{c}{5. GIS 开关柜}
序号	材料名称	型号规格及品牌	数量	备注
\multicolumn{5}{c}{关键一次元器件（检修班组）}
1	GIS 屏蔽式插接避雷器	每个型号	2	
2	GIS 电压互感器/VT	每个型号	2	
3	GIS 电流互感器/CT，1 500/1	每个型号	1	
4	GIS 电流互感器/CT，2 000/1	每个型号	1	
5	GIS 套管 Insulator		3	
6	GIS 连接母线/Contact tube，2 500 A	每个型号	10	
7	GIS 压力传感器	每个型号	4	
8	GIS 气室干燥剂	每个型号	5	
\multicolumn{5}{c}{关键二次元器件（检修班组）}
1	GIS 三工位开关机构	每个型号	3	
2	GIS 三工位驱动电机	每个型号	3	
3	GIS 三工位闭锁线圈	每个型号	3	
4	GIS 合闸线圈	每个型号	3	
5	GIS 分闸线圈	每个型号	3	
6	GIS 合闸闭锁线圈	每个型号	3	
7	GIS 整流模块多组整流桥	每个型号	3	
8	GIS 储能电机	每个型号	3	

续表

	5. GIS 开关柜			
序号	材料名称	型号规格及品牌	数量	备注
关键二次元器件（检修班组）				
9	GIS 手动储能杆	每个型号	2	
10	GIS 带电显示器（强制型双极）	每个型号	10	
11	GIS 带电显示器（强制型单极）	每个型号	10	
12	GIS 三工位 PLC	每个型号	5	
13	断路器辅助开关 S3	每个型号	5	
14	断路器辅助开关 S5	每个型号	5	
15	合分闸开关		10	
16	远方/就地方式选择开关	每个型号	5	
17	选择开关	每个型号	5	
19	空气开关 3A2P	每个型号	5	
20	空气开关 1A2P	每个型号	5	
21	空气开关辅助接点	每个型号	10	
22	空气开关 3A1P	每个型号	5	
23	电压表 0～27.5 kV	每个型号	2	
24	电流表 0～1 500 A	每个型号	2	
25	断路器合分闸位置指示器	每个型号	10	
26	三工位开关位置指示器	每个型号	10	
27	电流试验端子		100	
28	电压端子		100	
29	联结端子		50	
30	中间继电器	每个型号	5	
35	中间继电器辅助接点	每个型号	10	
38	信号继电器	每个型号	10	
39	红色带灯按钮		30	
40	联结片		50	
41	微动开关		10	
42	照明灯管		10	
43	LED 照明灯		50	
44	加热器		10	
45	GIS 门锁		10	
46	开关运行钥匙箱		10	

续表

	6. 电压、电流互感器			
序号	工、器具、材料名称	型号规格及品牌	数量	备注
	供电段			
1	电流互感器	每个电压等级	3	
2	电压互感器	每个电压等级	3	
3	避雷器	每个电压等级	3	
4	隔离开关	每个电压等级	3	

	7. 交直流电源			
序号	工、器具、材料名称	型号规格及品牌	数量	合计
	有人值守牵引变电所			
1	熔断器芯	每个型号	3	
2	指示灯	每个型号	5	
3	小型继电器	每个型号	4	
4	高频开关模块	每个型号	4	
5	直流断路器	每个型号	4	
6	微机检测单元	每个型号	2	
7	中间继电器	每个型号	2	
8	交流断路器	每个型号	2	
9	降压装置	每个型号	2	
10	电池		9	
	AT、分区所			
1	熔断器芯	每个型号	2	
2	指示灯	每个型号	5	
3	小型继电器	每个型号	2	
4	高频开关模块	每个型号	2	
5	直流断路器	每个型号	2	
6	微机检测单元	每个型号	6	
7	中间继电器	每个型号	2	
8	交流断路器	每个型号	2	
9	降压装置		2	
10	电池		9	

续表

远动系统备品备件配置标准				
序号	名称	规格型号	数量	备注
调度主站				
一	备件			
1	刀片		2	
2	服务器刀箱电源		1	
3	光纤交换机		1	
4	流水打印机		2	
5	接口服务器		2	
6	接口服务器USB—HUB		2	
7	磁盘阵列		2	
8	工控机		1	
9	液晶显示器		2	
12	时钟服务器主板		1	
13	调度、维护工作站		各2	
14	GPS控制板		1	
15	GPS天线		1	
16	路由器		1	
二	测试工具			
1	移动终端（维护测试使用）		1	
2	网络专业工具		2	
3	网络测试仪		1	
4	数字万用表		2	
5	电阻测试仪		2	
6	专用杀毒软件		1	
7	专业刻录机		1	
8	一体机		1	
9	手提计算机		1	

表 4-26 牵引变电检修工区仪器工具配置标准

标准变电检修工区（高试、保护）须配备必要的仪器工具标准				
序号	设备名称及规格	规格、参数	单位	数量
1	全自动绝缘靴、手套耐压试验装置	30 kV，3 kV·A	套	1
2	智能工频耐压试验装置（试验变压器、控制箱）	设备、绝缘工具耐压	套	1
3	绝缘电阻测试仪（手动）	500 V、2 500 V	台	各1
4	数字式电动绝缘电阻测试仪	2 500 V、5 000 V	台	各2
5	直流高压发生器	120 kV	台	2
6	直流高压发生器	200 kV	台	2
7	工频耐压试验装置			
8	高压微安表	DHL	台	2
9	全自动抗干扰介损测试仪 10 kV	10 kV、2 kV·A	台	2
10	避雷器动作计数测试仪	800～1 200 V	台	2
11	高压开关特性测试仪	电气及机械特性、断口12个	台	2
12	电导率仪			
13	回路电阻测试仪	300 A	台	2
14	变压器直流电阻测试仪	10 A	台	3
15	高压开关检测操作电源	GKD-1	台	2
16	全自动三相变压器变比测试仪	量程：0.9-10000，精度0.1%	台	2
17	全自动电容电感测试仪	1 mH～9.99 H	台	2
18	接地电阻表	ZC-80-100 Ω	台	2
19	数字接地电阻测试仪	范围：0～200 Ω、电阻率0～9 999 Ω·m	台	2
20	移动式高频开关直流电源	110 V、220 V	台	1
21	数字微欧计	10 μΩ～1.999 kΩ准确度：0.1%显示方式：（3½位 LED）	台	2
22	直流双臂电桥	Q44	台	2
23	智能充电、放电仪	110 V、220 V	台	各1
24	单体蓄电池活化仪	CH12 V-50 A	台	1
25	蓄电池内阻测试仪	电压0～20 V、内阻0～200 mΩ	台	1
26	数字钳型万用表	交流电流400 A、交流电压750 V、直流电压1 000 V	台	1
27	大口径数字钳型电流表	钳口直径80 mm、电流0～1 000 A	台	1
28	指针式万用表	MF47	台	2
29	数字万用表	Fluke233	台	3
30	数字式双钳相位伏安表	10 mA～10 A，3～500 V	台	1

续表

标准变电检修工区（高试、保护）须配备必要的仪器工具标准				
序号	设备名称及规格	规格、参数	单位	数量
31	大电流发生器	0~2 000 A	台	1
32	无线高压核相仪	220 kV	台	1
33	全自动互感器综合试验仪	5 kV·A	台	1
34	真空度测试仪	ZKD-III，100-10-6 Pa	台	1
35	SF_6微量水分测试仪	±2CDP	台	1
36	SF_6定量检漏仪	0.1 PPm	台	1
37	SF_6定性检漏仪	2.8 g/年	台	1
38	变频谐振试验设备	25 kV·A/65 kV	台	1
39	直流系统接地故障定位仪	±0.02 H	台	1
40	稳压电源	380 V、5 kW	台	1
41	示波器	DS4000，带宽 500~100 MHz，采样率 4 GSa/s	台	1
42	手持盐密测试仪	盐度0.0~70.0、电阻率0.0~1 999 MΩ·cm	台	1
43	变压器绕组变形测试仪	JHRZ-1000E，10 Hz~10 MHz、-100 dB~20 dB	台	1
44	数字电桥	QJ84A	台	2
45	电容电桥	GY803	台	2
46	便携式电能质量分析仪	pw3198	台	1
47	微机保护测试仪	6路电压、6路电流、30 A	台	2
48	单体保护测试仪	SDJB，交直流电压各1路、交直流电流各1路	台	2
49	电缆故障测试仪	S25，直流输出 0~25 kV	台	1
50	相位表	SY3001 相位，频率 10~80 Hz	台	1
51	SF_6气体回收装置	ZNC-M1	台	1
52	红外热成像仪	Testo890-2，-20~1200	台	1
53	真空滤油机	ZL-5 A	台	1
54	真空滤油机	ZJA-150	台	1
55	标牌印字机	PT-9700Pc，400 mm/s	台	1
56	高速线号机	0.5~10 mm	台	1
57	手持测温枪	OS425-LS：-60~1 000 ℃ 50:1视场	台	1
58	电缆盘	单相、三相（50 m）	台	2
59	强光泛光工作灯（大型）	发电机 3 kW	台	1
60	便携手电筒		台	5

续表

标准变电检修工区（高试、保护）须配备必要的仪器工具标准					
序号	设备名称及规格	规格、参数		单位	数量
61	强光头灯			台	5
62	多功能高空接线钳	TD-1168		台	2
63	强力吹吸尘机			台	1
64	多功能母线加工机	SLB-125，1°～120°、180 kN		台	1
65	水冲洗机			台	1
66	发电机	5 kW		台	1
67	力矩扳手	TZCEM		把	4
68	充电式液压钳	B135-UC		台	1
69	充电式液压切刀	B-TFC2		台	1
70	充电式压接钳	B62		台	1
71	充电式电缆切刀	B-TC095		台	1
72	电动组合工具			把	2
74	磁力冲击钻	5～18 mm		套	1
75	防毒面具			套	2
76	高空升降臂作业车	18 m		个	1
77	高压电缆专用拆装工具			套	1
变电检修工区（油化验）须配备相应的仪器仪表					
1	自动闭口闪点仪	BSD-07		台	1
2	微量水分测定仪	WS2100		台	1
3	恒温水浴锅	HH 1 500W		台	1
4	调速振荡器	HY4 调速范围起动—每分钟360转		台	1
5	色谱分析仪	GC-900AD		台	2
6	多功能振荡器	DZ-1		台	1
7	电子天平	FA1004		台	1
8	电热蒸馏水器	CY-98-24 kW		台	1
9	精密pH计	BHS-3B 测量范围：pH：0～14.00		台	2
10	全自动油介电强度测定仪	3杯		台	2
11	绝缘油色谱分析快速自动全脱气进样装置	JYS-5JB		台	1
12	架盘药物天平	HC.TP11B.5		台	1
13	绝缘油介电强度测试仪	HCJ-9201		台	1
14	变压器油便携式色谱仪	GC-9760		台	1

注：高压试验仪器宜在高压电气试验车中统一配置。

3. 设备达到使用寿命，经产权单位组织有关专家评审认定可以延期使用的，可继续投入使用。

（三）检修计划

1. 设备鉴定是全面质量管理工作的重要组成部分，是掌握设备质量，做好年度检修、大修设备计划的重要依据。设备维护管理单位应于每年秋季组织一次设备鉴定，评定设备的优良率、合格率、不合格率。

优良：主要项目达到优良标准，次要项目全部达到合格以上标准者。
合格：主要项目全部达到合格标准，次要项目多数达到合格以上标准者。
不合格：主要项目中有一项未达到合格标准或次要项目多数不合格者。
设备鉴定的方式：巡视、检修试验的结果分析、重点设备的抽测。
对已封存的设备、已列入年度大修计划的设备可不做鉴定和统计；本年度新建或大修后的设备质量状态可按竣工验收评定结果统计。

2. 检修计划依据设备鉴定、检修试验结果编制。设备维护管理单位于前一年 12 月底前完成并下达到车间，同时报铁路局备案。

3. 设备大修应填写设备大修申请书（见表 4-27），经铁路局审准后报总公司核备。

表 4-27　设备大修申请表

申请单位：（章）　　　　　　　　　　　　　　　　编号：

设备名称		运行时间	
设备编号		承修单位	
安装地点及运行编号		需要大修时间	
规格		所需费用	
设备状态（即大修原因）			
大修范围（包括结合大修改造的项目）			
铁路局意见			
产权单位意见			

年　　月　　日

设备大修要根据批准的计划由承修单位或设计部门提出设计施工文件（包括检修内容、质量标准、费用和工时等），报请铁路局批准后方准开工。

4. 需接触网停电的牵引变电所设备作业一般应在"天窗"点内进行。

夜间作业应具备足够的固定、移动照明设备。不需要接触网停电的牵引变电所备用设备以及退出后不影响机车车辆（含动车组）运行的分区所、AT 所可昼间进行作业。在检修试验过程中，当运行设备发生故障无法投入备用设备时，检修作业须能在短时间内恢复至正常运行状态，用该设备代替故障设备投入运行，确认该牵引变电所两边供电臂上分区所的远动通道处于正常运行状态，以防紧急情况下随时可以实施越区供电。

（四）检查验收

1. 设备每次检修后，承修的班组均应填写设备检修记录（见表 4-28），设备大修及进行较大的技术改造后，还应填写设备检修（改造）竣工验收报告，格式按新建工程竣工验收报告格式编写并附试验记录，报请有关单位验收，经验收合格方准投入运行。

2. 设备小修、状态维修、大修验收办法由铁路局自行制定。

表 4-28　设备检修记录

日期

设备名称及编号		承修班组		检修人		签字	
安装地点及运行编号		修程		互检人		签字	
修前状态			修中措施			修后结语	

注：修前状态和修后结语内均应记录有关的技术数据；修后结语栏内还应记录设备的质量评定（即"合格"或"不合格"）。

任务三　检修范围和标准

一、一般规定

1. 所有电气设备的外壳均应清洁无油垢，工作接地及保护接地良好。
2. 所有充油（气）设备的油位（气压）、油（气）色均要符合规定，油管路畅通，油位计（气压表、密度表）清洁透明，无渗、漏油（气）。
3. 金属构架、杆塔和支撑装置的锈蚀面积，不得超过总面积的 5%。钢筋混凝土基础、杆塔、构架应完好，安装牢固，并不得有破损、下沉。
4. 紧固件要固定牢靠，不得松动，并有防松、防锈措施。
5. 绝缘件应无脏污、裂纹、破损和放电痕迹，瓷釉剥落面积不得超过 300 mm^2。复合绝缘子无变形、龟裂等现象。
6. 各种引线不得松股、断股，连接要牢固，接触良好，张力、弛度适当，相间和对地距离均要符合规定。
7. 电气设备带电部分距接地部分及相间的距离要符合规定。

8. 状态维修后的设备质量应满足设备正常运行要求。大修更换后的设备,整体性能应达到新建项目的标准。

9. 变压器小修范围和标准:
(1) 检查清扫外壳,必要时局部涂漆。
(2) 检查紧固法兰,受力均匀适当,检查油位必要时补油。
(3) 检修呼吸器,更换失效的干燥剂及油封内的油。
(4) 瓷套清洁无油垢、裂纹和破损。电容末屏螺栓紧固。检查套管将军帽和注油孔密封胶垫应作用良好,必要时更换胶垫。
(5) 检修冷却装置,风扇电机完好,工作正常。
(6) 检修瓦斯保护,各接点正常、动作正确,连接电缆无锈蚀,绝缘良好。
(7) 检修温度计,各部零件和连线完好,指示正确。
(8) 检修基础、支撑部件、套管和引线。
(9) 检修碰壳保护的电流互感器,各部零件应完好,安装牢靠。
(10) 检修分接开关位置指示正常。
(11) 检查中间端子箱密封良好,端子紧固、无松动。各种线缆安装整齐无破损。
(12) 检查箱体接地、铁心接地良好。

10. 干式变压器小修范围和标准:
(1) 清扫变压器及变压器室,无尘土、杂物,保证空气流通,防止绝缘击穿。
(2) 检查紧固件、连接件是否松动,导电零件有无生锈、腐蚀的痕迹。铁心、绕组、引线、套管分接板及外箱等无损伤及局部变形,特别是各处铜焊处有无开裂现象。
(3) 观察绝缘表面有无爬电痕迹和碳化现象,必要时采取相应的措施进行处理。
(4) 检查低压抽头引线之间绝缘状态,高压引线绝缘子及支持夹具是否受潮,是否有放电痕迹。

11. 单装互感器小修范围和标准:
(1) 清扫检查外部(包括套管和引线),必要时局部涂漆。
(2) 检修金属膨胀器,应作用良好。
(3) 检修基础、支撑部件。
(4) 检修熔断器。壳筒、熔丝应完整无损,接触良好。空气开关状态正常。
(5) 检查油位指示器应正常,必要时补油。

12. 220 kV SF_6 高压断路器小修范围及标准:
(1) 检查记录操作计数器的读数应显示正常。
(2) 检查、清扫断路器外壳、套管和引线,用干布将瓷套擦干净。
(3) 检查持续加热系统及通风情况。通风口应当干净,没有灰尘、障碍物。必要时,可用溶剂进行清洗。
(4) 检查 SF_6 气体的压力。指针式 SF_6 气体密度计的指针位置处于正常范围内。
(5) 检查、紧固各部件螺栓是否紧固良好。
(6) 检查低压端子排上的接线应紧固,继电器的运行正常。
(7) 检查联锁、防跳及非全相合闸等辅助控制装置的动作性应正常。
(8) 进行当地、远方分合闸操作,确认断路器及控制回路等正常动作。

13. GIS 开关柜及组合电器小修范围及标准：

（1）外观检查，应清洁无锈蚀。

（2）检查密度表的指示应在正常范围内，必要时使用精确的压力表检查充气压力。

（3）检查辅助回路的接线端子无松动。

（4）检查开关柜表计及指示灯显示应正确。

（5）必要时打开电缆室检查高压电缆及护层保护器状态应良好。

14. 真空断路器小修范围及标准：

（1）检查、清扫开关外壳。要求无灰尘、无污垢，无变形、破损。

（2）检查主导电回路。软连接应无裂痕破损，连接紧固，接触良好，隔离触指应完整无损，无烧伤痕迹，压力足够。

（3）检查静触指支持瓷瓶和真空灭弧室绝缘拉杆，应无裂纹破损、脏污及表面闪络等现象。

（4）检查操作机构。各部分零件齐全，无破损、变形，动作灵活可靠，分合闸指示牌指示正确，辅助开关完好无损，动作灵活，准确可靠，接触良好，对各运动部件加注润滑油。

（5）手动分合闸操作及电动分合闸操作各 3 次，开关各部分应灵活可靠，无卡滞现象。

15. 隔离开关小修范围和标准：

（1）清扫、检查绝缘子，检查引线和接地装置。要求各部分无灰尘，无污垢，支持绝缘子无裂纹、破损及爬电痕迹，引线无断股，连接牢固，接地良好。

（2）触头间接触密贴性检查按照产品说明书要求进行。

（3）分闸时分闸角度和接地闸刀与带电部分的距离符合规定。

（4）清扫检查操作机构。各零部件完好、连接牢固；转动灵活，联锁、限位器作用良好可靠，各转动部分注油。对于电动隔离开关，应对电动操作机构的分合闸电机进行检查，限位开关位置正确，动作灵活可靠；紧固端子排及其他电气回路的接线。

（5）检查构架及支撑装置并进行局部除锈涂漆。

（6）手动、电动、远程分合闸操作各 3 次，开关各部分应灵活可靠，无卡滞现象。

16. 负荷开关柜小修项目及标准：

（1）检查、清扫绝缘件、引线和接地装置。要求各部无灰尘、污垢，支持绝缘子无破损、裂纹及爬电痕迹，引线无断股、松股，连接牢固，接地良好。

（2）检查柜内各紧固件，应连接良好，无松动及脱落现象，必要时进行紧固。

（3）检查调整操作机构。标准同电动隔离开关。

（4）检查构架及支撑装置，并进行局部除锈涂漆。

（5）对柜内避雷器、熔断器等设备按要求进行检查和维护。

（6）手动、电动操作开关各 3 次。开关应动作灵活，闭锁可靠。

17. 空心电抗器小修范围和标准：

（1）清扫检查电抗器和连接部分。各部分清洁完好，连接部分螺栓紧固，接触良好。

（2）检查电抗器的安装。安装牢固，不倾斜变形，支持绝缘子无破损；接地端接触良好。

（3）检查电抗器线圈。导线无损伤，线圈无变形，匝间绝缘垫块完好，间隙均匀。绝缘无破损、受潮，必要时进行处理。

18. 集合电容器小修范围和标准：

（1）清扫检查集合电容器的外部和连接部分。各部分清洁完好，必要时对电容器局部涂漆；连接部分螺栓紧固。

（2）检查集合电容器。外壳无膨胀、变形，焊缝无开裂、无渗漏油，必要时进行处理。

19. 交直流电源装置小修范围和标准：

（1）测量并记录每个蓄电池的端电压、浮充电压，应符合说明书的规定。

（2）清除直流充电装置的尘垢，特别是散热片和散热风扇上的尘垢。

（3）检查蓄电池外观，应完好、清洁、无变形、无鼓肚现象，导线连接可靠。

（4）直流盘、柜安装牢固，无腐蚀脏污并涂漆良好。

（5）检查装置的电流、电压、绝缘监察数据和信号显示应正常。

（6）通过盘上绝缘监察显示数据，确定直流系统对地的绝缘状态应良好。

（7）试验两路交流电源互投应正常。

20. 高压母线小修范围和标准：

（1）检查绝缘子、杆塔和构架。绝缘子不得有裂纹、破损和放电痕迹。杆塔和构架应完好，安装牢固，无倾斜和基础下沉现象，铁件无锈蚀，接地良好，相位标志牌清晰鲜明。

（2）检查导线（包括引线）。软母线张力适当，不得有松股、断股和机械损伤。硬母线应固定牢靠，且可伸缩，漆膜完好，相色鲜明不得有裂纹，连接紧密。

（3）检查金具。金具应无锈蚀，固定、连接牢靠，接触良好。

21. 电力电缆小修范围和标准：

（1）检查电缆头、套管、引线、接线盒、护层保护器及接地。固定牢靠，绝缘良好；引线连接牢固，引线相间和距接地物的距离符合规定。

（2）检查电缆。排列整齐、固定牢靠且不受张力，弯曲半径符合规定，接地良好；电缆外露部分应有保护管，管口应密封，保护管应完整无损，且固定牢靠。

（3）清扫电缆沟及电缆夹层。沟内、夹层内应无积水、杂物；支架完好，固定牢靠不锈蚀；盖板齐全无严重破损。电缆沟、夹层内通向室内的入口处应有完好的防止小动物的措施。电缆夹层内排风设施良好。

22. 避雷器小修范围和标准：

（1）清扫检查瓷套、引线和均压环。应固定牢靠，无锈蚀。

（2）检查底座、构架、基础等。

（3）动作指示器密封，作用良好。

（4）检查接地线，对锈蚀部位进行除锈涂漆。

23. 避雷针小修范围和标准：

（1）检查杆塔无倾斜和弯曲，固定牢靠；除锈补漆，必要时全面涂漆。

（2）检查避雷针，无熔化和断裂。

（3）检查底部装置。

24. 接地装置小修范围和标准：
（1）检查地面上和电缆沟内的接地线、接地端子等，应完整无锈蚀、损伤、断裂及其他异状，与设备连接牢固，接触良好。
（2）检查 PW 线、回流线、综合地线、钢轨回流、N 线在集中接地箱中与地网汇流母排间的连接接头，应连接牢固，接触截面符合规定。
（3）检查穿芯电流互感器的二次接线应无松动。
（4）检查设备接地连接应牢固。
25. 接地放电装置小修范围和标准：清扫、检查绝缘子和绝缘件，应无污垢，无破裂。
26. 低压盘（含端子箱）包括综自盘、电缆光纤光栅在线测温装置、安全环境监测设备、接触网开关监控盘、计量盘等的小修范围和标准如下：
（1）清扫低压盘（箱、台，下同）及其相应的装置，其内部及外壳应清洁无尘。
（2）检查盘的表面状态，应安装牢固、端正，排列整齐，接地良好；标志齐全、正确、清楚；盘面无锈蚀；且盘（台）体密封良好。
（3）检查盘内各项装置，应安装牢固，绝缘和接触良好；端子排和配线排列整齐；标示牌、标志、信号齐全、正确、清楚。
（4）清理机箱风扇及面板的滤网，保持机箱内通风通畅。
（5）UPS 电源工作正常。
（6）核对保护测控盘及综合自动化系统后台各项信息显示的正确性，后台机各项功能应正常。
（7）调整或更换不合格的继电器、插件、打印机等元器件。
27. 远动系统小修范围及标准。
（1）调度主站。
① 清扫调度主站各部件，紧固端子排连接螺栓，检查连接线缆。要求各部件无积尘、螺栓无松动、线缆无断裂、表皮无破损。
② 检查调度主站的附属外围设备，应工作正常。
③ 对供电远动系统调度主站的 UPS 不间断电源的专用蓄电池进行核对性充放电维护，电池组容量应满足规定要求。
（2）被控站。
① 请扫被控站各部件，紧固端子排连接螺栓，检查连接线缆。要求各部件无积尘、螺栓无松动、线缆无断裂、表皮无破损。
② 检查信号收发是否正常，显示正确。
③ 校对被控站与调度主站的系统时钟是否一致。
④ 被控站进行双通道切换试验。
28. 牵引变电所内安装的计费用电度表、指示仪表、试验用仪表的检验周期按国家强制检定的工作计量器具检定周期执行。
29. 设备大修的标准及要求：牵引变电所各项设备大修后达到使用寿命需整体更换时，应达到新建项目的标准。

30. 鼓励开展带电测试或在线监测。当带电测试或在线监测发现问题时应进行停电试验进一步核实。如经实用证明利用带电测试或在线监测技术能达到停电试验的效果，可以延长停电试验周期或不做停电试验。

31. 进行变电设备红外热像仪测温时，应按国家、电力行业的标准要求进行。设备的红外热成像测温周期如表 4-29 所示。

表 4-29　设备红外成像测温周期

序号	项目	周期	标准	说明
1	变压器	（1）交接及大修后带负荷一个月内（但应超过 24 h）； （2）200 kV 及以上牵引变电所 3 个月； （3）其他 6 个月； （4）必要时	按 DL/T 664—2008《带电设备红外诊断应用规范》要求执行	测量套管及接头、油箱客、油枕、冷却器进出口及本体等部位
2	电流互感器	（1）交接及大修后带负荷一个月内（但应超过 24 h）； （2）200 kV 及以上 3 个月； （3）其他 6 个月； （4）必要时		测量引线接头、瓷套表面、二次端子箱等部位
3	电压互感器	（1）交接及大修后带负荷一个月内（但应超过 24 h）； （2）200 kV 及以上 3 个月； （3）其他 6 个月； （4）必要时		测量引线接头、瓷套表面、二次端子箱等部位
4	开关设备	（1）交接及大修后带负荷一个月内（但应超过 24 h）； （2）200 kV 及以上 3 个月； （3）其他 6 个月； （4）必要时		测量各连接部位、断路器、刀闸触头等部位
5	电力电缆	（1）交接及大修后带负荷一个月内（但应超过 24 h）； （2）馈线电缆 3 个月； （3）其他 6 个月； （4）必要时		测量电缆终端和非直埋式电缆中间接头、交叉互联箱、外护套屏蔽接地点等部位
6	并联电容器	（1）交接及大修后带负荷一个月内（但应超过 24 h）； （2）1 年内； （3）必要时		测量接头及电容器外壳等部位
7	避雷器	（1）交接及大修后带负荷一个月内（但应超过 24 h）； （2）200 kV 及以上 3 个月； （3）其他 6 个月； （4）必要时		测量引线接头及瓷套表面等部位

任务四　试　验

电气设备的绝缘试验，要尽量将连接在一起不同试验标准的设备分解开，单独进行试验。对分开有困难或已装配的成套设备必须连在一起试验时，其试验标准应采用其中的最低标准。

1. 当设备的出厂额定电压与实际使用的额定工作电压不同时，应根据下列原则确定试验电压的标准：

（1）当采用额定电压较高的设备用以加强绝缘者，应按照设备的额定电压标准进行试验。

（2）采用额定电压较高的设备用以满足产品通用性的要求时，可以按照设备实际使用的额定工作电压或出厂额定电压的标准进行试验。

（3）采用较高电压等级的设备用以满足高海拔地区要求时，应在安装地点按照实际使用的额定工作电压的标准进行试验。

2. 所有电气设备预防性试验周期，除特别规定者外均为 1 年 1 次。设备检修时的试验如能包括预防性试验的内容和要求，则在该周期内可以不再做预防性试验。

3. 在进行与温度及湿度有关的各种试验时（如测量直流电阻、绝缘电阻、介质损失角、泄漏电流等），应同时测量被试物周围的温度及湿度。绝缘试验应在良好天气且被试物及仪器周围温度不宜低于 +5 ℃、空气相对湿度不宜高于 80% 的条件下进行。

试验标准中所列的绝缘电阻系指 60 s 的绝缘电阻值（R60），

吸收比为 60 s 与 15 s 绝缘电阻的比值（R60/R15）。交流耐压试验加至试验标准电压后的持续时间，凡无特殊说明者，均为 1 min。

4. 110 kV 及以上设备经交接试验后超过 6 个月未投入运行，或运行中设备停运超过 6 个月的，在投运前应进行绝缘项目试验，如测量绝缘电阻、$\tan\delta$、绝缘油的水分和击穿电压、绝缘气体湿度等。27.5 kV 及以下设备按 1 年执行。

对进口或合资设备的预防性试验应按合同或维护手册执行，未规定者按本规则执行。

5. GIS 开关柜及组合电器试验在交接时、大修后、必要时进行，其中电流互感器、电压互感器和避雷器分别根据电流互感器、电压互感器、避雷器单项设备试验标准，断路器的试验比照 SF_6 断路器试验标准执行。

6. 电气设备的试验标准除本规则规定外，均按中华人民共和国电力行业标准《电力设备预防性试验规程》（DL/T 596）最新版执行。额定电压为 27.5 kV 的电气设备，除特别指出者外，可暂比照 35 kV 电气设备的试验标准进行。工程交接验收试验除进行本规则全部项目外，其他要求按有关规定执行。

表 4-30　变压器的试验项目、周期和要求

序号	项目	周期	要求	说明
1	绕组直流电阻	(1) 大修后； (2) 1～3 年； (3) 无载调压变更接头位置后； (4) 必要时	(1) 1.6 MV·A 以上变压器，各绕组电阻相互间差别不应大于三相平均值的 2%，无中性点引出的绕组线间差别不应大于三相平均值的 1%； (2) 1.6 MV·A 及以下的变压器相间差别一般不大于三相平均值的 4%，线间差别一般不大于三相平均值的 2%； (3) 与以前相同部位测的值比较，其变化应不大于 2%	(1) 如电阻相间差在出厂时过规定，制造厂已说明了这种偏差的原因，按要求进行 (3) 项求行； (2) 不同温度下的电阻按下式换算 $R_2 = R_1 (T+t_2)/(T+t_1)$ 式中 R_1、R_2 分别为在温度 t_1、t_2 时的电阻值；T 为计算常数，铜导线取 235； (3) 封闭式电缆出线或 GIS 出线的变压器，电缆、GIS 出线侧绕组可不进行定期试验
2	绕组绝缘电阻、吸收比或(和)级化指数	(1) 投运前； (2) 大修后； (3) 1～3 年； (4) 必要时	(1) 绝缘电阻换算至同一温度下，与前一次测试结果相比应无明显变化； (2) 吸收比 (10～30 ℃范围) 不低于 1.3 或级化指数不低于 1.5	(1) 采用 2 500 V 或 5 000 V 兆欧表； (2) 测量前被试绕组应充分放电； (3) 测量温度以顶层油温为准，尽量使每次测量温度相近； (4) 尽量在油温低于 50 ℃时测量； (5) 不同温度下的绝缘电阻一般可按下式换算 $R_2 = R_1 \times 1.5^{(t_1-t_2)/10}$ 式中 R_1、R_2 分别为温度 t_1、t_2 时的绝缘电阻值； (5) 吸收比和级化指数不进行温度换算
3	绕组的 $\tan\delta$	(1) 交接时； (2) 大修后； (3) 1～3 年一次； (4) 必要时	(1) 20 ℃时 $\tan\delta$ 不大于下列数值：66～220 kV 0.8%，35～66 kV 1%，35 kV 及以下 1.5%； (2) $\tan\delta$ 值与历年的数值比较不应有显著变化（一般不大于 30%）； (3) 试验电压如下： 绕组电压 10 kV 及以上　　试验电压 10 kV 绕组电压 10 kV 以上　　　试验电压 额定电压 U_n	(1) 非被试绕组应接地或屏蔽； (2) 同一变压器各绕组 $\tan\delta$ 的要求值相同； (3) 测量温度以顶层油温为准，尽量使每次测量温度相近； (4) 尽量在油温低于 50 ℃时测量； (5) 封闭式电缆出线侧绕组的变压器只测量非电缆出线侧绕组的 $\tan\delta$

续表

序号	项目	周期	要求	说明
4	电容型套管的 $\tan\delta$ 和电容值	(1) 大修后；(2) 1～3 年一次；(3) 必要时		(1) 用正接法测量；(2) 测量时记录环境温度及变压器顶层油温
5	交流耐压试验	(1) 大修后（66 kV 及以下）；(2) 更换绕组后；(3) 必要时	油浸变压器试验电压值按中华人民共和国电力行业标准 DL/T 596	(1) 可采用倍频感应或操作波感应法，现场条件不具备时，可只进行外施工频耐压试验；(2) 66 kV 及以下全绝缘变压器
6	铁心（有外引接地线的）绝缘电阻	(1) 大修后；(2) 1～3 年一次；(3) 必要时	(1) 与以前测试结果相比无显著差别；(2) 运行中铁心接地电流一般不大于 0.1 A	(1) 采用 2 500 kV 兆欧表（对运行年久的变压器可用 1 000 kV 兆欧表）进行测量
7	穿心螺栓、铁轭夹件、绑扎钢带、铁心、线圈压环及屏蔽等的绝缘电阻	(1) 大修后；(2) 必要时	220 kV 及以上者绝缘电阻一般不低于 500 MΩ 其他自行规定。	(1) 采用 2 500 kV 兆欧表（对运行年久的变压器可用 1 000 kV 兆欧表）；(2) 连接片不能拆开者可不进行
8	绕组泄漏电流	(1) 1～3 年一次；(2) 必要时	(1) 试验电压一般如下： 绕组额定电压/kV：6～15、20～35、66～330 直流试验电压/kV：10、20、40 泄漏电流/μA：33、50、50 (2) 与前一次测试结果相比应无明显变化	读取 1 min 时的泄漏电流值
9	绕组所有分接的电压比	(1) 分接开关引线拆装后；(2) 大修后；(3) 必要时	(1) 各相应分接头的电压比与铭牌值相比，不应有显著差别，且符合规律；(2) 电压 35 kV 以下，电压比小于 3 的变压器，允许偏差为±1%；其他所有变压器，额定分接电压比允许偏差±0.5%；其他分接的电压比应在变压器阻抗电压值（%）的 1/10 以内，但不得超过±1%	

续表

序号	项目	周期	要求	说明
10	校核单相变压器极性	更换绕组后	必须与变压器铭牌和顶盖上的端子标志相一致	
11	测温装置及二次回路试验	(1) 1～3 年一次；(2) 大修后；(3) 必要时	密封良好，指示正确，测温电阻和出厂值相符；绝缘电阻一般不低于 1 MΩ	测量绝缘电阻采用 2 500 V 兆欧表
12	冷却装置及其二次回路检查试验	(1) 1～3 年一次（二次回路）；(2) 大修后；(3) 必要时	(1) 投运后，流向、温升和声响正常，无渗漏；(2) 绝缘电阻一般不低于 1 MΩ	测量绝缘电阻采用 2 500 V 兆欧表
13	套管中的电流互感器绝缘试验	(1) 必要时；(2) 大修后	绝缘电阻一般不低于 1 MΩ	采用 2 500 V 兆欧表
14	全电压下空载合闸	大修后	(1) 全部更换绕组，空载合闸 5 次，每次间隔 5 min；(2) 部分更换绕组，空载合闸 3 次，每次间隔 5 min	(1) 在使用分接上进行；(2) 由变压器高压或中压侧加压；(3) 110 kV 及以上的变压器中性点接地
15	气体继电器及二次回路试验	(1) 1～3 年一次（二次回路）；(2) 大修后；(3) 必要时		
16	压力释放器校验	必要时	动作值与铭牌值相差应在±10%范围内或按制造厂规定	
17	局部放电测量	(1) 大修后（220 kV 及以上）；(2) 220 kV 及以上、120 MV·A 及以上；(3) 必要时	(1) 在线端电压为 1.5U_m/$\sqrt{3}$ 时放电量一般不大于 500 pC，在线端电压为 1.3U_m/$\sqrt{3}$ 时，放电量一般不大于 300 pC；(2) 干式变压器按 GB 6450 规定执行	(1) 试验方法符合 GB 1094.3 的规定；(2) 周期中"大修后"系指消缺性大修后

表 4-31　干式变压器的试验项目、周期和要求

序号	项目	周期	要求	说明
1	绕组直流电阻	(1) 交接时； (2) 大修后； (3) 6 年一次； (4) 必要时	(1) 相间差别一般不应大于三相平均值 4%，线间差别不应大于三相平均值的 2%； (2) 与以前相同部位测得值比较，其变化不应大于 2%	不同温度下的电阻值按下式换算： $R_2 = R_1 (T+t_2)/(T+t_1)$ 式中 R_1、R_2 分别为在温度 t_1、t_2 时的电阻值；T 为电阻温度常数，铜导线取 235
2	绕组、铁心绝缘电阻	(1) 交接时； (2) 大修后； (3) 6 年一次； (4) 必要时	绝缘电阻换算至同一温度下，与前一次测试结果相比应无明显变化，一般不低于上次值得 70%	采用 2 500 V 或 5 000 V 兆欧表
3	交流耐压试验	(1) 大修后； (2) 6 年一次	全部更换绕组时，按出厂试验电压值；部分更换绕组和定期试验时，按出厂试验电压值的 0.85 倍	10 kV 变压器按 35 kV×0.8=28 kV 进行
4	测温装置及二次回路试验	(1) 交接时； (2) 大修后； (3) 六年一次； (4) 必要时	(1) 按制造厂的技术要求； (2) 指示正确，测温电阻应和出厂值相符； (3) 绝缘电阻一般不低于 1 MΩ	(1) 采用 2 500 V 兆欧表（对运行年久的变压器可用 1 000 V 兆欧表）； (2) 连接片不能拆开者可不进行

表4-32　油浸式电流互感器的试验项目、周期和要求

序号	项目	周期	要求	说明
1	绕组的绝缘电阻	(1)投运前；(2)大修后；(3)1~3年1次；(4)必要时	绕组绝缘电阻与初始值及历次数据比较，不应有显著变化	采用2 500 V兆欧表
2	$\tan\delta$和电容值	(1)投运前；(2)大修后；(3)1~3年1次；(4)必要时	主绝缘$\tan\delta$（%）应不大于下面数值，且与历年数据比较，不应有显著变化 	电压等级/kV	20~35	66~110	220	330~500
大修后　油纸电容型	1.0	1.0	0.7	0.6
充油型胶纸电容型	3.0	2.0	—	—
	2.5	2.0	—	—
运行中　油纸电容型	1.0	1.0	0.8	0.7
充油型胶纸电容型	3.5	2.5	—	—
	3.0	2.5	—	—	 (1)电容型电流互感器主绝缘电容量与初始值或出厂值差别超出±5%范围时应查明原因；(2)当电容型电流互感器末屏对地绝缘电阻小于1 000 MΩ时，应测量末屏对地$\tan\delta$，其值不大于2%	(1)主绝缘$\tan\delta$试验电压为10 kV，末屏对地$\tan\delta$试验电压为1 kV；(2)油纸电容型$\tan\delta$一般不进行温度换算，当$\tan\delta$与出厂型式上一次试验值比较有明显增长时，应综合分析$\tan\delta$与温度、电压的关系，当$\tan\delta$随温度变化明显或$\tan\delta$增量试验电压由10 kV升到$U_m/\sqrt{3}$时，$\tan\delta$增量超过±0.3%，不应继续运行；(3)固体绝缘互感器可不进行$\tan\delta$测量
3	交流耐压试验	(1)大修后；(2)必要时	一次绕组按出厂值80%进行，出厂值不明的按下列电压进行试验 | 一次绕组电压等级/kV	3	6	10	15	20	35	66
---	---	---	---	---	---	---	---
试验电压/kV	15	21	30	38	47	72	120	 (2)二次绕组之间及末屏对地为2 kV；(3)全部更换绕组后，应按出厂值进行	

续表

序号	项目	周期	要求	说明
4	极性检查	(1)大修后；(2)必要时	与铭牌标志相符	
5	各分接头的变比检查	(1)大修后；(2)必要时	与铭牌标志相符	更换绕组后应测量比值和相位差
6	密封检查	(1)大修后；(2)必要时	应无渗漏油现象	试验方法按制造厂规定
7	一次绕组直流电阻测量	(1)大修后；(2)必要时	(1)与出厂试验值比较，应无明显差别；(2)同型号、同规格、同批次电流互感器一、二次绕组的直流电阻和平均值的差异不宜大于10%	
8	局部放电测量	(1)大修后；(2)必要时	(1)110 kV及以上油浸式互感器在电压为$1.2U_m/\sqrt{3}$时，放电量不大于20 pC；(2)必要时：在电压为$1.2U_m$时，放电量不大于50 pC	(1)试验接线按GB 5583—1995进行；(2)110 kV及以上的油浸式电流互感器交接时若有出厂工频耐压试验可不进行或只进行个别抽试；(3)预加电压为出厂工频耐压值的80%，测量电压在两值中任选其一进行；(4)必要时，如对绝缘性能有怀疑时

表 4-33　干式电流互感器的试验项目、周期和要求

序号	项目	周期	要求	说明
1	绕组及末屏对地的绝缘电阻	(1) 投运前；(2) 35 kV 及以上：3 年 1 次；10 kV：6 年 1 次；(3) 大修后；(4) 必要时	(1) 一次绕组对末屏及对地、各二次绕组及其对地的绝缘电阻与出厂值及历次数据比较，不应有显著变化，一般不低于出厂值及初始值得 70%；(2) 电容型电流互感器末屏对地绝缘电阻一般不低于 1 000 MΩ	(1) 采用 2 500 V 兆欧表；(2) 必要时，如怀疑有故障时
2	tanδ 及电容量	35 kV 及以上：(1) 投运前；(2) 三年一次；(3) 大修后；(4) 必要时	(1) 主绝缘电容量与初始值或出厂值差别超过 ±5% 时应查明原因；(2) 参考厂家技术条件进行，无厂家数据比较时，绝缘 tanδ 不应大于 0.5%，且与历年数据比较，不应有显著变化；(3) 当电容型电流互感器末屏对地 tanδ、应测量末屏对地 tanδ，其值不大于 2%，1 000 MΩ时	(1) 只对 35 kV 及以上电容型互感器进行；(2) 当 tanδ 值与出厂值比较有明显增长或 tanδ 与温度、电压有关系，应综合分析 tanδ 随温度与试验电压变化明显增量超过 ±0.3%，tanδ 试验电压由 10 kV 升到 $U_m/\sqrt{3}$ 到时，不应继续运行，可以用带电测试 tanδ 及电容量条件的电容型互感器；(3) 对具备测试条件的电容型互感器，可以用带电测试 tanδ 及电容量代替
3	带电测试 tanδ 及电容量	(1) 投产后一个月；(2) 一年一次；(3) 大修后；(4) 必要时	(1) 可采用同相比较法：判断标准为：同相比较，测量值介损测量值差值 $(\tan\delta_X - \tan\delta_N)$ 与初始测量值差值 $(\tan\delta_X - \tan\delta_N)$ 绝对值不超过 ±5%；变化范围对设备介损测量值 $(\tan\delta_X - \tan\delta_N)$ 不应超过 ±0.3%；(2) 采用其他测试方法时，可根据实际制定操作细则	只对已安装了带电测试信号取样单元的电容型电流互感器进行，当超出要求应：(1) 查明原因；(2) 缩短试验周期；(3) 必要时停电复试
4	交流耐压试验	(1) 35 kV 及以上：必要时；(2) 10 kV：6 年 1 次	(1) 一次绕组按出厂值的 80% 进行；(2) 二次绕组之间及末屏对地为 2 kV，10 kV 电流互感器耐压试验按 35 kV 器耐压试验按 35 kV 兆欧表代替	
5	局部放电测量	(1) 110 kV 及以上：必要时	在电压为 $1.2U_m/\sqrt{3}$ 时，视在放电量不大于 50 pC	必要时，如对绝缘性能有怀疑时
6	各分接头的变比检查	必要时	与铭牌标志相符；比值差和相位差与同类型互感器特性试验值比较应无明显变化，并符合各等级规定	(1) 对于计量费用测量比值和相位差(2) 必要时，如变比分接头运行时
7	核校励磁特性曲线	必要时	与同类型互感器特性曲线相比较，应无明显差别	继电保护有要求时进行

表 4-34 电磁式电压互感器的试验项目、周期和要求

序号	项目	周期	要求	说明
1	绝缘电阻	(1) 1~3 年; (2) 大修后; (3) 必要时	绕组绝缘电阻与出厂试验值及上次试验数据比较,应无显著变化,且绝缘电阻应不低于上次试验值的70%,最小值应符合以下要求(换算为20℃时): (1) 大修后: <table><tr><td>额定电压/kV</td><td>6~10</td><td>35</td><td>110~220</td></tr><tr><td>绝缘电阻/MΩ</td><td>100</td><td>2 000</td><td>3 000</td></tr><tr><td>二次绝缘电阻/MΩ</td colspan="3">不低于1 000</td></tr></table> (2) 预防性试验: <table><tr><td>额定电压/kV</td><td>6~10</td><td>35</td><td>110~220</td></tr><tr><td>绝缘电阻/MΩ</td><td>300</td><td>1 000</td><td>2 000</td></tr><tr><td>二次绝缘电阻/MΩ</td colspan="3">10</td></tr></table>	一次绕组用2 500 V兆欧表,二次绕组用1 000 V或2 500 V兆欧表
2	tanδ(20 kV 及以上油浸式)	(1) 绕组绝缘: (a) 1~3 年; (b) 大修后时; (c) 必要时; (2) 66~220 kV 串级式电压互感器支架: (a) 投运前; (b) 大修后; (c) 必要时	(1) 绝缘电阻 tanδ(%) 不应大于表下数值: <table><tr><td>温度/℃</td><td>5</td><td>10</td><td>20</td><td>30</td><td>40</td></tr><tr><td>大修中 35 kV 及以上</td><td>1.5</td><td>2.5</td><td>3.0</td><td>5.0</td><td>7.0</td></tr><tr><td>运行中 35 kV 及以上</td><td>2.0</td><td>2.5</td><td>3.5</td><td>5.5</td><td>8.0</td></tr><tr><td>大修中 35 kV 及以下</td><td>1.0</td><td>1.5</td><td>2.0</td><td>3.5</td><td>4.0</td></tr><tr><td>运行中 35 kV 及以下</td><td>1.5</td><td>1.0</td><td>2.5</td><td>4.0</td><td>5.5</td></tr></table> (2) 支架绝缘电阻 tanδ 一般不大于 6%	(1) 串级式电压互感器的末端要接地; tanδ试验建议采用末端屏蔽法其他试验方法参照自行规定; (2) 分级绝缘的电压互感器测 tanδ 时施加电压为 3 kV
3	交流耐压试验	(1) 3 年(20 kV 及以下); (2) 大修后; (3) 必要时	(1) 一次绕组按出厂值的80%进行,出厂值不明的,按下列电压进行试验: <table><tr><td>电压等级/kV</td><td>3</td><td>6</td><td>15</td><td>20</td><td>35</td><td>66</td></tr><tr><td>试验电压/kV</td><td>15</td><td>21</td><td>30</td><td>38</td><td>47</td><td>72</td><td>120</td></tr></table> (2) 二次绕组之间及末屏对地为 2 kV (3) 全部更换绕组绝缘后按出厂值进行	(1) 串级式或分级绝缘式互感器用倍频感应耐压试验时应考虑倍频感应试验器的容升电压; (2) 进行倍频感应耐压试验前后,应检查有否绝缘损伤

续表

序号	项目	周期	要求	说明
4	空载电流测量	(1)大修后；(2)必要时	(1)在额定电压下，空载电流与出厂数值比较无明显差别；(2)在下列试验电压下，空载电流不应大于最大允许电流：中性点有效接地系统 1.9 U_n/3；中性点非有效接地系统 1.5 U_n/3	试验方法按制造厂规定
5	密封检查	(1)大修后；(2)必要时	应无渗漏油现象	
6	铁心夹紧螺栓（可可触到的）绝缘电阻	自行规定	自行规定	采用 2 500 V 兆欧表
7	联接组别和极性	(1)更换绕组后；(2)接线变动后	与铭牌和端子标志相符	
8	电压比	(1)更换绕组后；(2)接线变动后	与铭牌标志相符	更换绕组后应测量比值差和引位差
9	局部放电测量	(1)投运前；(2)1~3年固(20~35 kV固体绝缘互感器)；(3)大修后；(4)必要时	见下表	(1)试验按 GB 5583 进行。(2)局部放电测量与交流耐压同时进行。(3)35~110kV 电压互感器宜按电压等级为 10% 进行局部放电抽测，若局部放电量达不到规定，要求增加抽测比例。(4)交接试验或只进行个别抽测时，预加电压为出厂工频试验电压的 80%，测量电压中任选其一进行。(5)必要时，如：对绝缘性能有怀疑时

种类		测量电压/kV	允许的视在放电量/pC		
			环氧树脂及其他干式	油浸式	气体式
电压互感器 ≥66 kV	全绝缘结构	1.2U_m/$\sqrt{3}$	50	50	20
	半绝缘结构（一次绕组一端直接接地）	1.2U_m（必要时）	100	100	50
电压互感器 35 kV		1.2U_m/$\sqrt{3}$	50	50	20
		1.2U_m（必要时）	100	100	50

表 4-35 电容式电压互感器的试验项目、周期和要求

序号	项目	周期	要求	说明
1	电压比	(1)大修后；(2)必要时	与铭牌标志相符	
2	中间变压器的绝缘电阻	(1)大修后；(2)必要时	自行规定	采用2 500 V兆欧表
3	中间变压器tanδ	(1)大修后；(2)必要时	与初始值不应有显著变化	

表 4-36 干式电压互感器的试验项目、周期和要求

序号	项目	周期	要求	说明
1	绝缘电阻	(1)6年1次；(2)大修后；(3)必要时	一般不低于出厂值及初始值70%	采用2 500 V兆欧表
2	交流耐压试验	(1)6年1次(10kV)；(2)必要时(35及以上)	(1)一次绕组按出厂值的80%进行；(2)二次绕组之间及末屏对地的工频耐压试验电压为2 kV,可用2 500 V兆欧表替代	
3	局部放电测量	必要时	在电压为$1.2U_m/\sqrt{3}$时视在放电量不大于50 pC	
4	空载电流测量	大修后	(1)在额定电压下,空载电流与出厂数值比较无明显差别；(2)在下列试验电压下,空载电流不应大于最大允许电流 中性点非有效接地系统：$1.9U_m/\sqrt{3}$ 中性点接地系统：$1.5U_m/\sqrt{3}$	
5	联接组别和极性	(1)更换绕组后；(2)接线变动后	与铭牌端子标志相符	
6	电压比	更换绕组后	与铭牌端子标志相符	
7	绕组直流电阻	(1)大修后；(2)必要时	与初始值或出厂值比较,应无明显差别	

表 4-37 SF₆ 的试验项目、周期和要求

序号	项目	周期	要求	说明
1	SF₆ 气体泄漏试验	(1) 大修后； (2) 1年（有密度表）3 个月（无密度表）； (3) 必要时	年漏气量不大于 1%或按制造厂要求	(1) 按 GB 11023 方法进行； (2) 对电压等级较高的断路器，因体积较大可用聚乙包扎法检漏，每个密封部位包扎后历时 5 h，测得的 SF₆ 气体含量（体积分数）不大于 30×10^{-6} 或采用 SF₆ 气体含量 1×10^{-6}（体积分数）的检漏仪对断路器各密封部位、管道接头等处进行检测，检漏仪不应报警
2	辅助回路和控制回路绝缘电阻	(1) 1~3 年； (2) 必要时	绝缘电阻不低于 2 MΩ	采用 500 V 或 1 000 V 兆欧表
3	耐压试验	(1) 大修时； (2) 必要时	交流耐压或操作冲击耐压的试验电压为出厂试验电压值的 80%	(1) 试验在 SF₆ 气体额定压力下进行； (2) 对 GIS 试验前应对其中的电磁式电压互感器及避雷器，但在投运前应对它们进行试验电压为 U_m 的 5 min 耐压试验； (3) 罐式断路器的耐压试验方式：合闸状态：分闸对地；分闸状态两端接地。建议在交流耐压试验时测量断口局部放电； (4) 对瓷柱式定开距型断路器只作另端整体耐压
4	辅助回路和控制回路交流耐压试验	大修后	试验电压为 2 kV	耐压试验后绝缘电阻不应降低
5	断口间并联电容器的绝缘电阻、电容量和 tanδ	(1) 1~3 年； (2) 大修后； (3) 必要时	(1) 瓷柱式断路器各断口同时测量，测得的电容值和 tanδ 与原始值比较，应无明显变化； (2) 罐式断路器按制造厂规定	大修时，对瓷柱式断路器应测量电容器和断口并联后整体的电容值和 tanδ，作为该设备的原始数据
6	合闸电阻值和合闸电阻的投入时间	(1) 1~3 年（罐式断路器除外）； (2) 大修后	(1) 除制造厂另有规定外，阻值变化允许范围不得大于 ±5%； (2) 合闸电阻的有效接入时间按制造厂规定校核	
7	断路器的时间参量	(1) 大修后； (2) 机构大修后	闸同期性应满足下列要求： 除制造厂另有规定外，断路器的分、合闸同期不满足下列要求： 相间合闸不同期不大于 5 ms； 相间分闸不同期不大于 3 ms； 同相各断口同期合闸不大于 3 ms； 同相各断口同期分闸不大于 2 ms	

续表

序号	项目	周期	要求	说明
8	断路器的速度特性	大修后	测量方法和测量结果应符合制造厂规定	制造厂无要求时不测
9	分、合闸电磁铁的动作电压	（1）1~3年；（2）大修后；（3）机构大修后	（1）操作机构合闸：操作电压为额定电压的85%~110%；操作机构分闸：操作电压大于额定值65%；（2）进口设备按制造厂规定	
10	导电回路电阻	（1）1~3年；（2）大修后	敞开式断路器的测量值之不大于制造厂规定值的120%	用直流压降法测量，电流不小于100 A
11	分、合闸线圈直流电阻	（1）大修后；（2）机构大修后	测试结果应符合产品技术条件的规定	
12	SF₆气体密度监视器（包括整定值）校验	（1）1~3年；（2）大修后；（3）必要时	测试结果应符合产品技术条件的规定	
13	压力表（或调整），机构操作压力整定值校验、机械安全阀校验	（1）大修后；（2）机构大修后	测试结果应符合产品技术条件的规定	
14	操作机构在分闸、合闸、重合闸下的操作压力（气压、液压）下降值	（1）大修后；（2）机构大修后	测试结果应符合产品技术条件的规定	
15	运行中的局部放电	必要时	应无明显局部放电信号	只对运行中的GIS进行测量

表4-38 真空断路器的试验项目、周期和要求

序号	项目	周期	要求	说明
1	绝缘电阻	(1) 1~3年；(2) 大修后	(1) 整体绝缘电阻参照制造厂规定或自行规定；(2) 断口和用有机物制成的提升杆的绝缘电阻不应低于下表中的数值（MΩ）： 实验类别 | 额定电压/kV <24 | 24~40.5 | 55~72.5 大修后 | 1 000 | 3 000 | 6 000 运行中 | 300 | 1 000 | 3 000	
2	交流耐压实验（断路器主回路对地、相间及断口）	(1) 1~3年（12 kV以下）；(2) 大修后；(3) 必要时（40.5 kV、72.5 kV）	断路器在分、合闸状态下分别进行，试验电压按DL/T 593规定值	(1) 更换或干燥后的绝缘提升杆必须进行耐压试验，耐压设备不能满足时可分段进行；(2) 相间、相对地及断口的耐压相同
3	辅助回路和控制回路交流耐压实验	(1) 1~3年；(2) 大修后	实验电压为2 kV	
4	导电回路电阻	(1) 1~3年；(2) 大修后	(1) 大修后测试结果应符合产品技术条件的规定；(2) 运行中应符合产品技术条件，建议不大于1.2倍出厂值	用流压降法测量，电流不小于100 A
5	断路器的机械特性	大修后	测试结果应符合产品技术条件的规定	在额定操作电压下进行
6	操作机构合闸接触器和合闸电磁铁的最低动作电压	大修后	操作机构合闸：操作电压为额定的85%~110% 操作机构分闸：操作电压不大于额定值65%	
7	合闸接触器和分、合闸电磁铁线圈的绝缘电阻和直流电阻	(1) 1~3年；(2) 大修后	(1) 绝缘电阻不应小于2 MΩ；(2) 直流电阻应符合测试结果应符合产品技术条件的规定	采用1 000 V兆欧表

表 4-39 隔离开关的试验项目、周期和要求

序号	项目	周期	要求	说明
1	有机材料支持绝缘端子及提升杆的绝缘电阻	(1) 1~3年； (2) 大修后	(1) 用兆欧表测量胶合元件分层电阻； (2) 有机材料传动提升杆的绝缘电阻不得低于下表数值（MΩ）： | 实验类别	额定电压/kV		
---	---	---	---
	<24	24~40.5	
大修后	1 200	3 000	
运行中	300	1 000			采用 2 500 V 兆欧表
2	二次回路的绝缘电阻	(1) 1~3年； (2) 大修后； (3) 必要时	绝缘电阻不应小于 2 MΩ	采用 1 000 V 兆欧表
3	交流耐压试验	大修后	(1) 实验电压值按 DL/T 593 规定； (2) 用单个或多个元件支柱绝缘子组成的隔离开关进行整体耐压试验有困难时，可对各胶合元件分别做耐压试验	在交流耐压试验前、后应测量绝缘电阻；耐压后的阻值不得降低
4	二次回路交流耐压试验	大修后	试验电压为 2 kV	
5	电动操作机构线圈的最低动作电压	大修后	最低动作电压一般在操作电源额定电压 30%~80% 范围内	
6	导电回路电阻测量	大修后	不大于制造厂规定值的 1.5 倍	用直流压降法测量，电流值不小于 100 A
7	操作机构的动作情况	大修后	(1) 电动操作机构额定操作电压手动操作机构操作时灵活，无卡涩； (2) 闭锁装置应可靠	

表 4-40 阀控式铅酸蓄电池直流屏（柜）的试验项目、周期和要求

序号	项目	周期	要求	说明
1	蓄电池组容量测试	（1）1年；（2）必要时	按 DL/T 459	
2	蓄电池放电终止电压测试	（1）1年；（2）必要时	符合设备说明书的要求	
3	各种功能检查	1年	各项功能均应正常	检查项目包括： （1）监控系统； （2）充电装置系统； （3）绝缘监察系统； （4）电池巡检系统； （5）预告系统

表 4-41 牵引变电所的支柱绝缘子和悬式绝缘子的试验项目、周期和要求

序号	项目	周期	要求	说明
1	零值绝缘子检测（66 kV 及以上）	必要时	在运行电压下检测	（1）可根据绝缘子的劣化率调整检测周期； （2）对多元件针式绝缘子应检测每一元件
2	绝缘电阻	必要时	（1）针式支柱绝缘子的每一元件和每片悬式绝缘子的绝缘电阻不应低于 300 MΩ； （2）棒式支柱绝缘子不进行此项试验	（1）采用 2 500 V 及以上兆欧表； （2）棒式支柱绝缘子可根据具体情况按左栏要求（1）或（2）进行； （3）35 kV 支柱绝缘子不进行此项试验
3	交流耐压试验	必要时	（1）35 kV 针式支柱绝缘子交流耐压试验电压如下： 两个胶合元件者，每元件 35 kV；三个胶合元件者，每元件 34 kV； （2）机械破坏荷合为 60～300 kN 的盘形悬式绝缘子交流耐压试验电压值均取 60 kV	
4	绝缘子表面污秽物的等值盐密	必要时		应分别在户外悬式绝缘子和一根棒式支柱上取样，测量当地积污最重时期进行的至少一串悬式绝缘子能代表当地污秽程度

表 4-42 纸绝缘电力电缆线路的试验项目、周期和要求

序号	项目	周期	要求	说明
1	绝缘电阻	在直流耐压试验之前进行	自行规定	额定电压 0.6/1 kV 电缆用 1 000 V 兆欧表；0.6/1 kV 以上电缆用 2 500 V 兆欧表（6/6 kV 及以上电缆也可用 5 000 V 兆欧表）
2	直流耐压	(1) 1～3 年；(2) 新做终端或接头后进行	(1) 耐压 5 min 时的漏电流值；(2) 三相之间的泄漏电流不平衡系数不应大于 2	6/6 kV 及以下电缆的泄漏电流小于 10 μA、8.7/10 kV 电缆的泄漏电流小于 20 μA 时，对不平衡系数不做规定

表 4-43 橡塑绝缘电力电缆的试验项目、周期和要求

序号	项目	周期	要求	说明
1	电缆绝缘电阻	(1) 投运前；(2) 新做终端或接头后；(3) 必要时	测量电缆导体对地或对金属屏蔽层间的绝缘电阻应满足下列规定：(1) 耐压试验前后，应无明显变化；(2) 橡塑电缆外护套、内衬层的绝缘电阻不应低于 0.5 MΩ/km	(1) 电缆交联聚乙烯绝缘层的测量采用额定电压 5 000 V 兆欧表；(2) 电缆外护套、内衬层的测量采用额定电压 500 V 兆欧表
2	金属屏蔽层电阻和导体电阻比	(1) 投运前；(2) 重做终端或接头后；(3) 内衬层破损进水后或电缆发生短路故障后；(4) 必要时	对照交接时及历年试验数据，如比值变化超过 15% 应引起注意，并适当缩短试验周期；(1) 对照交接时及历年试验数据，如比值变化超过 15% 应引起注意，并适当缩短试验周期；(2) 发现铜屏蔽层开断，要立即寻找开断点，加以修复按制造厂规定要求执行	试验方法：(1) 用单臂、双臂电桥测量；(2) 记录测量时的温度；(3) 当测量数据相比增加时，表明铜屏蔽层可能被腐蚀，铜屏蔽层电阻与线芯导体电阻的比值与上次试验相比有所增加，当该比值比上次减小时可能表明附件中导体连接点的接触电阻有增大的可能，如：铜屏蔽层的直流电阻比上次试验电阻有增大的可能时，怀疑外护套有故障时
3	电缆主绝缘交流耐压试验	(1) 投运前；(2) 新做终端或接头后；(3) 必要时	(1) 交接时：优先采用 20～300 Hz 交流耐压试验。橡塑电缆电压 U_0/U/kV 20～300 Hz 交流耐压试验电压和时间见下表： | 额定电压 U_0/U/kV | 试验电压 | 耐压时间 | | 18/30 kV 及以下 | 2.5U_0（或 2U_0） | 5（60）| | 21/35～64/110 | 2U_0 | 60 | | 127/220 | 1.7U_0（或 1.4U_0）| 60 | (2) 预防性试验 | 额定电压 U_0/U/kV | 试验电压 | 耐压时间 | | 18/30 kV 及以下 | 1.6U_0（或 2U_0）| 5 | | 21/35～64/110 | 1.36U_0 | 60 | | 127/220 | 1.36U_0（或 1.4U_0）| 60 |	(1) 110 kV 及以上电缆终端，另一端为 GIS 的空气绝缘终端，两端均为密闭式终端的电缆可不进行定期试验。(2) 两端均为密闭式终端的电缆可不进行定期试验；(3) 不具备上述试验条件或有特殊规定时，可采用施加正常系统相对地电压 24 h 方法代替交流耐压

注：橡塑绝缘电力电缆是指塑料绝缘电缆和橡皮绝缘电力电缆的总称。塑料绝缘电缆包括聚氯乙烯绝缘、聚乙烯绝缘和交联聚乙烯绝缘电力电缆，铁路一般用交联聚乙烯绝缘电力电缆。橡皮绝缘电缆包括乙丙橡皮绝缘电力电缆。

表 4-44 套管的试验项目、周期和要求

序号	项目	周期	要求	说明
1	主绝缘及电容型套管末屏对地绝缘电阻	(1) 大修后；(2) 3 年 1 次；(3) 必要时	(1) 主绝缘的绝缘电阻值不应低于 10 000 MΩ；(2) 末屏对地的绝缘电阻不应低于 1 000 MΩ	采用 2 500 V 兆欧表
2	主绝缘及电容型套管末屏对地 tanδ	(1) 大修后（包括主设备大修后）；(2) 3 年 1 次；(3) 必要时	(1) 20 ℃时的 tanδ (%) 值应不大于下表中数值： | 电压等级/kV	20～35	66～110	220～500
---	---	---	---
充油型	3.0	1.5	—
油纸电容型	1.0	1.0	0.8
充纸电容型	3.0	2.0	—
胶纸电容型	2.5	1.5	—
胶纸电容型	—	2.0	1.0
充油型	3.5	1.5	—
油纸电容型	1.0	1.0	0.8
充纸电容型	3.5	2.0	—
胶纸电容型	3.0	1.5	—
胶纸电容型	3.5	2.0	1.0 | (2) 当电容型套管末屏对地绝缘电阻小于 1 000 MΩ 时，应测量屏对 tanδ，其值不大于 2%；(3) 电容型套管的电容值与出厂值或上一次试验值差别超出 ±5% 时，应查明原因	(1) 油纸电容型套管的 tanδ 一般不进行温度换算，当比较值时，应综合分析 tanδ 与温度、试验电压的关系。当 tanδ 增量与温度增加明显或试验电压由 10 kV 升到 U_m/√3 时，tanδ 增量超过 ±0.3%，不应继续运行；(2) 20 kV 以下纸绝缘式套管连通的油浸变压器的所有绕组端子一起加压，其余绕组端子均接地，末屏接电桥，正接线测量；(3) 测套管变压器相绕组连接在一起加压，与被试套管反与套管不测 tanδ 时，与被试套管反与套管不测 tanδ 时
3	交流耐压试验	(1) 交接时；(2) 大修后；(3) 必要时	试验电压下局部放电值出厂值的 85%	35 kV 及以下纯瓷穿墙套管可随母线绝缘子一起耐压
4	66 kV 及以上套管的局部放电测量	(1) 交接时；(2) 大修后；(3) 必要时	在试验电压下局部放电值 (pC) 不大于： 		油纸电容型	胶纸电容型
---	---	---
新装或大修后	10	250 (100)
运行中	20	600	 (1) 变压器及电抗器套管的试验电压为 1.5U_m/√3；(2) 其他套管的试验电压为 1.05U_m/√3；(3) 局部放电量	

注：1. 充油套管指以油作为主绝缘的套管；
2. 油纸电容型套管指以油纸电容芯子为主绝缘的套管；
3. 充胶套管指以胶为主绝缘的套管；
4. 胶纸电容型套管指以胶纸电容芯子为主绝缘的套管；
5. 胶纸型套管指以胶纸为主绝缘于主绝缘外无瓷套胶纸套管（如一般室内无瓷套胶纸套管）。

表 4-45 集合电容器的试验项目、周期和要求

序号	项目	周期	要求	说明
1	极对壳绝缘电阻	(1) 投运后 1 年内; (2) 6 年 1 次; (3) 必要时	不低于 2 000 MΩ	(1) 串联电容器用 1 000 V 兆欧表,其他用 2 500 V 兆欧表; (2) 单套管电容器不测
2	电容值	(1) 投运后 1 年内; (2) 6 年 1 次; (3) 必要时	(1) 电压值偏差不超出额定值的 -5%～+10%范围; (2) 电容值不应小于出厂值的 95%	用电桥法或电流电压法测量
3	并联电阻值测量	(1) 投运后 1 年内; (2) 6 年 1 次; (3) 必要时	电阻值与出厂值的偏差应在 ±10%范围内	用自放电法测量

表 4-46 金属氧化物避雷器的试验项目、周期和要求

序号	项目	周期	要求	说明
1	绝缘电阻	（1）牵引变电所避雷器：雷雨季前一次；（2）必要时	（1）35 kV 以上，不低于 2 500 MΩ；（2）35 kV 以下，不低于 1 000 MΩ	（1）采用 2 500 V 及以上兆欧表；（2）怀疑有缺陷时
2	直流 1 mA 电压（U_{1mA}）及 $0.75U_{1mA}$ 下的泄漏电流	（1）雷雨季前一次；（2）必要时	（1）不得低于 GB 11032 规定值；（2）U_{1mA} 实测值与初始值或制造厂规定值比较，变化不应大于±5%；（3）$0.75U_{1mA}$ 下的泄漏电流不应大于 50 μA	（1）要记录实验时的环境温度和相对湿度；（2）测量电值的导线应使用屏蔽线；（3）初始值系指交接试验或投产实验时的测量值
3	运行电压下的交流泄漏电流	（1）新投运的 110 kV 及以上者投运 3 个月后测量 1 次；以后每半年 1 次；运行一年后，每年雷雨季节前 1 次；（2）必要时	测量运行电压下的全电流、阻性电流或有明显变化时应加强监测，有明显变化时应加强监测，当阻性电流增加 50%时应查该分析原因，加强监测，适当缩短检测周期；当阻性电流增加 1 倍时，应停电检查	（1）应记录测量时的环境温度、相对湿度和运行电压，测量宜在瓷套表面干燥时进行，应注意相间干扰的影响；（2）避雷器（放电计数器）带有全电流在线检测装置的不能代替本项目试验，定期记录检测周期，发现异常应及时进行阻性电流测试
4	工频参考电流下的工频参考电压	必要时	应符合 GB 11032 或制造厂规定	（1）测量环境温度 20 ℃±15 ℃；（2）测量有一节不合格，应单独进行，整相避雷器（或整相避雷器每节更换），使该相避雷器为合格
5	底座绝缘电阻	（1）牵引变电所避雷器每年雷雨季前；（2）1~3 年 1 次；（3）必要时	自行规定	采用 2 500 V 及以上兆欧表
6	检查放电计数器动作情况	（1）牵引变电所避雷器每年雷雨季前；（2）1~3 年 1 次；（3）必要时	测试 3~5 次，均应正常动作，测试后计数器指示应调到 "0"	

注：每年定期进行运行电压下全电流及阻性电流带电测量的，对序号 1、2、5、6 的项目可不做定期试验。

表 4-47 一般母线的试验项目、周期和要求

序号	项目	周期	要求	说明
1	绝缘电阻	(1) 大修后；(2) 必要时	(1) 不应低于 1 MΩ/kV；(2) 35 kV 及以下，不低于 1 000 MΩ	
2	交流耐压试验	(1) 大修后；(2) 必要时		

表 4-48 二次回路的试验项目、周期和要求

序号	项目	周期	要求	说明
1	绝缘电阻	(1) 大修后；(2) 更换二次线	(1) 直流小母线和控制盘的电压小母线，在断开所有其他支路时的电阻不应小于 10 MΩ；(2) 二次回路的每一支路和断路器、隔离开关、操作机构的电源回路不小于 1 MΩ；在比较潮湿的地方，允许降到 0.5 MΩ	采用 500 V 或 1 000 V 兆欧表
2	交流耐压试验	(1) 大修后；(2) 更换二次线	实验电压为 1 000 V	(1) 不重要回路可用 2 500 V 兆欧表试验代替；(2) 48 V 及以下回路不做交流耐压试验；(3) 带有电子元件的回路实验时应将其取出或两端短接

表 4-49 配电装置和电力布线的试验项目、周期和要求

序号	项目	周期	要求	说明
1	绝缘电阻	设备大修后	(1) 配电装置的每一段绝缘电阻不应小于 0.5 MΩ；(2) 电力布线绝缘电阻一般不小于 0.5 MΩ	(1) 采用 1 000 V 兆欧表；(2) 测量电力布线绝缘电阻时应将熔断器、用电设备、电器及仪表等断开
2	配电装置的交流耐压试验	设备大修后	试验电压为 1 000 V	(1) 配电装置耐压为各相对地，48 V 及以下配电装置不做交流耐压试验；(2) 可用 2 500 V 兆欧表试验代替；(3) 带有电子元件的回路，实验时应将其取出或两端短接
3	检查相位	更动设备或其连接回路时	各相两端及其连接回路的相位一致	

表4-50 接地装置的试验项目、周期和要求

序号	项目	周期	要求	说明
1	有效接地系统的电力设备的接地网接地电阻	（1）不超过6年；（2）可以根据检查的结果酌情延长或缩短周期	应符合以下要求：（1）$R \leq 2000/I$（$I < 4000$ A）；（2）当$I \geq 4000$ A时，可采用$R \leq 0.5\,\Omega$。式中：I——经接地网流入地中的短路电流（A）；R——考虑到季节变化的最大接地电阻（Ω）	（1）测量接地电阻时，如在必需的最小布极范围内土壤电阻率基本均匀，可采用各种补偿、接地电阻率远离法。（2）在高土壤电阻率地区，接地电阻如按规定值要求，在技术经济上极不合理时，允许有较大的数值，但必须采取措施以保证发生接地短路时，在该接地网上：（a）接触电压和跨步电压均不超过允许的数值；（b）不发生高电位外引不超过允许电位引入；（3）每3年及必要时验算1次I值，并校验接设备地引下线的热稳定
2	非有效接地系统的电力设备的接地电阻	（1）不超过6年；（2）可以根据检查的结果酌情延长或缩短周期	（1）当接地网与1 kV及以下设备共用接地时，接地电阻$R \leq 120/I$；（2）当接地网仅用于1 kV以上设备时，接地电阻$R \leq 250/I$；（3）在上述任一情况下，接地电阻一般不得大于10 Ω。式中：I——经接地网流入地中的短路电流（A）；R——考虑到季节变化的最大接地电阻（Ω）	在高土壤电阻率地区难以将接地电阻降到10 Ω时，允许有较大的数值，但应符合防止雷击反击的要求
3	独立避雷针（线）的接地电阻	不超过6年	不宜大于10 Ω	
4	检查有效接地系统的电力设备接地引下线与接地网的连接情况	不超过3年	不得有开断、松脱或严重腐蚀等现象	如采用电阻测量进行接地引下线检查，其接地电阻比较和相互间（或相邻设备）之间历次数据比较的数据与初测所测的数据是否进行挖开检查
5	抽样开挖检查接地网的腐蚀情况	（1）本项目只限于已经运行10年以上（包括改造个年限）的接地网；（2）以后的检查年限可根据前次检查的结果自行决定	不得有开断、松脱或严重腐蚀现象	可根据电气设备的重要性和施工的安全性，选择进行开挖检查，如有疑问还应扩大开挖的范围

表 4-51　电容式电压互感器的电容分压器的试验项目、周期和要求

序号	项目	周期	要求	说明
1	极间绝缘电阻	(1) 投运后 1 年内； (2) 1~3 年	一般不低于 5 000 MΩ	用 2 500 V 兆欧表
2	电容值	(1) 投运后 1 年内； (2) 1~3 年	(1) 每节电值偏差不超额定值的 5%~+10% 范围； (2) 电容值大于出厂值的 102%时应缩短试验周期； (3) 一相中任两节实测电容值相差不超过 5%	当采用电磁单元作为电源测量电容式电压互感器的电容分压器 C_1 和 C_2 的电容量及 $\tan\delta$ 时，应按制造厂规定进行
3	$\tan\delta$	(1) 投运后 1 年内； (2) 1~3 年	10 kV 下的 $\tan\delta$ 值不大于下列数值： 油纸绝缘　0.005 膜纸复合绝缘　0.002	(1) 当 $\tan\delta$ 值不符合要求时，可在额定电压下复测，如符合 10 kV 下的要求，可继续投运； (2) 电容式电压互感器低压电容的试验电压自定
4	低压端对地绝缘电阻	1~3 年	一般不低于 100 MΩ	采用 1 000 V 兆欧表
5	局部放电试验	必要时	预加电压 $0.8 \times 1.3 U_m$，持续时间不小于 10 s，然后在测量电压 $1.1 U_m/\sqrt{3}$ 下保持 1 min，局部放电量一般不大于 10 pC	如受试验设备限制预加电压可以适当降低
6	工频交流耐压试验	必要时	试验电压为出厂试验电压的 0.8	

任务五 绝缘油和 SF$_6$ 气体管理

一、绝缘油

1. 绝缘油的储存量应不少于事故备用油量加必须储备的耗油量。
2. 新变压器油的验收，应按 GB 2536 或 SH 0040 的规定。
3. 运行中的变压器油的试验项目和要求如表 4-52 和表 4-53 所示。

互感器、套管油的试验结合油中的溶解气体色谱分析试验进行。

4. 当主要设备用油的 pH 值接近 4.4 或颜色骤然变深，其他指标接近允许值或不合格时，应缩短试验周期，增加试验项目，必要时采取处理措施。

5. 关于补油或不同牌号油混合使用的规定：补加油品的各项特性指标不应低于设备内的油。如果补加到已接近运行油质量要求下限的设备油中，有时会导致油中迅速析出油泥，故应预先进行混油样品的油泥析出和 tanδ 试验。试验结果无沉淀产生且 tanδ 不大于原设备内的 tanδ 值时，才可混合。不同牌号新油或相同质量的运行中油，原则上不宜混合使用。如必须混合时就应按混合油实测的凝点决定是否可用。对于国外进口油、来源不明以及所含添加剂的类型并不完全相同的油，如需要与不同牌号油混合时，应预先进行参加混合的油及混合后油样的老化试验。油样的混合比应与实际使用的混合比一致。如实际使用比不详，则采用 1：1 比例混合。

6. 设备大修后绝缘油应达到新油标准。设备中修后除水溶性酸和碱、闪点及 tanδ 值外其余项目应达到新油标准。

二、SF$_6$ 气体

1. 新购 SF$_6$ 气体，充入设备前应按现行国家标准《工业六氟化硫》GB 12022 验收，对气瓶的抽检率为 10%，其他每瓶只测定含水量。
2. SF$_6$ 气体在充入电气设备 24 h 后方可进行试验。
3. 运行中 SF$_6$ 气体的试验项目、周期和要求如表 4-54 所示。

表 4-52 变压器油的试验项目、周期和要求

序号	项目	周期	要求 投入运行前的油	要求 运行油	说明
1	外观	(1)注入设备前后的新油； (2)运行中取油样时进行； (3)1年1次	透明、无杂质或悬浮物		将油样注入试管中冷却至5℃，在光线充足的地方观察
2	水溶性酸 pH 值	(1)注入设备前后的新油； (2)运行中66~500 kV设备1年1次，其余自定	≥5.4	≥4.2	按 GB 7598《运行中变压器油、汽轮机油水溶性酸测定法（比色法）》进行试验
3	酸值(mgKOH/g)	(1)注入设备前后的新油； (2)运行中66~500 kV设备1年1次，其余自定	≤0.03	≤0.1	按 GB 264《运行中变压器油、汽轮机油酸值测定法》或 GB 7599《石油产品酸值测定法（BTB法）》进行试验
4	闪点（闭口）/℃	(1)注入设备前后的新油； (2)必要时	≥140（10号、25号油） ≥135（45号油）	不应比上次要求低5℃；不应比上次测定值低5℃	按 GB 261《石油产品闪点测定法》进行试验
5	水分/(mg/L)	(1)准备注入设备前； (2)运行中330~500 kV设备1年1次； (3)运行中66~220 kV设备必要时	110 kV 及以下：≤20； 220 kV：≤15； 330~500 kV：≤10	110 kV 及以下：≤35； 220 kV：≤25； 330~500 kV：≤15	运行中设备测量时应注意温度的影响，尽量在顶层油温高于50℃时采样，水分测定按 GB 7600《运行中变压器油水分含量测定法（气相色谱法）》或 GB 7601《运行中变压器油水分含量测定法（库仑法）》进行试验
6	击穿电压/kV	(1)注入设备前后的新油； (2)运行中（35 kV及以上设备、厂用变）1年1次； (3)必要时	15 kV 以下：≥30； 15~35 kV：≥35； 66~220 kV：≥40； 330 kV：≥50； 500 kV：≥60	15 kV 以下：≥25； 15~35 kV：≥30； 66~220 kV：≥35； 330 kV：≥40； 500 kV：≥50	按 GB/T 507《绝缘油介电强度测定法》和 DL/T 429.9《电力系统油质试验方法 绝缘油介电强度测定法》进行试验
7	界面张力(25℃)	(1)注入设备前后的新油； (2)运行中330 kV、500 kV设备1年1次； (3)必要时	≥35	≥19	按 GB/T 6541《石油产品油对水界面张力测定法（圆环法）》进行试验

续表

序号	项目	周期	要求		说明
			投入运行前的油	运行油	
8	tanδ（90 ℃）%	（1）准备注入设备的新油； （2）运行中 330 kV、500 kV 设备中 1 年 1 次； （3）运行中 66～220 kV 设备必要时	（1）注入前：≤0.5 （2）注入后： 220 kV 及以下：≤1； 500 kV：≤0.7	≤4	按 GB/T 5654《液体绝缘材料工频相对介电常数和体积电阻率的试验方法》进行试验
9	体积电阻率（90 ℃）/W·M	（1）准备注入设备的新油； （2）运行中 330 kV、500 kV 设备中 1 年 1 次； （3）运行中 66～220 kV 设备必要时	≥6×10^{10}	500 kV：≥1×10^{10}； 220 kV 及以下：≥3×10^{9}	按 DL/T 421《绝缘油体积电阻率测定法》或 GB/T 5654《液体绝缘材料工频相对介电常数和体积电阻率的试验方法》进行试验
10	油中含气量（体积分数）/%	（1）准备注入设备的新油； （2）设备中 1 年 1 次	≤1	一般不大于 3	按 DL/T 421 或 DL/T 450 进行试验
11	油泥与沉淀物（质量分数）/%	必要时		一般不大于 0.02	按 GB/T 511 试验，若只测定油泥含量，试验最后采用乙醇—苯（1:4）将油泥洗于恒重容器中称重

表 4-53 绝缘油中溶解气体色谱分析的周期和要求

序号	名称	周期	要求	说明
1	变压器	(1) 220 kV 及以上的所有变压器在新装、大修、更换绕组投运后的第 4、10、30 天各做一次； (2) 110 kV 变压器新装、大修、更换绕组后 30 天和 180 天内各做 1 次； (3) 运行中：110 kV ~ 220 kV 变压器 6 个月 1 次，330 kV 3 个月 1 次； (4) 35 kV 变压器 8 MV·A 以上 1 年 1 次；8 MV·A 以下的油浸式变压器自行规定； (5) 必要时	(1) 新装变压器的油中任一项溶解气体的含量不得超过下列数值： 总烃：20 μL/L； H_2：10 μL/L； 乙炔：0 (2) 大修后变压器的油中任一项溶解气体的含量不得超过下列数值： 总烃：50 μL/L； H_2：50 μL/L； 乙炔：痕量 (3) 运行设备的油中溶解气体组分含量（体积分数）超过下列任何一项值时应引起注意： 总烃：150 μL/L； H_2：150 μL/L； C_2H_2：5.0 μL/L。	(1) 总烃包括 CH_4、C_2H_6、C_2H_4 和 C_2H_2 4 种气体； (2) 溶解气体组分含量的单位为 μL/L。溶解气体组分含量有增长趋势时，可结合产气速率判断，必要时缩短周期进行跟踪分析； (3) 总烃含量低的设备不宜采用相对产气速率进行判断； (4) 新投运的变压器应有投运前的测试数据； (5) 从实际带电之日起，即纳入监测范围； (6) 封闭式电缆出线的变压器进行绕组直流电阻检测周期定期试验时，220 kV 变压器不超过 3 个月，110 kV 变压器不超过 6 个月； (7) 烃类气体总和的产气速率在 0.25 mL/h（开放式）和 0.5 mL/h（密封式），相对产气速率大于 10%/月，则应认为设备有异常
2	电流互感器	(1) 投运前； (2) 1~3 年； (3) 大修后； (4) 必要时	(1) 投运前及大修后电压等级在 66 kV 以上的油浸式电流互感器，油中溶解的气体组分含量（μL/L）不宜超过下列任一值： 总烃：10 μL/L； H_2：50 μL/L； C_2H_2：0 μL/L； 交接时与制造厂试验值比较应无明显变化，且不应含有 C_2H_2； (2) 运行中溶解气体组分含量超过下列任一值时应引起注意： 总烃：100 μL/L； H_2：150 μL/L； C_2H_2：2 μL/L（110 kV 及以下），1 μL/L（220~500 kV）	全密封电流互感器按制造厂要求进行

续表

序号	名称	周期	要求	说明
3	电磁式电压互感器	（1）投运前； （2）运行中 1~3 年（66 kV 及以上）； （3）必要时	（1）交接时与制造厂试验值比较应无明显变化，电压等级在 66 kV 以上的油浸式电压互感器，油中溶解的气体组分含量（μL/L）不宜超过下列任一值： 总烃：10 μL/L； H_2：50 μL/L； C_2H_2：0 μL/L （2）油中溶解气体组分含量（体积分数）超过下列任一值时应引起注意： 总烃：100 μL/L； H_2：150 μL/L； C_2H_2：2 μL/L	（1）新投运互感器的油中不应含有 C_2H_2； （2）全密封互感器按制造厂要求进行
4	套管	（1）投运前； （2）大修后； （3）必要时	油中溶解气体组分含量（体积分数）超过下列任一值时应引起注意： H_2：500 μL/L； C_2H_4：100 μL/L； C_2H_2：2 μL/L（110 kV 及以下）； 1 μL/L（220~500 kV）	

表 4-54 运行中 SF₆ 气体的试验项目、周期和要求

序号	名称	周期	要求	说明
1	湿度（20℃体积分数）/（μL/L）	（1）交接时； （2）大修后； （3）投产 1 年后 1 次，以后 3 年 1 次（35 kV 及以上）	（1）断路器灭弧室气室大修后不大于 150，运行中不大于 300； （2）其他气室大修后不大于 250，运行中不大于 500	按 GB 12022《工业六氟化硫》、SD 306《六氟化硫气体中水分含量测定法（电解法）》和 DL 506—92《现场 SF₆ 气体水分测定方法》进行
2	密度（标准状态下）/（kg/m³）	必要时	6.16	按 SD 308《六氟化硫气体中密度测定法》进行
3	毒性	必要时	无毒	按 SD 308《六氟化硫气体毒性生物试验方法》进行
4	酸度/（μg/g）	（1）大修后； （2）必要时	≤0.3	按 SD 307《六氟化硫气体中空气-四氟化碳酸度测定法》进行
5	四氟化碳（质量分数 m/m）/%	（1）大修后； （2）必要时	（1）大修后≤0.05； （2）运行中≤0.1	按 SD 311《六氟化硫新气中空气-四氟化碳的气相色谱测定法》进行
6	空气（质量分数 m/m）/%	（1）大修后； （2）必要时	（1）交接时及大修后≤0.05； （2）运行中≤0.2	
7	可水解氟化物/（μg/g）	（1）大修后； （2）必要时	≤1.0	按 SD 309《六氟化硫气体中可水解氟化物含量测定法》进行
8	矿物油/（μg/g）	（1）大修后； （2）必要时	≤10	按 SD 310《六氟化硫气体中矿物油含量测定法（红外光谱法）》进行

第三节　高速铁路供电调度规则

任务一　总则、组织管理和岗位职责

一、总　则

1. 为规范高速铁路（以下简称高铁）供电调度管理，不断提高供电调度工作质量，充分发挥高铁供电调度作用，确保高铁供电安全，特制定本规则。

2. 本规则明确了高铁供电调度组织管理和职责范围，明确了供电调度交接班、停送电及监护、停送电签认、调度工作分析、信息报告、业务培训等基本工作制度，对高铁供电调度的人员素质、设备配置、调度命令、作业计划、应急处置等工作提出了具体要求。

3. 本规则适用于高铁的供电调度管理，未尽事宜按《铁路运输调度规则》（铁总运〔2017〕128 号）执行。

二、组织管理和职责范围

高铁供电调度是高铁运输调度系统的重要组成部分，是高铁供电设备安全运行和应急处置的指挥主体。高铁供电调度实行统一指挥、分级管理，总公司供电调度受供电部的领导，局供电调度受铁路局调度所的领导和总公司供电调度、铁路局供电处的专业指导。

铁路局调度所应设高铁电调台和电调综合台，综合台兼顾高铁、普速铁路，电调台位置宜与列车调度台相邻，每个电调台管辖范围原则上以 400～600 运营千米为宜。电调台和综合台执行四班制，电调台调度员负责审核并办理高速铁路牵引供电、电力设备检修或施工作业计划；发生故障时，最大限度地减少对运输秩序的影响；与高铁各工种调度密切配合，应急处理突发事件。综合台设电调长，负责应急指挥、信息上报和日常业务管理。供电调度室应设专人负责施工管理和工作分析，执行日勤制；施工管理人员负责审核施工作业计划及停送电安全措施，工作分析人员负责调度管理和安全运行信息的统计分析。供电调度主任（副主任）负责对各班高铁调度人员标准化作业、应急处置、工作分析、计划审核等落实情况进行检查监督和考核。

各级高铁供电调度的职责范围：

（一）总公司供电调度

1. 与各工种调度协调配合，组织铁路局高铁供电调度完成运输生产任务。
2. 指导铁路局高铁供电调度工作，协调铁路局之间供电调度的有关事宜。

3. 及时掌握高铁牵引供电、电力设备事故、故障、跳闸以及安全信息等情况，指导各铁路局做好应急处置，对应急处置措施提出改进意见和建议。
4. 对高铁供电设备运行质量进行统计、分析。
5. 及时掌握涉及供电系统的行车、劳动安全事故情况。
6. 完成领导临时交办的工作和任务。

（二）铁路局高铁供电调度

1. 严格执行各项规章制度、电报、命令和安全管理制度。
2. 掌握牵引供电、电力设备、远动系统的运行方式、运行状态。
3. 了解管辖范围内列车运行情况，对超负荷运行的区段，要与列车调度联系，积极采取措施。
4. 将所有的停电作业申请进行综合安排，审查作业内容和安全防护措施，确定停电的区段；批准在高铁牵引供电、电力设备上进行检修作业，下达作业命令。配合设备管理单位做好远动试验，远动系统有故障及时通知修复。
5. 指挥高铁牵引供电、电力设备异常情况的应急处置和故障处理，参加有关调查分析。
6. 办理高铁牵引变电所跨局越区供电事宜。
7. 统计并分析全局高铁月、季、年度天窗情况、牵引供电和电力设备故障、跳闸、安全信息及应急处置情况，针对存在问题提出改进措施。
8. 掌握管内接触网作业车、应急发电机组的存放地点，按要求下达大型设备的跨段使用命令。
9. 当外部电源非正常停电时，及时与地方电业部门联系，确认故障情况，迅速采取应急处置措施。
10. 了解掌握供电系统发生的行车、劳动安全事故，及时上报有关领导和总公司电调。
11. 与地方电业部门及相邻铁路局签订、修订调度协议，明确设备分界、调度管辖范围及日常检修抢修相关事宜。
12. 参与高铁牵引供电、电力工程竣工验收，参与牵引供电、电力远动系统联调联试和试验，审核涉及改变既有设备运行方式的施工安全技术措施。
13. 参与大修、更新改造等项目的施工方案、送电方案、电气化技术资料等的审查，了解设备大修及改造工程完成情况，及时掌握设备状态和存在问题。
14. 完成领导临时交办的工作和任务。

任务二　供电调度员任职条件及供电调度台设备配置

一、任职条件

1. 高铁供电调度员应树立为高铁运输服务的观念和全局意识，具备指挥决策的素质和独立处理问题的能力，掌握电工基础、继电保护、电力自动化等方面的技术理论，熟悉接触网、变电、电力、远动以及行车组织等方面的专业知识和运行、检修及应急处置等业务，具有供电专业大专及以上文化程度。高铁供电调度员应掌握的知识和技能如表 4-55 所示。

表 4-55　应掌握的知识和技能

序号	内　　容
1	熟悉高铁牵引供电、电力的各项规章制度相关要求
2	熟悉继电保护装置、故标装置、远动装置基本原理
3	熟练应用故障报文跳闸数据、故标数据或视频信息分析判断故障跳闸的性质、范围
4	熟练应用《供电故障应急处置流程》
5	熟练操作供电调度 SCADA 系统
6	熟练查阅列车运行图，了解行车组织有关知识
7	掌握接触线最低高度、禁止 V 停作业区段、分相里程、上跨线、上跨桥、隧道等基础资料信息
8	掌握管内牵引供电、电力外部电源供电方式
9	管内牵引变电所、接触网、电力变配电所、一级贯通、综合贯通、车站信号供电方式等
10	掌握外部电源及跨局调度协议相关内容

2. 高铁供电调度员应具有 2 年及以上普速铁路供电调度员的工作经历，身体健康，初任年龄一般不超过 40 岁，具有高级职称、丰富专业知识和实践工作经验者年龄可适当放宽。

3. 铁路局供电调度员（简称局电调）连续中断调度工作 1 个月以上者，至少见习 3 个班次后，方可担当值班工作；连续中断调度工作 3 个月以上者，至少见习 7 个班次，并进行安全考试，合格后方可担当值班工作。

二、设备配置

每个高铁电调台须配置供电设备数据采集与监视控制系统（简称远动系统）、列车调度指挥系统（简称 TDCS/CTC 系统）、铁路综合视频监控系统、铁路办公信息系统；电调台应配备传真机、打印机、复印机等设施。铁路局电调台还应配置直接呼叫管内各牵引变电所（亭）、接触网工区、电力工区、变配电所、动车所、机务段、车站的直通电话及与有关地方电业部门的自动电话或直通电话，局电调使用的电话须具备录音功能。

任务三　基本工作制度

一、交接班制度

1. 交班人员应在下班前 30 min 做好准备，梳理应交接的事项，填好《交接班记录》。接班人员至少提前 15 min 到岗，至少阅读之前 4 个班次的值班日志。

2.《交接班记录》的主要内容：
（1）作业计划、尚未结束的作业和恢复供电时应注意的事项。
（2）当班期间故障及跳闸情况、处理情况，必要时绘图说明。
（3）图纸资料和抢修车列布点的变更、重点工作安排、设备缺陷及其处理情况。
（4）设备运行方式的变更情况、原因及注意事项。
（5）远动、视频等系统使用过程中存在的问题。
（6）需要交接的其他内容。

3. 交班人员应对照交接班记录向接班人员逐条说明，对遗留工作应详细交清，对接班人员提出的疑问应解释清楚，否则接班人员有权拒绝接班。

4. 交接班手续完毕后由接班调度员签字，此后值班工作由接班调度员负责。签字前，班中工作均由交班调度员负责。接班调度员未到岗，交班调度员应继续执行调度工作。

5. 正在进行操作和处理故障时，不得交接班，只有在故障处理告一段落并有详细记录时方可进行。

二、值班制度

1. 值班期间，坚守岗位，严守机密，严禁做与值班无关的事。

2. 掌握远动系统和被控端设备的运行状态，对牵引变电所、电力变配电所、接触网线路及站场开关的遥信位置、预告报警信号及通道状态进行巡视检查，并将检查发现问题记入值班日志。

3. 被控端设备发生非远动分合闸（检修和试验除外）或远动系统出现异常时，供电调度应立即通知设备管理单位并进行应急处置。

4. 除进行天窗作业和应急处置工作外，供电调度应认真学习并掌握有关技术资料（见表4-56）。

表4-56 应具备的资料

序号	内　　容
1	有关高铁牵引供电、电力的各项规章制度和管理文件
2	典型供电设备故障《应急处置流程》及变电所、AT所、分区所供电线长度统计资料
3	各牵引变电所亭、配电所主接线图
4	接触网供电分段示意图
5	接触网电分相及示意图统计资料
6	枢纽地区电力供电系统图及一级贯通、综合贯通供电示意图
·7	接触网禁止V停作业的处所
8	接触网上跨线、上跨桥、隧道等基础统计资料
9	接触线最低高度统计资料
10	变电所亭、接触网等开关设备正常运行方式相关规定
11	越区供电有关技术资料
12	外部电源及跨局调度协议
13	牵引供电及电力设备保护装置、远动系统使用说明书

5. 值班期间,供电调度应按规定填写相关原始记录(见表 4-57),所有原始记录均不得用铅笔填写,对长期保存的记录应使用计算机打印或钢笔填写,不得使用圆珠笔。填写要认真,字迹要清楚、工整、不得涂改。

表 4-57 应建立的原始记录

序号	内　容	保存期
1	值班日志	1 年
2	交接班记录	1 年
3	倒闸操作和作业命令记录	3 个月
4	作业票(或作业申请单)	3 个月
5	"一闸一档"数据	1 年
6	接触网故障抢修过程统计表	1 年

三、停送电操作及监护制度

1. 供电调度员远动操作时,应严格执行一人操作、一人监护制度,监护人员应具备高铁调度员资格并熟悉设备情况。操作与监护人员要共同核对设备位置,进行手指眼看,呼唤应答,确保操作正确。

2. 远动操作完成后,应通过遥信、遥测信息确认设备状态。具备条件的所亭及隔离开关,也可以通过视频监控信息确认设备状态。有人值班(守)或现场有人时,也可以通知现场人员确认开关设备的状态。

3. 涉及停电检修的变电所、分区所、AT 所、开闭所、配电所倒闸作业,供电调度应事先编写倒闸卡片,经审核无误后,进行远动操作。遇远动故障时,由现场人员根据调度命令进行当地操作。

四、停送电签认制度

1. 列车调度员与供电调度员间办理接触网停、送电作业应严格执行停送电条件的确认,并执行签认制度;采取纸质签认或电子化签认的方式认可。

2. 列车调度员必须确认具备停电条件后方可与供电调度员办理停电签认手续;供电调度员在接触网送电后方可与列车调度员办理送电签认手续。

3. 组织登顶作业时,列车调度员在得到供电调度员确认接触网已停电的签认后,方准发布准许登顶作业的行车调度命令;供电调度员在得到列车调度员确认现场登顶作业完毕且人员已撤离的签认后,方准组织接触网送电。

五、业务培训制度

1. 新职高铁供电调度员应按总公司有关规定进行任职资格培训，通过考核并取得《高速铁路调度员资格证》后，方能担当高铁供电调度工作。

2. 高铁供电调度员转台后必须进行跟班学习，经考试、考核合格后，方准独立工作。

3. 现职高铁供电调度员每年应按总公司规定参加脱产适应性培训。要定期深入现场调研、学习，了解设备运行状态，掌握第一手运行资料，深入现场前要有计划，返回要有报告。局电调下现场时间每年累计不少于 10 天。

4. 新建高铁投入运行前，应提前确定供电调度人选，局电调至少提前 2 个月参与远动调试、联调联试和电调值班工作，熟悉设备和操作，为正式投入运营做好准备。

六、工作分析制度

1. 供电调度统计分析分为专题分析和定期分析。专题分析是指根据日常管理和远动系统应用过程中暴露的问题进行专题分析，提出有针对性的改进意见或建议。定期分析是指按月度、季度、半年、年度对以下内容进行统计梳理，进行总结分析，提出改进意见或建议。

（1）天窗兑现情况。
（2）设备非正常运行方式变化情况。
（3）应急处置存在的问题及建议。
（4）设备故障、跳闸分析及统计。
（5）远动系统使用过程中存在的问题及建议。
（6）供电调度规章制度、标准化作业落实情况、存在的问题及建议。
（7）人员培训情况。
（8）与其他工种调度之间协调配合存在的问题及建议。

七、信息报告制度

（一）电话报告

事故、故障或接触网跳闸停电超过 30 min，局电调应及时向总公司供电调度汇报。

（二）故障速报

故障（事故）抢修结束后，局电调应及时向总公司电调汇报，并于抢修结束后 1 h 内填写"故障速报""一闸一档"和"接触网故障抢修过程统计表"（见表 4-58～表 4-63）报总公司电调和路局供电处，作为分析故障和应急处置情况的重要凭据。

表 4-58 牵引供电、电力故障速报

故障所在铁路局：　　　　　　供电（维管）段：　　　　　　编号：

故障	线别		种类		天气	
	地点			发生时间：	月　日　时　分	
	停电区段			发现时间：	月　日　时　分	
	影响范围			通知抢修时间：	月　日　时　分	
	影响行车：客车　　列，货车　　列，累计　　列					
故障抢修	最早出动班组		时间		人数	
	最早到达班组		时间		人数	
	抢修领导人		职务		总人数	
	停电时间：自　月　日　时　分至　月　日　时　分，共计：　时　分					
	抢修时间：自　月　日　时　分至　月　日　时　分，共计：　时　分					
	当前运行方式：					
	设备损坏及人员伤亡情况：					
	故障原因：					

故障抢修情况记录	时间	抢修内容记录
	时　分	
	时　分	
	时　分	
	时　分	
	时　分	
	时　分	
	时　分	

供电调度员：　　　　　　　　　　　　　　日期：　年　月　日　时　分

表 4-59 一闸一档统计表 1

跳闸时间：　　年　　月　　日　　时　　分　　秒

AT 方式

保护类型：上行 _____ 下行 _____

重合闸情况：上行 _____ 下行 _____

跳闸数据							变电所			供电臂			AT 所				分区所		
		UT/V	UF/V	IT/A	IF/A	阻抗角	UT/V	UF/V	IT/A	IF/A	UT/V	UF/V	IT/A	IF/A	UT/V	UF/V	IT/A	IF/A
上行																		
下行																		
上行吸上电流法测距	km	对应里程									对应支柱号				号(#)	误差		m
下行吸上电流法测距	km	对应里程									对应支柱号				号(#)	误差		m
上行保护装置测距	km	对应里程									对应支柱号				号(#)	误差	—	m
下行保护装置测距	km	对应里程									对应支柱号				号(#)	误差	—	m
实际故障点	km	对应里程									对应支柱号				号(#)	实际误差		m

表 4-60 一闸一档统计表 2

跳闸时间： 年 月 日 时 分 秒

直供方式

变电所 _____ 供电臂 _____ 保护类型：上行： _____ 重合闸情况： _____ 下行： _____ 重合闸情况： _____

行别	动作电压	动作电流	动作电阻	动作电抗	阻抗角	保护装置测距/km	对应里程	对应支柱号	实际故障点/km	对应里程	对应支柱号	误差/m
上行												
跳闸												
重合失败												
下行												
跳闸												
重合失败												

分区所 _____ 供电臂 _____ 保护类型： _____ 重合闸情况： _____

线路名称	动作电压	动作电流	动作电阻	动作电抗	阻抗角	保护装置测距/km	对应里程	对应支柱号	实际故障点/km	对应里程	对应支柱号	误差/m

表 4-61 一闸一档统计表 3

跳闸时间： 年 月 日 时 分 秒

____变电所____ 供电臂____ 保护类型：上行：____ 下行：____ 开闭所越级跳闸

行列	线路名称	动作电压	动作电流	动作电阻	动作电抗	阻抗角	保护装置测距/km	重合闸情况：____			下行：____ 重合闸情况：____		
								对应里程	对应支柱号	实际故障点/km	对应里程	对应支柱号	误差/m
上行													
下行													

____开闭所____ 供电臂____ 保护类型：____ 阻抗角____ 重合闸情况：____

线路名称	动作电压	动作电流	动作电阻	动作电抗	阻抗角	保护装置测距/km	对应里程	对应支柱号	实际故障点/km	对应里程	对应支柱号	误差/m

注：1. 测距和实际故障距离均应包含供电线长度，单位符号 km，精确到小数点后三位数。
2. 电压、电流、阻抗角均应换算为一次侧数据，取整数。
3. 重合闸失败，应按照直供方式填写相关数据。
4. "一闸一档"数据由局电调填写并上报。

表 4-62　接触网故障抢修过程统计表（汽车）

局：　　　　　　段：　　　　　　线：　　　　　　填写人：　　　　　　高铁□　普速□

项目		1	2	3	4	5	6	7	8	9
汽车抢修时间节点记录		工区接到故障信息	人员出动	驻站人员到达车站值班室	登记完成时间	到达故障现场	电调下令开始抢修	抢修完毕销令	送电	销记
		时　分	时　分	时　分	时　分	时　分	时　分	时　分	时　分	时　分
抢修过程用时统计/min		—	出动用时	驻站人员路途用时	登消记用时	现场人员路途用时	现场踏勘用时	抢修作业用时	故障延时	销记用时
		—								
抢修速度慢的原因分析		—								

注：本表时间节点和抢修过程用时统计栏由局电调填写并上报。

表 4-63 接触网故障抢修过程统计表（作业车）

局：　　　段：　　　线：　　　填写人：　　　高铁□ 普速□

项目	1	2	3	4	5	6	7	8	9	10	11
作业车抢修时间节点记录	接到故障信息 时　分	作业车申请出动 时　分	作业车到达车站 时　分	作业车开始进入故障线路 时　分	作业车到达故障现场 时　分	驻站人员到达车站值班室 时　分	登记完成时间 时　分	电调下令开始抢修 时　分	抢修完毕销令 时　分	送电 时　分	销记 时　分
抢修过程用时统计（分钟）	—	司机准备用时	车站办理手续用时	作业车转线用时	作业车路途用时	驻站人员路途用时	登销记用时	现场踏勘用时	抢修作业用时	故障延时	销记用时
抢修速度慢的原因分析	—										

注：本表时间节点和抢修过程用时统计栏由统计栏由局电调填写手上报。

任务四　调度命令

1. 高铁供电调度员是高铁供电设备停送电操作、应急处置等调度命令的唯一发布人，所有运行、检修及抢修人员必须服从供电调度员的指挥。各级领导发布的命令、指示等，凡涉及供电调度职权的均应通过供电调度下达。调度信息是指挥决策的重要依据，必须及时、准确，严禁迟报、漏报、瞒报现象发生。

2. 高铁供电调度员在发布命令和通话时应口齿清楚、简练，使用标准术语，用语准确，讲普通话，在发布命令和通知时应先将命令和通知的内容填写在相应记录中，认真审核，确认无误后方可发出，每个命令必须有编号和批准时间，否则无效。

3. 作业时，供电调度员只能同时向一个受令人发布一个命令，该命令完成后方可发布第二个命令；变电所值班员倒闸时，供电调度员对一个牵引变电所一次只能下达一个倒闸作业命令，即一个倒闸命令完成之前，不得发出另一个倒闸命令。当发布的命令因故不能执行完毕时，应立即撤销该命令，注明原因且不得涂改，并及时报告供电调度主任。

4. 调度命令发布后，受令人若对命令有疑问应向发令人提出，弄清命令内容后方可执行，受令人若对调度命令持不同意见，可以向发令人提出，若发令人仍坚持执行，受令人必须执行。如执行该项命令将危及人身和设备安全时，受令人有权拒绝执行，但应立即向发令人和主管领导说明理由，并做好记录备查。

5. 属高铁供电调度管辖的牵引供电、电力设备，没有供电调度员的命令，不得改变原运行状态。遇有危及人身或设备安全紧急情况可不经供电调度员同意，先断开有关断路器和隔离开关，但操作后应立即报告供电调度员，恢复供电时则必须有调度命令。

任务五　作业计划与应急处置、附则

一、作业计划

1. 纳入铁路局施工、维修计划的作业计划，按照《铁路营业线施工安全管理办法》的实施细则或细化办法执行。对不需要纳入铁路局施工、维修计划的变电、电力设备作业计划，各局供电处应制定管理办法。

2. 凡涉及供电调度权限的停电作业，必须由供电调度发布作业命令，方准进行作业；倒闸操作命令发布完毕后，方可发布作业命令。局电调将停电作业计划进行综合安排，确定拟停电的区段及时间，与列车调度员共同研究，组织按计划兑现，并在作业前 2 h 通知作业组。

3. 大修、更新改造等项目的施工方案应由供电处审核确认后，由施工单位在作业前 3 天送达局电调，建设或施工单位负责联系相关厂家或部门同步完成调度远动系统数据的修改，确保设备图物相符、技术数据正确。

4. 牵引供电、电力设备的停电计划应明确作业地点和内容、停电范围、封锁区段、工作领导人姓名、要令人姓名及车站、作业车运行计划。

5. 停电作业遇特殊情况，确实不能完成时，要令人应提前 15 min 向局电调说明理由，申请延长停电时间，电调同意后方可延长。

6. 设备检修完毕，如有行车限制，作业组应向电调汇报并做好登记。

二、应急处置

1. 铁路局供电系统应建立以局电调为中心的应急指挥体系，严格落实铁路局、供电段、工区三级响应机制。

2. 供电调度要强化供电故障应急处置流程和应急预案的培训，周密安排培训计划，明确培训目标和标准，做好日常评价考核。

3. 遇有牵引供电、电力系统发生故障或异常影响运输时，局电调要立即通知相关工区、驻站值守人员迅速出动查找原因。

4. 供电调度是牵引供电、电力设备故障应急处置的第一指挥者，工区人员到达现场后，要及时向供电调度报告故障基本概况和应急处置方案，得到供电调度许可后方可实施。现场人员报告的信息是供电调度决策应急处置方案的重要依据，必须真实、准确、迅速，不得隐瞒。供电调度与现场人员通话应进行录音，作为应急处置分析的重要凭据。

5. 供电调度要按照"先行供电、先通后复、先通一线"的原则，对现场人员提出的应急处置方案迅速作出决策，对现场不合理的处置方案要予以修正，必要时可以直接提出处置意见，经电调长或电调主任（副主任）同意后实施。

6. 接触网故障停电时，供电调度员应立即对故障报文相关数据进行分析、判断，优先采用远动设备快速切除供电线、F 线等不影响接触网送电的故障设备；做好高铁负荷特性跳闸、变电所故障越区供电等应急处置流程的应用；正确采取接触网最小单元停电、降弓通过等措施，最大限度地缩小停电范围，压缩停电时间、畅通运输秩序、满足滞留列车供电条件。

7. 供电调度要高度重视故标数据应用，查找故障时，及时通知现场人员以故标指示位置为目标进行故障排查和处置。

8. 供电调度要充分应用 TDCS/CTC 系统、铁路综合视频监控系统、供电 6C 检测监测系统相关信息以及动车组、电力机车车载视频信息，作为查找判断故障地点或锁定故障范围的重要手段，不断提高处置速度。

9. 进行接触网故障排查或处理高铁接触网异物时，供电调度应及时通知驻站值守人员或工区人员快速赶赴现场，根据具体情况积极协调列车调度员安排处置人员登乘动车组。接触网故障跳闸原因不明时，在通知驻站值守人员或工区人员登乘动车组赶赴现场的同时，要同步通知接触网工区采用汽车、轨道车出动方式进行故障排查和抢修。

10. 故障应急处置时，供电调度应与相关工种调度密切配合，及时互通信息，做好协调指挥；根据供电和行车具体情况，及时下达命令，尽快恢复供电。

11. 当动车组（电力机车）登顶作业需接触网停电配合时，由列车调度员向供电调度员提出停电申请并办理签认手续。供电调度员完成停电操作后，由列车调度员发布准许登顶作业的调度命令。

12. 电力故障跳闸时，应及时通过远动系统切除故障区段并恢复无故障区段的供电。

13. 遇有危及人身、设备、行车安全的紧急情况，供电调度可立即停电。

14. 在抢修过程中，现场抢修负责人要指定专人与局电调保持联系，确保联系畅通，抢修完毕后应将故障概况、照片、处理结果、遗留问题、尚需继续处理的项目及时报告局电调。

15. 故障抢修中的原始记录（领导指示、现场人员报告录音、录像、照片等），保存时间不少于3个月。

16. 供电调度要对每次应急处置过程中存在的问题及时进行总结，对故障报文不正确、跳闸数据上传速度慢、故标误差大于 500 m、远动操作失败及不具备远动条件实行快速切除供电线、F 线故障和划小停电单元的情况，以及供电调度应急处置不当、应急处置流程或预案与设备不适应等情况进行统计，及时上报铁路局供电处和总公司供电调度。

三、附　则

1. 各铁路局可根据本规则规定的内容，结合具体情况制定细则。
2. 本规则由中国铁路总公司运输局负责解释。
3. 本规则自 2017 年 4 月 1 日起施行。原铁道部印发的《高速铁路供电调度暂行规则》（铁运〔2012〕285 号）同时停止执行。

【思考及复习题】

1. 牵引变电所值班员的安全等级不低于几级？
2. 什么是高压设备停电作业？
3. 工作领导人要做好哪些事项？
4. 牵引变电所值班人员在值班期间要做好哪些工作？
5. 当变压器过负荷运行时，对有关设备要加强哪些检查？
6. 变压器并联运行的条件是什么？
7. 供电调度员的主要任务是什么？
8. 供电段生产调度应了解和掌握哪些业务？
9. 接班人员应按规定提前 15 min 到班，做好哪些工作？

第五章　高速铁路电力管理规则

第一节　高速铁路电力管理规则

任务一　总则与管理和岗位职责

一、总　则

1. 高速铁路电力工作是铁路运输的重要组成部分，为加强高速铁路电力管理，提高供电质量，满足铁路运输生产需要，制定本规则。
2. 本规则是根据高速铁路行车特点而制定的，是保证安全供电的基本规则。各有关单位和全体电力工作人员必须严格执行。
3. 本规则适用于高速铁路电力业务的管理。本规则未明确规定的内容，仍执行《铁路电力管理规则》。

二、管理和岗位职责

1. 高速铁路电力工作实行统一领导、分级管理的原则。

中国国家铁路集团有限公司（以下简称总公司）：对全路高速铁路电力工作统一规划，依照国家的政策、法规，制定铁路相关的规章、制度；调查研究、检查督导、总结和推广先进经验，不断提高电力设备技术管理水平。负责组织各局确定局分界处的运行方式，指挥、协调事故（故障）处理。

铁路局：贯彻执行国家和总公司有关的规章和命令，结合具体情况制定有关细则、办法和标准；负责管内各供电段（维管段）的技术管理、岗位设置、职责分工；做好供用电的管理工作和专业培训；掌握电力设备状态；组织、安排年度检修、基建大修、更新改造项目和供用电计划；核定事故备品储备定额；组织电力试验、能力查定和设备鉴定工作；编制规划、提出增强能力和改善供电条件的措施；组织《电力设备履历簿》等报表的填报工作；领导本局管内电力调度工作。

铁路局供电调度：负责监视高速铁路电力设备的运行状态，改变运行方式的倒闸操作；负责电力设备故障应急处置；负责故障处理的调度指挥；负责掌控运行、维护、检修等作业，掌握上线人员数量、作业内容、处所等情况；负责与地方供电公司、相邻铁路局签订、履行调度协议。

供电检测所（电力试验所）：承担高速铁路电力设备交接及预防性试验等工作。

2. 电力工程竣工后，应经过交接试验，试验合格后方能进行交接验收。发、变、配电等电力设备，应经过试运行后才能正式运行。

3. 变更变、配电所的主接线、继电保护和自动装置的方案，改变一级贯通、综合贯通供电方式，应提出设计文件或变更理由，经铁路局批准后实行，局分界处需报总公司备案。

4. 高速铁路供用电设备分界。高速铁路电力专业本着负责输配电网络、综合配电、电力外线的管理原则进行分界。

（1）高铁车站信号（通信）供电：采用外线电缆引入时，以信号、通信机械室（房）进线电缆终端头（不含端子）为界；采用内线电缆引入时，以车站信号变电所低压配电柜出线端子（含端子）为界。

（2）高铁车站供电：以车站综合变电所低压配电柜出线端子（含端子）为界。

（3）区间信号（通信）基站供电：采用外线电缆引入时，以信号（通信）基站进线电缆终端头（不含接线端子）为界。

（4）10/0.4 kV专用变电所内低压部分由用户自行管理，以低压进线柜进线端子（不含接线端子）为界。

（5）其他箱式变电站、10/0.4 kV变电所均以低压柜出线端子（含端子）为界。

各铁路局在制定细则时，按照上述原则明确划分设备分管范围。

5. 供电远动系统通信接口分界参照《铁路供电调度系统通信组网技术方案指导意见》相关规定执行。

6. 用电设备负荷等级。

电力负荷应根据对供电可靠性的要求及中断供电在政治、经济上所造成损失或影响的程度分为一、二、三级，其中：

一级负荷应包括：与行车密切相关的通信、信号、信息、防灾安全监控设备；动车段（所）运用设备；电力及电力牵引供电各所操作电源；大型、特大型站公共区照明、应急照明及隧道应急照明；大型及重要建筑物火灾自动报警系统设备；特长隧道消防设备等。

二级负荷主要包括：为通信、信号主要设备配置的专用空调；接触网远动开关操作电源；动车组检修设备；综合检测、工务机械、综合维修、给排水设施等设备；中间站公共区照明；区间视频监控设备；道岔融雪设备；除一级负荷外的其他信息等负荷。

其余用电设备的负荷等级根据《电力管理规则》确定。

任务二　供电与用电

1. 高速铁路供电原则上不供给路外用户，当附近无其他部门电源，确需铁路供电网络供电时，应履行相关报批手续，并经铁路局批准方可供电。

2. 用户用电增容审批：用电单位增加用电设备时，应向供电段（维管段）办理用电申请手续，供电段（维管段）按照审批权限逐级申报，批准后方可实施。

用电单位不得擅自转供电力。

3. 两路电源的用户，严禁两路电源并列运行。电源互投转换装置由用户自行负责运行维护，除信号、通信、防灾等对转换时间有要求的部门可装设自动转换装置外，其他用户只允许装设手动转换装置。特殊要求需经铁路局批准。

两路电源的用户，供电部门承担两路电源同时停电的责任，不承担用户设备故障导致两路电源停电的责任，也不承担一路电源正常另一路电源异常时由于用户双电源互投转换装置原因引发停电的责任。

供电远动系统记录的数据应作为故障分析和定责的依据。

4. 发电机组在安装前须向供电单位提报防止反送电的联锁装置方案，批准后方可投入运行。

5. 供电部门应做好设备安全运行管理工作，遇有故障应尽快修复。关系行车供电设备计划检修停电，应纳入铁路营业线施工或天窗管理。特殊情况时在保证行车一级负荷两路独立电源的前提下，各局结合本局特点具体规定。

6. 用户总开关的保护整定值或熔丝容量应小于供电设备馈出端保护整定值或熔丝容量，运行中不得随意变更。

7. 变、配电所力率应保持在 0.9 以上。

8. 用电计量、电费收缴办法由铁路局制定。

任务三　电力设备运行

一、基本规定

1. 各铁路局应以文件形式规定高速铁路电力供电网络的正常运行方式。重点是规定变配电所、贯通线路、箱式变电站、车站变电所、信号（通信）变电所等处高压开关的正常运行位置。

2. 列车开行时间内电力设备运行方式：

（1）设备正常且无作业情况下，电力供电网络均应在正常运行方式下运行。

（2）当外部电源异常、供电设备故障等情况下，可改变运行方式，按照非正常运行方式运行。

（3）电力设备检修作业需改变运行方式时，应由作业单位提出申请，报供电调度审核批准后实施，可按照非正常运行方式运行。

（4）非正常运行方式下，当异常情况消除或正常作业完成，宜适时恢复正常运行方式。

（5）正常运行方式实行动态管理，可根据外部环境、设备变化等情况适时调整，并以文件形式公布。

3. 各铁路局在制定细则时应明确非正常运行方式的管理。

4. 相邻两个变配电所间一级贯通和综合贯通线路的供电方向由各铁路局综合相关线路统筹考虑确定，两局间局界处供电方向由相邻铁路局签署运行方式协议，报总公司核准。

5. 高速铁路正常运行时应符合以下规定：

（1）相邻配电所的一级贯通和综合贯通线路禁止并列运行。

（2）一级贯通和综合贯通线路不宜投入备自投、重合闸功能。

（3）中性点接地系统中，中性点接地刀闸禁止断开。

（4）中性点经消弧线圈接地、不接地系统运行时，电缆贯通线路补偿量不应大于70%。

6. 高速铁路变配电所和贯通线路原则上不应跨所供电。针对相邻两个或三个配电所外部电源全部停电情况下，贯通线路可以跨所供电，并注意下列事项：

（1）根据跨所送电距离，确定补偿装置投入数量，保证电缆贯通线路末端电压抬升量小于额定电压的10%，确保供电质量和供电安全。中性点经消弧线圈接地系统、不接地系统跨所供电时，电缆贯通线路补偿量不应大于70%。

（2）当一个供电臂需要跨所供电时，宜采用供电臂中间开口，由两配电所分别对停电区段跨所供电。

（3）跨所供电的变、配电所应派值班人员监视设备。

7. 铁路局供电调度应做好下列工作：

（1）负责电力设备运行状态的实时监视，检查保护定值及保护功能的状态，掌握设备运行方式，做好月度设备运行分析。

（2）负责使用供电远动系统进行电力设备的倒闸操作。当供电远动系统异常不能实施操作时，可通过发布调度命令指挥现场操作。

（3）负责高速铁路电力故障的应急处置。设备故障时，使用供电远动系统切除电力故障区段及设备，恢复非故障区段供电。

（4）负责高速铁路电力故障的抢修指挥。

（5）负责高速铁路电力上线作业申请的受理与审批，发布作业命令。

（6）对发布的各种调度命令、现场回令进行录音，录音应至少保存三个月。

（7）掌握上线人员数量、作业内容、处所等情况，了解起始和完成时间。

（8）使用供电远动系统操作变、配电所保护装置、自动装置的投、退。

（9）负责与地方供电公司、相邻铁路局签订并履行调度协议。

8. 电力作业人员应做好下列工作：

（1）熟悉并掌握高铁供电设备、运行方式，正确监视设备运行，及时处理故障。

（2）定期巡视和做好日常维护工作。

（3）经路局供电调度许可，正确操作非远动控制的高、低压开关（包含熔断器）。

（4）在远动设备故障、通信中断或其他原因导致路局供电调度无法实现远方操作时，根据路局供电调度命令正确操作高、低压开关并及时汇报。

（5）当发现设备异常时，应迅速向路局供电调度汇报。

（6）路局供电调度询问有关设备情况时，应准确答复。

（7）及时、正确地填写各种记录和报表，妥善保管图纸、资料，管好工具、备品。

9. 供电运行单位、路局供电调度应有与现场运行设备实际相符的技术图纸及有关资料，以便系统地、历史地掌握设备状态。

10. 供电段（维管段）及各供电工区应备有以下主要备品、备件、仪器等，并应经常保持良好状态，用后及时补充。

（1）故障抢修所需工装器具、备品、备件。

（2）夜间"天窗"作业所需照明设施。

（3）夜间巡视所需移动照明设施。

（4）电缆故障探测仪器（包括但不限于电缆路径仪、带电电缆识别仪、定点仪）。

（5）应急发电机。

（6）电力运行设备检测所需仪器。

（7）应急抢修箱式变电站。

（8）备用电缆：单芯、三芯，按设备数量的1%~3%配备。

车间、工区检修、抢修工器具、材料如表5-1~表5-4所示。各铁路局制定管理细则应列详细清单。

表 5-1 供电段（检修车间）试验设备配备标准

高铁车间工器具配备

序号	名　称	单位	数量
1	应急抢修指挥车	辆	1
2	三相电能质量分析仪	台	1
3	预防性试验设备（包括但不限于：微机保护测试仪、直流高压发生器、电缆故障测试仪、交流耐压试验设备、互感器特性测试仪、变频耐压测试仪、回路电阻测试仪、开关特性测试仪、变压器特性测试仪、变压比测试仪、仪表校验仪、介质损失测试仪、局放测试仪、气体检漏仪）	套	1

说明：应该在高压电气试验车中统一配置，与变电合用。

表 5-2 供电段（检修车间）试验设备配备标准

高铁车间抢修料配备标准

序号	名　称	规格型号	单位	数量
1	备用箱变	单电源分体互联型	台	1
2	备用变压器	80 kV·A	台	1
3	10 kV 高压电缆	YJV-22/8.7/15-185	m	500
4	10 kV 贯通电缆	YJV-22/8.7/15-70	m	2 000
5	低压电缆		m	500

表 5-3 高铁电力工区工器具配备标准

序号	名　称	单位	数量
1	日常巡视和应急故障抢修车（越野或皮卡）	辆	1
2	电缆头制作专用工具（至少包含：电动压接钳电动切刀、半导体层剥切工具、外护套剥切工具、主绝缘剥切工具、半导体层导角专用工具试扎仪等）	套	2
3	备用发电机（5～10 kW）	台	2
4	电缆故障测试仪（至少包含：主机、高压发生器、径路仪、精确定点仪、带电电缆识别仪等）	套	2
5	便携式避雷器在线检测仪	套	2
6	便携式绝缘子故障侦测仪	套	2
7	便携式超声波测试仪	台	1
8	绝缘电阻测试仪	台	2
9	万用表	块	2
10	钳型表	块	2
11	接地电阻测试仪	台	2
12	手持型红外成像仪	台	2
13	远红外测温仪	台	2
14	10 kV 伸缩式验电器	支	2
15	相序表	块	2
16	高压无线核相仪	套	2
17	箱变设备专用工具	套	2
18	GSM-R 手持终端	台	4
19	手持对讲机	台	4
20	固定式照明器具（聚光、泛光）	套	2
21	手（带磁吸）可调整角度式照明灯具	套	4
22	移动、带发电机、双灯头可升降照明灯具	套	2
23	便携式强光手电筒	把	6
24	充电式头灯	个	6
25	绝缘靴	双	2
26	绝缘手套	副	2
27	接地封线	组	4
28	安全带、安全绳、安全帽、脚扣、个人工具	套	6
29	高倍望远镜	台	2
30	远红外导线测高仪	套	2
31	伸缩式安全防护栏（警示带）	套	2

表 5-4　高铁电力工区抢修料配备标准

序号	名　　称	规格型号	单位	数量
1	10 kV 高压电缆	YJV-22/8.7/15-185	m	100
2	10 kV 贯通电缆	YJV-22/8.7/15-70	m	100
3	低压电缆		m	100
4	电缆终端头		只	3
5	电缆中间头		只	6
6	避雷器	外电源用	只	6
7	避雷器	箱变用	只	6
8	电缆护层保护器		只	3
9	高压熔断器	不同型号	组	各 1
10	低压断路器	不同型号	只	各 2
11	低压断路器电操机构		只	2
12	指示灯	不同型号	只	各 5
13	指示灯泡		只	20
14	带电指示器		套	5
15	二次保险		只	20

11. 为了迅速排除故障，缩短停电时间，减少对铁路运输造成的损失，供电段（维管段）应具备以下抢修能力：

（1）抢修车辆的分布，应能保证设备出现故障时，在规定时间（各单位根据工区分布情况自定）内到达现场。抢修车辆应随时待命，能够及时出动抢修。

（2）路局供电调度、供电段（维管段）调度、变配电所、运行检修班组、沿线故障现场之间的通信联系，应保证可靠、畅通。

（3）路局供电调度应有与地方供电部门联系的直通电话。向高速铁路供电的既有变、配电所维持原联系方式。

（4）变配电所应有与路局供电调度联系的直通电话。

（5）供电处、供电段（维管段）（调度、车间、工区）应配备铁路专用 GSM-R 手机（或手机卡）。

12. 高速铁路设备投运前应做好下列工作：

（1）对设备进行统一命名、编号，现场应与调度台保持一致。

（2）由铁路局安排技术人员确认保护定值、保护功能及自动装置设置是否正确。

（3）应完成供电远动系统的系统调试。

13. 运行变压器有下列情况之一时，应立即停止运行：

（1）变压器内部音响很大，很不均匀，有爆裂声。

（2）在正常冷却条件下，温度不断上升。

（3）干式变压器绕组有放电声并有异味。

（4）高、低压接线套管严重放电。

14. 运行电抗器有下列情况之一时，应立即停止运行：
（1）电抗器保护动作跳闸。
（2）电抗器倾斜严重，线圈膨胀变形或接地。
（3）电抗器内部有强烈的放电声，套管出现裂纹或电晕现象。
（4）电抗器振动和噪声异常增大。
（5）在正常冷却条件下，温度不断上升。
15. 电容器组在运行中发生下列情况之一时，应立即全部或部分退出运行：
（1）电容器外壳膨胀、严重渗油、内部有异音及外部有火花时。
（2）因电容器组投入而引起电压升高超过规定范围时。
（3）室内温度超过制造厂规定时，若无制造厂规定，当室内温度超过 35 ℃。
16. 配电装置在运行中发生下列情况之一时，应立即停止运行：
（1）SF_6 断路器气压低于规定要求。
（2）断路器合闸或跳闸操作失灵。
（3）电流互感器二次开路，磁套管爆裂或流胶冒烟。
（4）电压互感器爆裂或冒烟。
（5）GIS 气体柜内严重放电、炸裂或气压低于规定要求。
17. 铁路局应组织技术人员每月对供电远动系统数据进行分析，总结运行经验，写出分析报告。

任务四　电力设备检修

高铁电力电缆贯通线路、GIS 柜、干式变压器、低压柜等主要设备应实行寿命管理，重点检测，状态维修，定期保养的维护原则。

1. 高速铁路电力设备检修。
（1）大修：电力设备寿命超过使用年限后的彻底更换。电力设备使用寿命年限可参考表 5-5，由铁路局结合设计文件、技术规格书、设备使用说明等具体确定。

表 5-5　电力设备使用寿命（参考）

设备名称	使用年限
电缆线路	30 年
变压器（调压器）	干式 30 年，油变 15 年
高压配电装置	GIS 柜 30 年，AIS 柜 15 年
小电阻接地装置	15 年
消弧线圈	15 年
箱变	30 年
综合自动化（RTU）	8～10 年
交直流屏	8～10 年
低压柜	西门子（8PT）、施耐德（Okken、Blokset）、ABB（MNS2.0、3.0）30 年
	其他 15 年

（2）保养：定期对电力设备进行检查、测试、清扫、调整、更换易损易耗元件等，达到及时发现设备隐患，改善设备工作状态的目的。每年不少于 1 次。保养工作也可委托生产商专业维护。电力设备保养内容可参考表 5-6，由铁路局结合技术规格书、设备使用说明等具体确定。

（3）状态维修：通过检测、故障排查、实时监视、巡视发现运行中存在问题的设备进行有计划、有针对性的维修。维修项目较复杂时，也可委托生产商进行专业维修。状态维修应提出维修计划，报铁路局供电调度批准后实施。

表 5-6 高速铁路保养作业的内容（参考）

序号	项目	内容要求	备注
1	高、低压电缆	用手确认插拔式、可触摸电缆终端头安装是否有松动，发现松动予以处理	
		用手触摸高压避雷器安装应牢固无松动	
		检查单芯电缆护层保护器接地是否牢固，连接线绝缘应良好，否则重新包绕连接线绝缘层	
		更换破损的电缆沟盖板	
		修补损坏的电缆井	
		对锈蚀的金属电缆桥架除锈涂漆；对破损的电缆槽道进行修复	
		对电缆保护管进行整修，使其符合安装标准	
		补充缺少的电缆标桩	
		在地面上的电缆井盖板、电缆沟盖板每隔 50 m 在电缆进出变配电所、建筑物处涂刷电缆标识，并标明电缆径路	
		对电缆中间接头位置涂刷醒目的标识	
		对电缆分接箱进行外观检查、清扫	
2	箱变	对高低压柜进行外观清洁，柜内吸尘除灰	
		用手触摸高压电缆终端头应安装牢固无松动	
		用手触摸高压避雷器安装应牢固无松动	
		检查单芯电缆护层保护器接地是否牢固，连接线绝缘应良好，否则重新包绕连接线绝缘层	
		对变压器进行外观清洁、吸灰除尘，测试绝缘电阻	
		检查确认变压器一、二次接线牢固无松动	
		检查试验变压器温控装置工作状态是否正常，手动试验冷却风机工作是否正常	
		检查温湿度继电器、防凝露加热板工作状态是否正常，处理发热烧损的连接导线	
		检查所有的低压馈出电缆接线有无发热、烧损痕迹，安装是否牢固	
		检查确认高压柜上"有电指示器"显示正常；更换不良的"有电指示器"	
		用手触摸检查二次接线端子接线有无松动	

续表

序号	项目	内容要求	备注
2	箱变	检查RTU装置工作状态是否正常，各模块工作指示是否正常	
		检查UPS装置充放电工作状态是否正常	
		检查双电源切换装置工作是否正常	
		检查或更新各高低压柜回路名称标示牌	
		检查或更新电缆挂牌	
		检查各接地连接是否清洁、牢固。更换锈蚀的连接螺栓、垫片。测试接地装置的接地电阻	
		就地对各高低压开关进行分合闸试验，确认正常；联系路局电调对具备远动功能的高低压开关进行分合闸试验，确认正常	
		确认低压抽屉式开关试验位置工作正常	
		检查更换箱变内照明灯具、确认烟感安装接线牢固、清洁	
		对损坏的箱变门锁、防风杆进行修复	
		检查或实施防小动物措施	
		修补损坏的箱变基础、台阶	
		对箱变外壳锈蚀处进行彻底除锈、油漆	
		核对、更新箱变的名称、里程标识	
3	变、配电所	检查配电柜的表面状态，清除柜体及柜内设备的尘垢；清理、涂刷柜面的锈蚀部分；检查、更换配电装置的各种密封条等防尘设备	
		检查、更换不良的设备元器件、仪表和不良的控制电缆、绝缘配线	
		检查、紧固灯具、开关、继电器、熔断器、仪表、连接片等各种部件是否安装牢固、绝缘和接触良好、容量适当，有无过热和烧伤痕迹；检查、紧固配线、端子排；检查标识是否齐全、正确、清楚，更换不良标识	
		检查配电柜上的各种指示灯显示是否正常，与设备的实际状态是否一致。将电源开关置于合位，核对、调整各种连片、负荷开关、转换开关的对应位置	
		通过转换开关的操作，检查确认交直流盘各种表计指示是否正常。查阅直流盘监控模块中各种运行参数，确认电池电压正常	
		操作各种柜盘上的试验按钮，确认事故灯音响等故障信号正常	
		检查配电柜装置等各处安装的各种传感器齐全，状态良好。操作视频安全监控系统的键盘，检查各项参数，确认安全监控系统运行正常	
		检查配电柜装置通风网是否有脏物和堵塞现象；有关元器件应该完整无损，无过热或烧伤现象。检查、清理各配电装置的通风滤尘网用清水冲洗干净并晾干即可	
		检查、调整各种机械传动机构，根据需要采取注油、涂抹润滑剂等措施	
		检查各接地部分和避雷装置	

续表

序号	项目	内容要求	备注
3	变、配电所	用干净的布对蓄电池进行清扫和擦拭干净,将蓄电池充、放电刀闸断开并静止 30 min,然后测量蓄电池的开路电压符合要求	
		检查、调整补偿装置的放置情况,确保安装牢靠,无倾斜不稳现象,并进行调整	
		检查补偿装置的电抗器、电容器套管(或支持绝缘子)导电零部件有无生锈、腐蚀的痕迹,观察绝缘表面有无裂纹、破损现象,外观清洁,有无爬电闪络痕迹和碳化现象	
		检查、紧固各设备构架并作防锈处理	
4	SCADA 系统终端设备	对 RTU 装置、通信交换机进行除尘清洁,检查各连接导线是否绝缘良好,连接可靠	
		对 UPS 装置、蓄电池进行除尘清洁,试验 UPS 工作状态转换灵敏,蓄电池充放电是否正常	
		检查蓄电池外观有无异常变化、接线是否可靠	
		检查 RTU 装置、通信交换机工作指示灯是否显示正常	
		对变配电所后台机进行清洁保养,确认显示正常,对系统软件备份进行检查确认	

2. 高速铁路电力设备维修时,对存在问题或已损坏的元器件修复原则宜采用更换元器件的方式,一般不采用现场修复方式。

3. 高速铁路电力设备维修时,对所有密封设备(GIS 柜气室内设备、干式变压器、干式互感器、低压塑壳开关、微断开关、UPS 等)只检测,不维修,发现密封设备内部问题应整体更换。

4. 电力设备检修项目、范围、标准等由各铁路局参照国家行业标准及产品使用说明书编制管理细则时制定。

5. 设备运行虽已达到大修年限,但经试验鉴定确认质量良好时,经总工程师批准,并报铁路局备案,可适当延长大修周期;设备虽未达到大修年限,但经试验鉴定已不能保证安全运行时,经铁路局批准可提前进行大修。

6. 高速铁路设备保养工作原则上在天窗点进行,对于变配电所及电源线路、栅栏外的电力设备(通信、信号箱变的高压除外)可在保证行车安全的前提下天窗点外进行。

7. 在"天窗"点进行电力设备的状态维修与保养工作应在以下停电范围内进行:

(1)高速铁路贯通线及所带设备(包括箱式变电站)状态维修与保养作业,设备所属的一级、综合贯通供电臂应全部停电。供电调度负责远程操作变、配电所贯通线高压馈出开关,并将三工位开关置于接地位置,然后发布作业命令。

(2)特殊情况下,整个供电臂或一级、综合两条贯通线不能同时全部停电时,应经过供电调度批准,按照特殊作业办理。但应保证停电范围比作业范围向两方向各扩大延伸一个停电区间,并保证每个可能来电方向有 2 组及以上高压开关处于断开位置。

供电调度负责远程操作贯通线高压开关,然后发布作业命令。现场作业人员作业前应确认最临近作业区段贯通线路高压开关状态,并现场操作三工位开关置于接地位置。

贯通线路以两个可以远程操控的箱式变电站（或车站变电所）间为一个停电区间。

（3）其他变、配电所高压馈出线路及所带设备检修作业比照上述原则。

（4）高速铁路电力变、配电所检修作业，应从电源、负荷侧全部停电。负荷侧应断开可能来电方向的线路开关，检修非电源母线及所带设备时，可断开电源进线开关，检修电源母线及所带设备时，应断开电源外线线路开关。

供电调度负责远程操作贯通线高压开关，然后发布作业命令。电力变、配电所电源进线开关由作业人员现场操作。

（5）贯通线所带10/0.4 kV变电所状态维修、保养比照箱式变电站；非贯通线所带10/0.4 kV变电所状态维修、保养比照配电所。

（6）各10/0.4 kV变电所、箱式变电站低压开关由作业人员现场操作，作业完成后应恢复为"远方"位，供电调度负责确认。

8. 供电远动系统失效不能操作时，由供电调度下达命令现场操作。

9. 高速铁路的设备检修工作应严格执行申报、审批制度，申报、审批程序由各铁路局自行制定。

本章节未列出的其他高速铁路电力设备的检修，各铁路局可比照上述原则自行规定。普速铁路既有设备为高速供电的或采用普速铁路标准的设备（如架空线路、投光灯塔、灯桥等），检修管理比照高速铁路，检修内容执行《铁路电力管理规则》。

任务五　电力设备故障抢修

1. 高铁电力设备故障抢修应坚持统一指挥的原则。路局供电调度是电力设备故障的应急处置者和组织、指挥者。现场抢修人员及现场指挥者也应在路局供电调度统一指挥下，实施故障抢修工作，严禁盲目蛮干、违章作业、违章指挥。

2. 高铁电力设备抢修应遵循"快速隔离故障区段，恢复非故障区段供电，先通后复，保证行车畅通"的原则。

3. 路局供电调度监测到电力设备发生故障跳闸导致停电后，应首先依靠远动系统隔离故障区段、切除故障设备，恢复无故障设备供电。

4. 电力故障区段隔离或设备切除后，供电调度应与行调互通信息，对故障影响做出判断并采取相应措施。

（1）电力故障已严重影响行车，应立即下达故障抢修出动命令。

（2）电力故障未对行车产生影响，可下达巡视检查出动命令，对故障区段或设备进行巡查。

（3）电力故障影响行车秩序，但可以维持行车，宜下达故障抢修出动命令。

5. 故障抢修人员接到故障抢修出动命令后，应立即赶往故障现场，将现场情况报告供电调度，并按照调度指令进行抢修处理。

6. 故障抢修人员接到巡视检查出动命令后，应赶往故障隔离区段或地点，现场查看电力故障有无扩大范围、着火、冒烟等构成影响行车的隐患。存在隐患时，应请示供电调度及时处理；经确认不危急正常行车时，及时向铁路局供电调度反馈信息。铁路局供电调度应维持设备故障隔离后的运行方式，故障处理宜安排在"天窗"点内进行。

7. 电力故障虽影响行车秩序，但可以维持行车情况下，铁路局供电调度经与行调协商，有权决定维持现状或即时抢修。

8. 铁路防护栅栏外的电力设备发生故障后，在确保行车及人身安全的情况下，经铁路局供电调度批准，可以在天窗点外进行处理，处理完毕后宜在天窗点内恢复正常运行方式。

9. 故障判断、隔离由路局供电调度远动操作完成，在远动设备失效无法实现远方操作时，路局供电调度应通过调度命令改为现场当地操作；受令人根据调度命令复诵核对无误后执行操作，并在操作完成后及时向路局供电调度汇报。

10. 如需使用作业车协助故障处理，供电段调度向路局供电调度提出申请，路局供电调度根据抢修需要，安排作业车配合。

11. "天窗"时间内处理电力设备故障，应按照设备状态维修程序履行相关手续。

12. 当电力故障在一个"天窗"内不能完全修复时，供电调度应按照相关规定调整运行方式，保证安全供电，确保行车畅通。电力故障彻底修复后，应恢复正常运行方式。

13. 铁路局分界处电力故障，由两个铁路局供电调度协商后操作，尽快隔离故障区段或切除故障设备。故障处理期间，分别按照非正常运行方式运行，故障处理完毕后，经两局供电调度确认、协商，恢复正常运行方式。

14. 抢修人员到达事故现场，如发现是用户设备故障，应向路局供电调度汇报，如用户需要配合停、送电操作，抢修人员在汇报路局供电调度并得到同意后，方可进行。

15. 变配电所进线电源故障，应由路局供电调度通过远动操作改变运行方式，并及时向地方供电部门了解情况，待电源稳定后恢复正常运行方式。

16. 当电力故障判断为箱式变电站故障时，抢修时应携带移动发电机或备用箱变。

17. 供电远动系统故障也应视为设备故障，供电调度应联系系统管理员判断故障性质。当确认为现场终端设备问题时，供电调度应及时安排修复；当确认为传输通道问题，系统管理员应协商信息、通信部门配合处理。供电远动系统故障有条件时应安排在白天处理。

18. 电力抢修人员到达现场后、撤离现场前，要指派专人与路局供电调度时刻保持联系，传达上级有关指示。供电调度与抢修现场应保持信息畅通，随时了解抢修进度。

19. 故障抢修结束后，现场抢修人员确认设备具备送电条件后，应及时向路局供电调度汇报，送电后注意观察设备运行状态，待正常后方可撤离现场。供电段调度应及时填写《故障速报》报供电处和路局供电调度。

20. 现场抢修人员应注意保存电力故障及抢修工作的原始资料，包括必要的影像资料，路局供电调度应对故障处理过程中的通话进行录音，保存3个月。

21. 铁路局应制定事故抢修预案，并定期组织开展高速铁路电力事故演练，不断优化、完善应急预案，提高应急抢修能力。

22. 低压故障跳闸后，供电调度应及时调取故障录波曲线，判定故障原因，并允许供电调度远动试送一次。如试送失败，供电调度应及时通知供电段（维管段）处理，抢修人员宜掌握故障录波曲线及相关故障信息。

任务六　电力设备鉴定及试验

一、电力设备鉴定

1. 高速铁路设备的质量鉴定工作每年 1 次，可结合设备保养同步进行。
2. 鉴定结果每年底由供电段（维管段）汇总、上报铁路局。
3. GIS 柜、电抗器、干式变压器、RTU、小电阻接地装置、消弧线圈等设备的鉴定标准由各铁路局参照国家行业标准及产品使用说明书制定。

二、电力设备试验

1. 为了检查设备质量状态，发现设备隐患，保证设备安全运行，对电力设备应进行交接和定期性试验，并对试验结果进行认真分析，提出改善质量的意见。
2. 电力设备交接试验按照国家现行标准执行。
3. 高速铁路设备试验内容如下：

（1）开关分合闸试验：每年一次，由铁路局供电调度在天窗点内利用远动系统对 10 kV 及以上开关的分、合闸功能进行试验。

低压开关分合闸及进线与母联开关的联锁关系试验，由铁路局供电调度在天窗点内利用远动系统进行抽样试验。

开关分合闸试验可结合设备保养同步进行。

（2）变、配电所传动试验：每年一次，由铁路局根据情况利用天窗点或白天进行。

（3）耐压试验：除国家行业标准及产品使用说明书强制规定的内容，其他内容不再进行试验。

第二节　铁路电力安全工作规程补充规定

任务一　总则与基本要求

一、总　则

1. 为适应铁路电力发展变化，结合高速铁路电力设备运行情况，对《铁路电力安全工作规程》做如下补充规定。本规定与《铁路电力安全工作规程》具有相同的约束力和强制性。铁路电力工作人员应严格遵守本规定。

2. 作业现场的基本条件。

（1）作业现场的生产条件和安全设施等应符合有关标准规范的要求，工作人员的劳动防护用品应合格、齐备。

（2）经常有人工作的场所及施工车辆上宜配备急救箱，存放急救用品，并应指定专人经常检查、补充或更换。

（3）现场使用的安全工器具应合格并符合有关要求。

（4）各类作业人员应熟悉作业现场和工作岗位存在的危险因素、防范措施及事故紧急处理措施。

3. 作业人员的基本条件。

（1）经医师鉴定，无妨碍工作的病症。一般作业人员体格检查每两年至少一次；参加高处作业（在坠落高度基准面 2 m 及以上的高处进行的作业，视作高处作业）的人员，体格检查应每年进行 1 次。

（2）具备必要的电气知识和业务技能，并根据工作性质，熟悉本规程的相关部分，经考试合格。

（3）具备必要的安全生产知识，学会紧急救护法，特别要学会触电急救。

（4）从事高铁作业的人员应取得相关资质。

4. 教育和培训。

（1）各类作业人员均应接受相应的安全生产教育和岗位技能培训，经考试合格后方可上岗。

（2）电力工作人员应每年参加本规程考试 1 次。因故间断电气工作连续 3 个月以上者，应重新学习本规程，并经考试合格后，方能恢复工作。

（3）新参加电气工作的人员、实习人员和临时参加劳动的人员（管理人员、非全日制用工等），应经过安全知识教育后，方可随同参加指定的工作，并且不得单独工作。

（4）外单位承担或外来人员参与铁路电力工作的工作人员，应熟悉本规程并经考试合格，经设备运行管理单位认可后，方可参加工作。工作前，设备运行管理单位应告知现场电气设备接线情况、危险点和安全注意事项。

5. 任何人发现有违反本规程的情况，应立即制止，经纠正后才能恢复作业。各类作业人员有权拒绝违章指挥和强令冒险作业；在发现直接危及人身、设备安全的紧急情况时，有权停止作业或者在采取可能的紧急措施后撤离作业场所，并立即报告。

6. 电气设备分为高压和低压两种：高压电气设备：电压等级在 1 000 V 及以上者；低压电气设备：电压等级在 1 000 V 以下者。

二、基本要求

（一）一般安全要求

1. 运行人员应熟悉电气设备。单独操作人员或运行值班负责人还应具备相应的实际工作经验。

2. 变、配电所高压设备符合下列条件者，可由单人操作。

（1）室内高压设备的隔离室设有遮栏，遮栏的高度在 1.7 m 以上，安装牢固并加锁者。

（2）室内高压断路器（开关）的操动机构（操作机构）用墙或金属板与该断路器（开关）隔离或装有远方操动机构（操作机构）者。

3. 无论高压设备是否带电，工作人员不得单独移开或越过遮栏进行工作；若有必要移开遮栏时，应有监护人在场，并符合表 5-7 的安全距离。

表 5-7　设备不停电时的安全距离

电压等级/kV	安全距离/m
10 及以下	0.70
20、35	1.00
63（66）、110	1.50
220	3.00

4. 运行中的高压设备其中性点接地系统的中性点应视作带电体，在运行中若必须进行中性点接地点断开的工作时，应先建立有效的旁路接地后方可进行断开工作。

（二）高压设备的巡视

1. 经本单位批准允许单独巡视高压设备的人员巡视高压设备时，不准进行其他工作，不准移开或越过遮栏。

2. 雷雨天气，需要巡视室外高压设备时，应穿绝缘靴，并不准靠近避雷器和避雷针。

3. 火灾、地震、台风、冰雪、洪水、泥石流、沙尘暴等灾害发生时，如需要对设备进行巡视时，应制定必要的安全措施，得到设备运行单位分管领导批准，并至少两人一组，巡视人员应与派出部门之间保持通信联络。

4. 高压设备发生接地时，室内不准接近故障点 4 m 以内，室外不准接近故障点 8 m 以内。进入上述范围人员应穿绝缘靴，接触设备的外壳和构架时，应戴绝缘手套。

（三）倒闸操作

1. 倒闸操作应根据值班调度员或运行值班负责人的指令，受令人复诵无误后执行。发布指令应准确、清晰，使用规范的调度术语和设备双重名称，即设备名称和编号。发令人和受令人应先互报单位和姓名，发布指令的全过程（包括对方复诵指令）和听取指令的报告时要录音并做好记录。操作人员（包括监护人）应了解操作目的和操作顺序。对指令有疑问时应向发令人询问清楚无误后执行。

2. 倒闸操作可以通过就地操作、遥控操作、程序操作完成。遥控操作、程序操作的设备应满足有关技术条件。

3. 倒闸操作的分类。

（1）监护操作：由两人同时进行的操作。监护操作时，其中对设备较为熟悉的一人作监护。特别重要和复杂的倒闸操作，由熟练的运行人员操作，运行值班负责人监护。

（2）单人操作：由一人完成的操作。实行单人操作的设备、项目及运行人员需经设备运行管理单位批准，人员应通过专项考核。单人操作时不得进行登高或登杆操作。

（3）检修人员操作：由检修人员完成的操作。经设备运行单位考试合格、批准的本单位的检修人员，可进行 220 kV 及以下的电气设备由热备用至检修或由检修至热备用的监护操作，监护人应是同一单位的检修人员或设备运行人员。

4. 在发生人身触电事故时，可以不经许可，即行断开有关设备的电源，但事后应立即报告调度（或设备运行管理单位）和上级部门。

5. 同一变、配电所的倒闸作业票应事先连续编号，计算机生成的倒闸作业票应在正式出票前连续编号，倒闸作业票按编号顺序使用。作废的倒闸作业票，应注明"作废"字样，未执行的应注明"未执行"字样，已操作的应注明"已执行"字样。倒闸作业票应保存 1 年。

任务二　高速铁路电力

1. 作业前应取得路局供电调度电话命令或许可。受令人和发令人双方均应认真记录，发令人做好录音，受令人复诵无误后方可执行。

2. 高速铁路防护栅栏内的所有电力设备检修、检测、巡视及故障处理应纳入"天窗"点内进行，特殊情况应根据路局行调和供电调度的调度命令，办理登记、封锁线路或限速手续后执行。

3. 遇有危及人身和设备安全的紧急情况，可以不经过路局供电调度批准，先行断开断路器或有条件断开的负荷开关、隔离开关，并立即报告路局供电调度。设备恢复应有路局供电调度的命令。

4.《停电作业工作票》应由供电段审核后报路局供电调度，路局供电调度收到工作票后应审核安全措施是否完备。

5.《停电作业工作票》可用钢笔、圆珠笔填写或电子版进行流转、打印，但"已采取的安全措施"和现场写实部分应用钢笔、圆珠笔填写，字迹清楚，不得涂改。

6. 远动操作倒闸作业票应由路局供电调度填写。

7. 具备远动功能的高压开关应由路局供电调度远动操作；低压开关可由作业人员现场操作，但应经路局供电调度许可。

8. 停电作业时，具备远动功能的变、配电所的接地开关应由供电调度操作；贯通线路所带箱式变电站、车站变电所高压环网柜等其他线路接地开关应由现场作业人员操作。

9. 由供电调度操作的高压开关及接地开关的现场核对、确认工作，应纳入《停电作业工作票》。

10. 作业结束，工作执行人（领导人）确认现场作业人员采取的安全措施撤除后，向路局供电调度报告，由路局供电调度远动操作送电。送电后，路局供电调度和工作执行人（领导人）应分别检查设备运行情况，得到路局供电调度许可后方可离开现场。

11. 电力设备发生故障，应迅速组织抢修。如遇紧急情况，须进入防护栅栏时，应按规定办理登记手续，经许可后方可进入。

12. 事故紧急处理，可不签发工作票，但必须采取安全措施并经路局供电调度批准。确认在短时间内不能处理，需要另行组织彻底修复的故障应签发工作票。

13. 高速铁路贯通线路及所带设备（包括箱式变电站）的维护、保养等作业，设备所属供电臂的一级、综合贯通线路应全部停电。特殊情况不能全部停电时，经供电调度批准，按照特殊作业方式办理，但应保证停电范围比作业范围向两方向各扩大延伸一个停电区间，并保证每个可能来电方向有2组及以上高压开关处于断开位置。

任务三　保证安全的技术措施

一、停　电

检修设备停电时，应把各方面的电源完全断开（任何运行中的星形接线设备的中性点应视为带电设备）。禁止在只经断路器（开关）断开电源的设备上工作。应拉开隔离开关（刀闸），手车开关应拉至试验或检修位置，应使各方面有一个明显的断开点，若无法观察到停电设备的断开点时，应有能够反映设备运行状态的电气和机械等指示。与停电设备有关的变压器和电压互感器，应将设备各侧断开，防止向停电检修设备反送电。

二、验　电

对无法进行直接验电的设备，可以进行间接验电。即检查隔离开关（刀闸）的机械指示位置、电气指示、仪表及带电显示装置指示的变化，且至少应有两个及以上指示已同时发生对应变化；若进行遥控操作，则应同时检查隔离开关（刀闸）的状态指示、遥测、遥信信号及带电显示装置的指示进行间接验电。

三、接　地

1. 对于可能送电至停电设备的各方面都应装设接地线或合上接地刀闸，所装接地线与带电部分应考虑接地线摆动时仍符合安全距离的规定。

2. 接地线、接地刀闸与检修设备之间不得连有断路器（开关）或熔断器。若由于设备原因，接地刀闸与检修设备之间连有断路器（开关）时，在接地刀闸和断路器（开关）合上后，应有保证断路器（开关）不会分闸的措施。

四、设置标示牌及防护物

对由于设备原因，接地刀闸与检修设备之间连有断路器（开关），现场操作时，在接地刀闸和断路器（开关）合上后，应在断路器（开关）操作把手上悬挂"禁止分闸！"的标示牌；远动操作时，在显示屏上进行操作的断路器（开关）和隔离开关（刀闸）的操作处均应相应设置"禁止合闸，有人工作！"或"禁止合闸，线路有人工作！"以及"禁止分闸！"的标记。

任务四　铁路防护栅栏内作业及 SF_6 电气设备上作业

一、铁路防护栅栏内作业

1. 天窗点内步行巡视栅栏内的电力设备时，巡视人员不少于 2 人，应设驻站联络员或驻所（调度）联络员。巡视时不应在道心行走、道床停留、不经望穿越线路；沿电缆沟径路行走时，注意走稳踏牢；严禁攀登接触网支柱；巡视人员应与联络员随时保持联系，注意避让车辆。

2. "天窗"点外不应进入防护栅栏进行与高铁设备相关的检查、检测等作业。确需进入防护栅栏进行抢修等工作时，应按规定办理手续，执行相关规定，并应经专用通道进出，不应翻越栅栏。

3. 栅栏内电力设备故障抢修作业时，按规定设驻站联络员和现场防护员，抢修工器具、材料摆放整齐，不得侵入限界，翻起的电缆沟盖板要摆放平稳，抢修完毕将盖板放平放实。

二、在六氟化硫（SF_6）电气设备上的工作

1. 装有 SF_6 设备的配电装置室和 SF_6 气体实验室，应装设强力通风装置，风口应设置在室内底部。

2. 在室内，设备充装 SF_6 气体时，周围环境相对湿度应不大于 80%，同时应开启通风系统，并避免 SF_6 气体泄漏到工作区。工作区空气中 SF_6 气体含量不得超过 1 000 μL/L（即 1 000 ppm）。

3. 主控制室与 SF_6 配电装置室间要采取气密性隔离措施。SF_6 配电装置室与其下方电缆层、电缆隧道相通的孔洞都应封堵。SF_6 配电装置室及下方电缆层隧道的门上，应设置"注意通风"的标志。

4. SF_6 配电装置室、电缆层（隧道）的排风机电源开关应设置在门外。

5. 在 SF_6 配电装置室低位区应安装能报警的氧量仪和 SF_6 气体泄漏报警仪，在工作人员入口处应装设显示器。上述仪器应定期检验，保证完好。

6. 工作人员进入 SF_6 配电装置室，入口处若无 SF_6 气体含量显示器，应先通风 15 min，并用检漏仪测量 SF_6 气体含量合格。尽量避免 1 人进入 SF_6 配电装置室进行巡视，不准 1 人进入从事检修工作。

7. 工作人员不准在 SF_6 设备防爆膜附近停留。若在巡视中发现异常情况，应立即报告，查明原因，采取有效措施进行处理。

8. 进入 SF_6 配电装置低位区或电缆沟进行工作应先检测含氧量（不低于18%）和 SF_6 气体含量是否合格。

9. 在变、配电所内禁止进行 SF_6 配电装置的气箱解体作业。

10. 设备内的 SF_6 气体不准向大气排放，应采取净化装置回收，经处理检测合格后方准再使用。回收时作业人员应站在上风侧。

11. 从 SF_6 气体钢瓶引出气体时，应使用减压阀降压。当瓶内压力降至 9.8×10^4 Pa（1个大气压）时，即停止引出气体，并关紧气瓶阀门，盖上瓶帽。

12. SF_6 配电装置发生大量泄漏等紧急情况时，人员应迅速撤出现场，开启所有排风机进行排风。未佩戴防毒面具或正压式空气呼吸器人员禁止入内。只有经过充分的自然排风或强制排风，并用检漏仪测量 SF_6 气体合格，用仪器检测含氧量（不低于18%）合格后，人员才准进入。发生设备防爆膜破裂时，应停电处理，并用汽油或丙酮擦拭干净。

13. 进行气体采样和处理一般渗漏时，要戴防毒面具或正压式空气呼吸器并进行通风。

14. SF_6 断路器（开关）进行操作时，禁止检修人员在其外壳上进行工作。

15. 对 SF_6 进行充、放气及泄漏处理后，作业人员应洗澡，把用过的工器具、防护用具清洗干净。

16. SF_6 气瓶应放置在阴凉干燥、通风良好、敞开的专门场所，直立保存，并应远离热源和油污的地方，防潮、防阳光暴晒，并不得有水分或油污粘在阀门上。搬运时，应轻装轻卸。

【思考及复习题】

1. 供用电设备分管原则是什么？
2. 相邻配电所短时并列运行应具备哪些条件？
3. 电力设备检修分为哪三个等级？
4. 发、变、配电所运行值班人员应做好哪些工作？
5. 保证安全的技术措施有哪些？
6. 倒闸操作分哪几类？

第六章 高速铁路供电安全检测监测系统（6C 系统）维修管理暂行办法

第一节 总则与综合管理

一、总 则

1. 高速铁路供电安全检测监测系统（以下简称 6C 系统）作为铁路供电系统的组成部分，是保障供电设备安全可靠运行的必要手段，是保证铁路运输安全畅通的重要技术装备。本办法为规范 6C 系统的维修管理，依据《高速铁路供电安全检测监测系统（6C 系统）总体技术规范》（铁运〔2012〕136 号）和各装置技术条件而制定。

2. 6C 系统主要包括：高速弓网综合检测装置（1C）、接触网安全巡检装置（2C）、车载接触网运行状态检测装置（3C）、接触网悬挂状态检测监测装置（4C）、受电弓滑板状态监测装置（5C）、接触网及供电设备地面监测装置（6C）和 6C 系统综合数据处理中心。

3. 本办法适用于 6C 系统各装置和 6C 系统综合数据处理中心设备设施。普速接触网检测装置可参照本办法执行。

4. 6C 系统维修管理工作应严格执行国家及中国铁路总公司（以下简称总公司）的相关规定、技术标准，确保 6C 系统检测监测数据准确、规范。

二、综合管理

（一）职责分工

1. 6C 系统维修管理工作实行总公司、铁路局、供电（维管）段三级管理，各级管理单位应设置专门机构，明确岗位职责，建立管理制度及检查考核办法。

2. 6C 系统按照"周期维护、状态检修、年鉴评定"的原则开展维修工作。

3. 总公司负责组织制定 6C 系统维修管理办法，指导、监督全路 6C 系统维修管理工作，指导全路 6C 装置年度鉴定、评定、技术交流、人员培训等管理工作。

总公司铁路基础设施检测中心负责制定评定细则，在总公司运输局的指导下组织全路 6C

装置评定工作的实施，并承担评定人员相关技术培训。

总公司铁路基础设施检测中心负责高速弓网综合检测装置（1C）的维修。

4. 铁路局负责制定本局 6C 系统维修管理实施办法，指导供电（维管）段开展 6C 系统维修工作；制定本局 6C 系统的年度更新改造、维修计划，编制、提报 6C 系统年度鉴定及评定计划；组织对初装、更新改造后 6C 系统的功能和性能进行验收；负责配属铁路局 6C 系统的维修；组织全局 6C 系统维修人员的技术培训；配合总公司铁路基础设施检测中心完成 6C 装置评定工作。

5. 供电（维管）段负责编制本段 6C 系统日常维修计划，并组织实施；负责编制 6C 系统维修作业指导书；负责编制、提报 6C 系统年度更新改造、维修建议计划；参加 6C 系统初装、更新改造后的功能和性能验收；负责 6C 系统维修人员的配备、培训、考核和岗位资格管理。

（二）机构与人员

1. 铁路局供电检测所下设供电检测分析室，配备专业技术人员及维修人员，负责本局 6C 系统的技术管理工作和配属铁路局 6C 系统的维修管理工作。供电（维管）段应设供电检测分析室，负责本段 6C 系统的技术管理工作，指导现场做好维修工作。

2. 6C 系统维修人员应具有大专及以上文化程度，能全面掌握 6C 系统技术性能与维修使用要求，掌握牵引供电、机车车辆、检测技术、计算机、网络通信技术等相关知识，具有快速判断、处理 6C 系统故障的能力。维修人员应参加技术培训，培训合格后上岗。

维修人员应配备一定比例的技师、高级技师。

（三）试运行及验收

6C 系统配属单位负责组织对新建、改造的 6C 系统各装置和数据中心进行试运行，应按照装置采购合同、技术标准、设计规范对装置数量、功能、技术指标等逐项验收，并形成书面报告。6C 系统试运行及验收期间要加强维修工作。6C 系统试运行及验收应移交的资料包括：

（1）产品说明书、维修手册和合格证。

（2）装置原理图、电气图、结构图、易损件目录、装置改造方案等图纸资料。

（3）检测设备相应分析软件、硬件驱动程序备份，数据库记录表结构。

（四）管理制度

1. 6C 系统配属单位应建立 6C 系统维修管理制度，制定维修流程，明确作业程序、作业标准、设备分界和管理责任，提报、审批年度维修计划；要合理安排维修费用，加强维修质量控制，按期完成维修任务，保证装置技术状态良好。

2. 6C 系统配属单位应制定维修作业指导书，作为维修人员现场作业、管理人员检查指导的基本依据。作业指导书应包含：作业项目、工作流程、质量标准、作业方法、安全风险点提示等主要内容。要加强作业指导书执行情况的写实检查，及时修订完善。

3. 6C 系统配属单位要建立检查考核办法，定期检查考核维修工作并通报情况。

（五）维修保障

1. 6C 系统维修成本按批准的年度财务预算实行全面预算管理。铁路局、供电（维管）段应根据 6C 系统使用状况，科学合理安排费用，保证 6C 系统维修工作的顺利实施。质量保证期内的维修执行采购合同规定。

2. 6C 系统配属单位应根据维修需要，配齐必要的备品备件和专用工具、仪器仪表。6C 系统各装置和数据中心备品备件以装置数量为单位配置，专用工具、仪器仪表按套配置给配属单位。备品备件和专用工具、仪器仪表详如表 6-1 所示。

表 6-1 备品备件和专用工具、仪器仪表

项目	备品备件		专用工具、仪器仪表	
	名称	数量	名称	数量
高速弓网综合检测装置（1C）	受电弓滑板	1 套	电工工具	1 套
	测力弓头	1 套	调试及专用工具	1 套
	加速度传感器	2 个	数字万用表	1 个
	导高传感器	1 个	接触网激光测量仪	1 个
	燃弧传感器	1 个		
	电池	1 组		
	光源	2 个		
	位移补偿传感器	3 个		
接触网安全巡检装置（2C）	电池	1 组	电工工具	1 套
	存储装置	1 个		
车载接触网运行状态检测装置（3C）	车顶防护罩	1 套（按装车数量 10%配备）	机械装置维修组合工具	1 套
	光源	2 套		
	固态硬盘	2 个		
接触网悬挂状态检测监测装置（4C）	相机	2 个	电工工具	1 套
	镜头	2 个	机械装置维修组合工具	1 套
	光源	4 个		
	触发装置	1 套		
	数据硬盘	2 个		
受电弓滑板状态监测装置（5C）	触发装置	1 套	电工工具	1 套
	补光光源	1 套		
接触网及供电设备地面监测装置（6C）	根据不同装置的特点确定			
6C 系统综合数据处理中心	交换机 1 个，路由器 1 个，专用线缆 3 套，通信专用测试维护工具 1 套，测试用笔记本 1 台，其他物品根据需要确定			

第二节 维修管理

6C 系统维修工作包括日常维护、状态检修、年度鉴定及评定。

一、日常维护

1. 日常维护是按产品说明书、维修手册的要求，定期开展检查维护工作。特殊情况下，日常维护周期可适当缩短。

2. 日常维护由 6C 系统配属单位负责，并制定详细的维护标准和流程。固定安装于移动设备（动车组、电力机车等）上的 6C 装置，由配属单位根据需要在移动设备管理单位设置日常维护工区（班组），实行一体化作业。

3. 日常维护标准如表 6-2 ~ 表 6-8 所示。

表 6-2　高速弓网综合检测装置（1C）日常维护标准

项目	维护范围	标准与要求	周期
外观检查	装置各部件本体及安装状态检查	装置及各部件无缺失、无破损、无松动、无裂痕、无锈蚀	检测前
电源	正常启动关闭 输出稳定	按照相关技术条件测试	检测前
紧固件	结构	无裂痕，无锈蚀	检测前
紧固件	紧固件	紧固	检测前
传感器	压力传感器	无破损，固定孔完好，紧固螺钉紧固，减震垫不失效；传感器响应正常	检测前
传感器	硬点传感器	无破损，固定孔完好，紧固螺钉紧固，减震垫不失效；传感器响应正常	检测前
传感器	接触线高度传感器	安装紧固，无破损，数值响应正常	检测前
传感器	网压、网流传感器	安装紧固，无破损	检测前
传感器	燃弧传感器	安装紧固，无破损，视窗清洁	检测前
传感器	速度编码器	安装紧固，无破损	检测前
传感器	其他传感器	安装紧固	检测前
传感器	信号线缆	线缆安装紧固，无破损	检测前

续表

项目	维护范围	标准与要求	周期
成像系统	镜片	1. 清洁，无油污、灰尘、霉斑； 2. 镜头完整，无裂痕，无磕碰； 3. 镜头黏合良好，不影响透明度	检测前
	图像质量	1. 对焦精确，拍摄主体清晰； 2. 不丢帧； 3. 稳定性良好，振动条件下，图像无抖动； 4. 成像质量高，图像无卡滞，无坏点	每半年
绝缘子	外观	外观无破损，清洁	检测前
存储介质	功能	存储介质检查无损坏	每季度
	存储容量	剩余存储容量不小于 250 G	
	读取速度	存储及读取速度应不低于接口速度的 95%	
控制箱	各指示灯显示正常、后面板端子、插头及配线接触良好	控制逻辑正常	每半年
服务器	开关机正常	开机测试	每半年
软件	开机测试，功能检验	目视检查	每半年

表 6-3　接触网安全巡检装置（2C）日常维护标准

项目	维护范围	标准与要求	周期
外观检查	装置各部件本体及安装状态检查	装置及各部件无缺失、无破损、无松动、无裂痕、无锈蚀	检测前
成像系统	镜片	1. 清洁，无油宿、灰尘、霉斑； 2. 镜头完整，无裂痕，无磕碰； 3. 镜头黏合良好，不影响透明度	检测前
	图像质量	1. 对焦精确，拍摄主体清晰； 2. 不丢帧； 3. 稳定性良好，振动条件下，图像无抖动； 4. 成像质量高，图像无卡滞，无坏点	每半年
存储介质	功能	存储介质检查无损坏	每季度
	存储容量	剩余存储容量不小于 250G	
	读取速度	存储及读取速度应不低于接口速度的 95%	
电源	外接电源	满足设备运行要求	检测前
	电池	满足产品说明书待机时间的 80%	
软件	软件功能	功能正常	每半年

表 6-4 车载接触网运行状态检测装置（3C）日常维护标准

项目	维护范围	标准与要求	周期
外观检查	装置各部件本体及安装状态检查	装置及各部件无缺失、无破损、无松动、无裂痕、无锈蚀	每旬
成像系统	镜片	1. 清洁，无油宿、灰尘、霉斑； 2. 镜头完整，无裂痕，无磕碰； 3. 镜头黏合良好，不影响透明度	每旬
成像系统	图像质量	1. 对焦精确，拍摄主体清晰； 2. 不丢帧； 3. 稳定性良好，振动条件下，图像无抖动； 4. 成像质量高，图像无卡滞，无坏点	每半年
存储介质	功能	存储介质检查无损坏	每季度
存储介质	存储容量	剩余存储容量不小于250G	每季度
存储介质	读取速度	存储及读取速度应不低于接口速度的95%	每季度
紧固件	结构	无裂痕	每季度
紧固件	紧固件	紧固	每季度
数据传输	功能	无线数据传输应准确无丢失	每季度
软件	软件功能	功能正常	每半年

表 6-5 接触网悬挂状态检测监测装置（4C）日常维护标准

项目	维护范围	标准与要求	周期
外观检查	装置各部件本体及安装状态检查	装置及各部件无缺失、无破损、无松动、无裂痕、无锈蚀	每旬
紧固件	结构	无裂痕	每季度
紧固件	紧固件	紧固	每季度
成像系统	镜片	1. 清洁，无油宿、灰尘、霉斑； 2. 镜头完整，无裂痕，无磕碰； 3. 镜头黏合良好，不影响透明度	检测前
成像系统	图像质量	1. 对焦精确，拍摄主体清晰； 2. 不丢帧； 3. 稳定性良好，振动条件下，图像无抖动； 4. 成像质量高，图像无卡滞，无坏点	每半年
存储介质	功能	存储介质检查无损坏	每季度
存储介质	存储容量	剩余存储容量不小于250 G	每季度
存储介质	读取速度	存储及读取速度应不低于接口速度的95%	每季度
触发装置	功能	准确触发无干扰	每季度
软件	软件功能	功能正常	每半年

表 6-6　受电弓滑板状态检测装置（5C）日常维护标准

项目	维护范围	标准与要求	周期
外观检查	装置各部件本体及安装状态检查	装置及各部件无缺失、无破损、无松动、无裂痕、无锈蚀	每季度
安装状态	紧固件	紧固、无锈蚀	每季度
传输通道	数据传输通道	访问调取数据通道畅通	每季度
成像系统	镜片	1. 清洁，无油宿、灰尘、霉斑； 2. 镜头完整，无裂痕，无磕碰； 3. 镜头黏合良好，不影响透明度	检测前
成像系统	图像质量	1. 对焦精确，拍摄主体清晰； 2. 不丢帧； 3. 稳定性良好，振动条件下，图像无抖动； 4. 成像质量高，图像无卡滞，无坏点	每半年
软件	软件功能	功能正常	每半年

表 6-7　接触网及供电设备地面监测装置（6C）日常维护标准

项目	维护范围	标准与要求	周期
外观检查	装置各部件本体及安装状态检查	装置及各部件无缺失、无破损、无松动、无裂痕、无锈蚀	每季度
电源	正常启动关闭输出稳定	按照相关技术条件测试	每周
紧固件	结构	无裂痕，无锈蚀	每季度
紧固件	紧固件	紧固	每季度

表 6-8　6C 系统综合数据处理中心日常维护标准

项目	维护范围	标准与要求	周期
存储介质	功能	存储介质检查无损坏	每季度
存储介质	存储容量	剩余存储容量不小于 250 G	每季度
存储介质	读取速度	存储及读取速度应不低于接口速度的 95%	每季度
数据传输	功能	数据传输通道通畅	每季度
服务器	开关机正常	开机测试	每半年
软件	开机测试，功能检验	目视检查	每半年

二、状态检修

状态检修是在 6C 系统状态不良或发生故障时进行的必要修理，以恢复装置或数据中心功能。

三、年度鉴定及评定

1. 年度鉴定是每年 11 月份对管内 6C 系统各装置功能技术状态进行质量鉴定，验证装置功能及检测精度，根据装置状态判定为合格、不合格。年度鉴定不合格的，应及时检修。

质量鉴定可采用静态验证、动态验证的方式进行，年度鉴定由铁路局组织。

2. 评定是指使用标准的计量仪器，对具有精确测量功能的装置进行精确度检测，评定的结果为合格、不合格。评定结果不合格的，应及时检修。

3. 6C 系统采取状态与寿命相结合的管理方式，原则上寿命为 8 年左右。达到寿命期经鉴定合格的，可继续使用；经鉴定不合格，且无法经过检修恢复性能或检修成本过高的，进行报废处理。

4. 铁路局应依据 6C 系统各装置规划布点和报废情况提报相关更新改造计划。安装于接触网、机车、动车组上的 6C 系统各装置，在接触网、机车、动车组大修或报废时，对经鉴定合格的 6C 系统各装置应进行移设。

5. 6C 系统配属单位应建立履历簿，并及时、规范填写装置交接、日常维护、年度鉴定及评定结果、报废处理等情况。履历簿格式详如表 6-9 和表 6-10 所示。

表 6-9 履历簿格式

_____装置履历

基本资料	配属部门		装置名称		装置型号		厂家（供应商）		售后电话	
装置交接	产品说明书		份	装置原理图	份	装置改造方		份	厂家（供应商）代表（签章）	
	合格证		份	电气图	份	数据库结构记录表		份		
	维修手册		份	结构图	份	分析软件		份	配属单位代表（签章）	
	试运行报告		份	易损件目录	份	硬件驱动程序		份		
	备品备件清单		份	专用工具清单	份	仪器仪表清单		份		
装置调配管理清单	原配属部门		交接人		现配属部门		接受人		设备状态	交接日期
	原配属部门		交接人		现配属部门		接受人		设备状态	交接日期
	原配属部门		交接人		现配属部门		接受人		设备状态	交接日期
寿命鉴定	鉴定日期		鉴定结果						鉴定人	
装置报废	报废日期		报废原因						确认人	

表 6-10 _____装置维修记录

	序号	日期	维护记录			维护人
日常维护	1					
	2					
	3					
	4					
	序号	日期	问题描述	检修记录	检修后设备功能是否恢复	检修人	验收人
状态检修	1						
	2						
	3						
	日期	评定结果	装置存在的问题及处理情况			评定人
年度鉴定						
	日期	评定结果	装置存在的问题及处理情况			评定人
评定						
备注						

第三节　评定管理

一、一般要求

1. 评定人员要求：评定人员应具有本科及以上学历，具有 3 年及以上牵引供电检测监测系统研发、维修或运用经验，熟悉系统原理及设备操作，经过培训并获得铁路基础设施检测中心颁发的合格证书。

2. 评定设备要求：评定设备应通过国家权威计量部门校准或测试，满足 6C 装置评定要求。

3. 评定工作分为功能性检查和检查评定。功能性检查指依据技术条件对装置各项功能进行检查，对检测监测数据采集、图像质量、软件功能等进行评价；检查评定指依据技术条件，利用评定设备对装置的检测监测功能及数据准确性进行验证。

二、功能性检查

1. 依据接触网安全巡检装置（2C）、受电弓滑板监测装置（5C）、接触网及供电设备地面监测装置（6C）技术条件规定的功能，在装置投入运行前进行功能性检查，投入运行后每年进行 1 次功能性检查。

2. 功能性检查由铁路局组织实施，通过现场测试及调阅分析检测监测历史数据，检查评价系统功能。

3. 功能性检查采用定性评价方法，对功能的合格、不合格进行评价，并出具评价报告，保存期不少于 3 年。

4. 未通过功能性检查的 6C 装置需进行检修，重新检查合格后方可投入使用。

三、检查评定

1. 检查评定分为功能检查、静态评定及动态评定。检查评定的结果为合格、不合格，检查评定后出具评定证书，保存期不少于 3 年。

2. 静态评定项目由评定人员对检测系统在静态状态下的精度进行测试。各测试项目静态评定不少于 3 次取值，统计各结果，满足最大允许误差的结果应大于 96%。

3. 动态评定项目在国家铁道试验中心评定线或运营线路上进行，测试各项目选择不少于 30 个数据分析点，统计各结果，符合最大允许误差的结果应大于 96%。

4. 高速铁路弓网综合检测装置（1C）、车载接触网运行状态检测装置（3C）、接触网悬挂状态检测监测装置（4C）应依据总公司相应技术条件在投入运行前进行检查评定；高速铁路弓网综合检测装置（1C）、接触网悬挂状态检测监测装置（4C）投入运行后每年进行1次检查评定，车载接触网运行状态检测装置（3C）投入运行后每年进行抽检，抽检率不低于20%。

5. 检查评定结果为不合格的装置需进行检修，重新检查评定合格后方可投入使用。

【思考及复习题】

1. 什么是6C系统，主要包括内容？
2. 6C系统按照什么原则开展维修工作？
3. 6C系统维修工作有哪些？
4. 什么是状态检修？

参考文献

[1] 中华人民共和国中国铁路总公司. 铁路电力管理规则铁路电力安全工作规程[M]. 北京：中国铁道出版社，2000.

[2] 中国铁路总公司. 铁路技术管理规程（高速铁路部分）[M]. 北京：中国铁道出版社，2014.

[3] 中国铁路总公司劳动和卫生司，中国铁路总公司运输局. 高速铁路岗位培训教材[M]. 北京：中国铁道出版社，2012.

[4] 徐福春. 电力铁道供电规程与规则[M]. 成都：西南交通大学出版社，2015.

[5] 中华人民共和国中国铁路总公司. 牵引变电所运行检修规程牵引变电所安全工作规程[M]. 北京：中国铁道出版社，2000.

[6] 中华人民共和国中国铁路总公司. 铁路电力管理规则铁路电力安全工作规程[M]. 北京：中国铁道出版社，2000.

[7] 中华人民共和国中国铁路总公司. 接触网运行检修规程接触网安全工作规程[M]. 北京：中国铁道出版社，2007.

[8] 马玲. 牵引供电规程与规则[M]. 北京：中国铁道出版社，2010.

[9] 中华人民共和国铁道部. 电气化铁路有关人员电气安全规则[M]. 北京：中国铁道出版社，2013.